普通高等教育材料类专业系列教材

材料科学中的信息技术应用基础

主　编　陈　丹　唐健江　张海鸿
副主编　张　龙　杨超群

西安电子科技大学出版社

内 容 简 介

　　本书通过实例系统介绍了信息技术在材料科学中的应用。全书共 5 章，主要内容包括信息技术在材料科学研究、数据与图形处理、材料设计与结构分析、材料科学数学建模与模拟计算、材料加工与检测中的应用。本书在介绍理论知识的同时，侧重相关软件的实际操作，通过材料科学研究中的实际案例介绍了软件的功能、操作方法与应用领域。

　　本书可作为材料科学与工程专业本科生的专业基础课的教材，也可作为从事材料科学与工程研究工作的技术人员的参考书。

图书在版编目(CIP)数据

材料科学中的信息技术应用基础 / 陈丹，唐健江，张海鸿主编. --西安：西安电子科技大学出版社，2023.12
ISBN 978-7-5606-7112-3

Ⅰ.①材…　Ⅱ.①陈…　②唐…　③张…　Ⅲ.①信息技术—应用—材料科学—研究
Ⅳ.①TB3-39

中国国家版本馆 CIP 数据核字(2023)第 221395 号

策　　划　黄薇谚　章文成
责任编辑　张　玮
出版发行　西安电子科技大学出版社(西安市太白南路 2 号)
电　　话　(029) 88202421　88201467　　邮　　编　710071
网　　址　www.xduph.com　　　　　　　电子邮箱　xdupfxb001@163.com
经　　销　新华书店
印刷单位　咸阳华盛印务有限责任公司
版　　次　2023 年 12 月第 1 版　2023 年 12 月第 1 次印刷
开　　本　787 毫米×1092 毫米　1/16　印张 15.5
字　　数　365 千字
定　　价　45.00 元
ISBN　978-7-5606-7112-3 / TB
XDUP 7414001-1
如有印装问题可调换

前　言

在材料科学领域，运用信息技术能够更好地解决实验研究中的盲目性以及高成本、低精准度的问题，从而促进材料科学的飞速发展。为了进一步推动和促进信息技术在材料科学领域中的应用和实践，提高材料科学等相关专业学生解决实际工程问题的能力，编者结合团队多年来在教学和科研中的经验，编写了本书。本书的主要特色如下：

(1) 内容广泛。全书内容既完整、系统，又规避了与计算机技术相关内容重复的地方，适合材料科学与工程等相关专业学生使用。此外，本书补充了其他教材较少涉及的信息技术在材料设计与结构分析中的应用等内容，详述了材料科学中的数据库和 VESTA 软件的应用，并且概述了 XPS 分析软件的应用。

(2) 注重应用。本书对理论知识进行了精简，结合大量材料科学研究和生产中的实例来介绍相关软件的功能、操作方法和应用领域，讲解步骤详细，表述生动形象，便于读者掌握。

(3) 专注前沿。本书关注信息技术在材料科学领域的最新应用。

考虑不同学校先修课程及教学进度不同、课程的学时不同、学生的材料专业基础知识和计算机能力不同，本书在编写过程中，特别注重内容的系统性、实用性和可读性，所举案例详细，贴近材料科学的研究与生产。

本书由西安航空学院陈丹、唐健江和张海鸿任主编，由张龙、杨超群任副主编。具体编写分工如下：第 1 章由杨超群编写，第 2 章由陈丹编写，第 3 章由张龙、唐健江和陈丹编写，第 4 章由张海鸿、张龙和陈丹编写，第 5 章由唐健江编写。

由于信息技术在材料科学领域的应用非常广泛，并且发展迅速，新方法和新应用不断涌现，加之编者理论水平和实践经验较为有限，书中难免存在不足之处，敬请广大读者批评指正。

编　者

2023 年 8 月

目　录

绪　　论

　　材料是人类赖以生存和发展的物质基础，是人类文明的重要支柱。早在 20 世纪 70 年代，人们就把信息、材料和能源作为社会文明的支柱。到了 80 年代，随着新型技术的不断发展，人们又将新材料技术、信息技术和生物技术作为新技术革命的重要标志。90 年代以后，材料成为新技术发展的三大支柱(材料、信息、能源)之一，与信息和生物一起成为了21 世纪极具发展潜力的三大领域。因此，材料的发展具有较高的技术价值和迫切的战略需求，受到了各行各业的广泛关注。

　　与其他事物的发展一样，材料的发展也经历了由简单到复杂的过程。最早，人们只能简单地使用大自然中的天然材料。随着社会生产力的发展，人们逐步能够制备材料，例如制备青铜器、陶器等。随着科学技术的进步，人们逐渐掌握了材料的组成、结构、工艺和性能之间的内在关系。后来，随着国民经济的不断发展，人们对材料的要求越来越高，对材料的性能提出了更复杂、更苛刻的要求，这意味着对材料的组织结构的设计、材料的制备和检测提出了更加严格的要求。倘若我们依然简单地采取实验研究的方法，势必会增加对材料研究的盲目性、不可靠性和成本，并且会降低对材料研究的精准度。

　　信息技术作为现今最具发展潜力的技术之一，已在各个领域发挥了举足轻重的作用。在材料领域，信息技术的运用能够更好地解决实验研究中的盲目性以及高成本、低精准度等问题，从而促进材料科学的飞速发展，因此将信息技术运用到材料科学中已成为材料发展的必然趋势。目前，信息技术在材料科学中的应用主要体现在以下几个方面：在材料科学研究中、在数据与图像处理中、在材料设计与结构分析中、在材料科学数学建模与模拟计算中、在材料加工与检测中。

1. 在材料科学研究中

　　材料科学是一门综合性学科，与许多基础学科有着密不可分的联系，例如固体物理学、电子学、声学、固体化学、量子力学、有机化学、无机化学、计算机技术等。从事材料科学的研究工作，必须具备大量材料学专业知识和相关交叉学科的基础知识，并且了解相关材料的研究和发展现状，即在知识储备完善的情况下才能有效开展材料的研究工作。借助于信息技术，从事材料科学研究的科技工作者可以相互交流，及时了解相关材料的应用现状和发展趋势，查找和阅读大量期刊文献，建立 Web 页面并介绍自己的研究成果，采用文献管理软件整理资料并帮助自己梳理思路以便撰写科技论文。也就是说，信息技术在材料科学研究中的应用有利于科技工作者更便捷、更准确地获取可靠有用的信息，有利于进行同行相互交流和科技成果输出。

2. 在数据与图像处理中

材料科学是建立在实验上的一门学科，在研究过程中会获得大量的实验数据。借助于信息技术，可以有效保存大量的原始数据，便于后期查找、处理和调用；采用计算机进行数据处理，大幅提高了数据处理速度和精准度；采用专业软件依据数据进行绘图，可以更加形象地展现数据变化趋势，分析实验结果。

Excel 是一款功能强大的数据处理软件，可以辅助我们进行数据的计算、拟合和最优化处理。Origin 是一款相对简单但比较专业的数据与图像处理软件，应用非常广泛，可以进行专业数据的处理和各种图像的绘制。此外，在材料科学的图像处理中，有时还会借助图像分析来进行定量的晶粒度测量、夹杂物的评级、相分析以及显微硬度、孔洞率、球化率和涂层后的测定等。例如采用 Photoshop 对显微照片进行处理，可以进行粒径分析；采用 Image-Pro Plus(IPP)软件对显微照片进行处理，可以进行气孔率计算。

信息技术在数据与图像处理中的应用可以使科技工作者更快、更准地处理数据，获取更形象、更美观的数据图像，提取显微图片中更直观、更有效的数据信息，推进材料科学的快速发展。

3. 在材料设计与结构分析中

材料设计是指应用有关的信息与知识预测并指导人们合成具有预期性能的材料。按照设计对象所涉及的空间尺寸，材料设计可分为电子层次设计、原子/分子层次设计和显微结构层次设计以及综合考虑各个层次的宏观尺度设计。结构分析包括晶体物相分析、电子结构分析和分子结构分析。传统的材料设计采用"炒菜式"方法，即进行反复大量的实验，获得成分-组织-工艺-性能之间的对应关系，这样做盲目性大，并且耗时耗力，经济损耗大。

将信息技术应用于材料设计是基于现有的大量数据和经验事实，利用已有的各种不同结构层次的数学模型，如合金的成分、组织、结构与性能关系的数学模型及相关数据理论，通过计算机运算对比和推理来完成优选新材料的设计过程。整个过程基于材料数据库构建多种类型的材料设计系统，节省了材料设计的时间和成本，并提高了工艺优化的准确性，为材料设计提供了新方向。例如运用 VESTA 软件、Materials Studio 软件可以进行晶体结构建模，然后针对一特定结构进行性能计算，进而预测其性能。在结构分析方面，科技工作者已运用信息技术形成了共享数据资源，建立了大量的材料数据库。人们在进行材料的结构分析时，只需将材料的结构与数据库里的资源进行比对，便可快速获得分析结果，提高结构分析的速度和准确度。例如运用 Jade 软件进行物相分析，运用 Advantage 软件进行元素浓度和价态分析，等等。

4. 在材料科学数学建模与模拟计算中

材料科学中的实际工程问题大多可以抽象成特定的数学模型，运用合理的求解方法和相应的软件获得数学模型的最终解，便可解决相应的工程问题。运用信息技术对材料从制备到使用的全过程进行模拟计算，比真实的实验要便捷、省时和省力，尤其是在大型工件的生产过程中，可以将"隐患"消灭在计算机模拟加工的反复比较中，从而确保大型工件一次性制备成功。

目前，从宏观尺度(包括铸造、焊接和热处理等)、显微结构层次(晶粒生长、位错和织构等)、原子/分子层次(热力学和动力学性能)到电子层次(电子结构计算)均可采用相应的软件进行模拟计算。在宏观计算方面，例如计算工件的温度场和应力场分布，可以有效预防材料在使用过程中的开裂和缺陷问题。在微观计算方面，例如模拟金属凝固过程中的枝晶生长方式，模拟等离子喷涂过程中飞行粒子的扁平化堆垛过程，可以将肉眼不能直接观察到的情景进行再现，帮助科技工作者更好地进行机理分析。

5. 在材料加工与检测中

材料加工技术的发展主要体现为精密控制技术的飞速发展。通过编程控制器可以实现对材料加工过程的精确控制，从而减轻劳动强度，提高产品的批次稳定性，进而提高产品质量和产量。目前，几乎所有的材料加工设备均采用计算机进行控制，例如采用计算机对渗碳、渗氮全过程进行自动控制；利用计算机对真空溅射、等离子喷涂、激光热处理以及淬火清洗和回火的整个生产过程进行控制。

精密控制技术不仅体现在材料加工设备中，还体现在材料检测设备中，包括材料成分检测设备(如扫描电镜、透射电镜、红外光谱仪等)、组织结构检测设备(如 X 射线衍射仪、X 射线光电子能谱仪等)、力学性能检测设备(如万能材料试验机、摩擦磨损试验机等)和其他性能检测设备(如热导率测试设备、电化学测试设备、电磁参数测试设备等)等。采用计算机控制上述检测设备，可提高检测的便捷度和精准度。

第1章

信息技术在材料科学研究中的应用

在材料科学的研究过程中，科技工作者只有掌握了材料的性能、制备方法和应用范围，了解材料的发展趋势，才能更好地对材料进行改性和制备，提高其性能，推广其应用，同时撰写相应的论文。在该过程中，科技工作者需要采用信息技术进行文献的检索和管理。本章主要梳理材料科学中的文献检索和文献管理的方法，具体涉及一些常见的文献检索数据库(例如中国知网、万方数据和维普资讯等中文文献检索数据库，Web of Science、ScienceDirect、SCI-HUB 和 SpringerLink 等英文文献检索数据库)以及 E-study 和 EndNote 两种文献管理软件。

1.1　材料科学中的文献检索

科技文献检索是培养学习者的情报意识，使学习者掌握获取与利用文献信息的技能并提高自身的自学能力和创造能力的一门"科学方法课"。如今，社会飞速发展，对高水平科技型创新人才的迫切需要使得高校在人才培养模式上必须不断创新，培养出一批创新能力强、综合素质高的优秀人才，以满足社会发展的需要。文献检索是各类人才获取前沿科技发展信息的重要手段，因此科技工作者查阅文献的能力也是解决问题必备的能力。在接手某项实验课题或工程项目前，科技工作者必须通过文献检索提取最新的有用信息，然后对信息进行收集、整理和分析，以便更好地了解相关专业情况，提升实验和工程的效率、水平和质量。本小节主要介绍文献的类型、常用的文献检索数据库以及文献检索方法。

1.1.1　文献的类型

1. 按照加工程度分类

按照加工程度，文献可分为一次文献、二次文献和三次文献。

一次文献是作者以产品或科研工作成果为依据，创作、撰写形成的文献。此类文献直接记录产品或科研成果，报道新理论、新技术或新发明，内容比较新颖、详细、具体，是最主要的文献信息源和检索对象，具有参考、借鉴和利用价值。

二次文献是指对一次文献信息进行加工、提炼、浓缩所形成的工具性文献。此类文献反映了一次文献的外部特征和内容特征及查找线索，并且将分散、无序的文献信息有序化、系统化，是文献检索的工具，也称检索工具，如目录、题录、文摘、索引、各种书目数据库等。二次文献能提供一次文献的主要线索，是科技工作者检索文献的主要对象。

三次文献是指对一次文献和二次文献的内容进行综合分析、系统整理、高度浓缩、评述等深加工而形成的第三手资料。三次文献集中了某一领域的大量信息，对该领域的现状和发展趋势均有比较系统的解释，如综述、述评、词典、百科全书、年鉴、指南数据库、书目等。因此查阅三次文献是快速掌握各专业领域研究现状与未来发展趋势十分重要的途径和手段。

2. 按照形式分类

按照形式，文献可分为图书(M)、期刊(J)、学位论文(D)、会议文献(C)、报纸(N)、专利(P)、技术标准(S)等。这些文献在引用的时候著录格式各不相同，需要我们查阅相关标准。

(1) 图书，包括纸质图书和电子图书。电子图书数据库有多种，其中超星数字图书馆包含各学科的图书近 3 万种，方正 Apabi 数字图书馆包含各学科的图书近 2 万种，SpringerLink 电子丛书包含著名的计算机讲义、数学讲义等，不列颠百科全书网络版收录的词条信息达 10 万个左右。要注意的是，阅读不同数据库的电子图书需要安装指定的全文阅读软件。

(2) 期刊，包括纸质期刊和电子期刊。电子期刊分为中文期刊和外文期刊，常见的中文期刊数据库有中国知网(CNKI)、维普资讯、万方数据，常见的外文期刊数据库有 Web of Science(WOS)、ScienceDirect、SpringerLink、John Wiley 等。

(3) 学位论文，包括国内学位论文和国外学位论文。国内学位论文库有中国知网的中国优秀硕博士学位论文全文数据库和万方数据的中国学位论文全文数据库等，国外学位论文库有数字化博硕士论文(PQDD)文摘数据库和全文数据库等。

(4) 会议文献，包括中文会议文献和外文会议文献。中文会议文献数据库有万方的中国学术会议论文全文数据库和中国重要会议论文全文数据库等；外文会议文献数据库有 ACM 数据库(收录美国计算机协会的会议文献)、IEL 数据库(收录 1988 年以来美、英两国电气电子工程师学会(IEEE/IET)出版的多种会议文献)和 AIP 数据库(收录美国物理学会的会议文献)等。

(5) 报纸，是以刊载新闻和时事评论为主的定期向公众发行的印刷出版物或电子类出版物，是大众传播的重要载体，具有反映和引导社会舆论的功能。例如人大复印报刊资料全文数据库、中国重要报纸全文数据库、新版人民日报图文数据库和各报纸自己的网站等。

(6) 专利，包括国内专利和国外专利，可在中国知网以及国家知识产权局的网站上进行检索。专利是由政府机关或者区域性组织根据申请而颁发的一种文件，记载了发明创造的内容，并且在一定时期内产生一种法律状态，即获得专利的发明创造在一般情况下他人只有经专利权人许可才能予以实施。在我国，专利分为发明专利、实用新型专利和外观设计专利三种类型。

(7) 标准，是对重复性事物和概念所做的统一规定，它以科学技术和实践经验的结合成果为基础，经有关方面协商一致，由主管机构批准，以特定形式发布，作为共同遵守的准则和依据。技术标准可以在线查找，也可以进入各行业的标准化网站进行查询。

1.1.2　常用的文献检索数据库

下面简单介绍常见的文献检索数据库，包括中国知网(CNKI)、万方数据和维普资讯等中文文献检索数据库，以及 Web of Science(WOS)、ScienceDirect、SCI-HUB、SpringerLink 等英文文献检索数据库。

(1) 中国知网。中国知网是目前全球最大的中文文献检索数据库，涵盖的资源丰富。其中，研究型的资源有学术期刊、学位论文、会议论文、专利、企业标准、项目成果、法律法规、案例、年鉴、报纸、数据、图谱等；学习型的资源有各种字词典、各种互译词典、专业百科、专业辞典、术语等；阅读型的资源有文学、艺术作品与评论，文化生活期刊等。图 1-1 所示为中国知网页面。

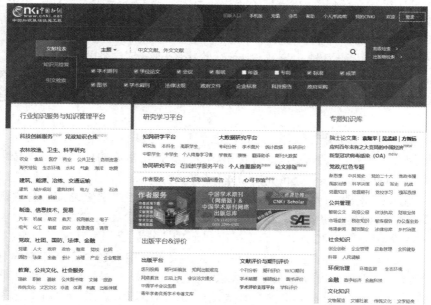

图 1-1　中国知网页面

(2) 万方数据。万方数据收集了理、工、农、医、人文五大类 70 多个类目共 7600 种科技类期刊全文。其中的中国学术会议论文全文数据库是国内唯一的学术会议文献全文数据库。图 1-2 所示为万方数据页面。

图 1-2　万方数据页面

（3）维普资讯。维普资讯收录了 8000 余种社科类及自然科学类期刊的题录、文摘及全文，其主题涵盖社科类、自然科学类、综合类。维普资讯是国内大型中文期刊文献服务平台，提供各类学术论文、各类范文、中小学课件、教学资料等文献下载服务。图 1-3 所示为维普资讯页面。

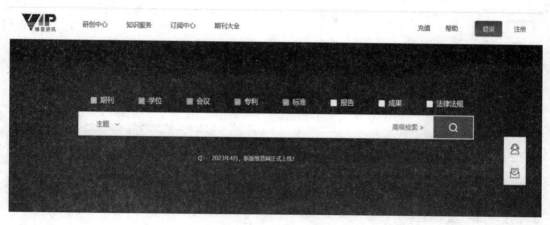

图 1-3　维普资讯页面

（4）Web of Science(WOS)。WOS 是全球最大的数据库，包括著名的 Science Citation Index Expanded & reg(SCIE，1900 年至今)、Social Sciences Citation Index reg(SSCI，1956 年至今)和 Arts & Humanities Citation Index & reg(A&HCI，1975 年至今)三大引文索引以及 Current Chemical Reactions & reg(CCR，1986 年至今)和 Index Chemicus & reg(IC，1993 年至今)两大化学信息数据库。每条文献的信息包括论文的参考文献列表，允许用户通过被引作者或被引文献的出处展开检索，可轻松地追溯课题的起源和发展，揭示研究之间隐含的联系，全面掌握有关某一研究课题的过去和现在。图 1-4 所示为 WOS 数据库页面。

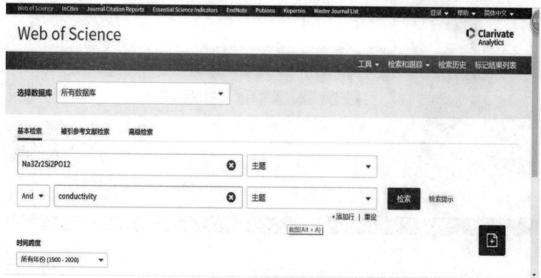

图 1-4　WOS 数据库页面

（5）ScienceDirect。ScienceDirect 是由 Elsevier Science 公司发布的数据库。该公司是一

家总部设在荷兰的历史悠久的跨国科学出版公司，出版的期刊是世界公认的高品位学术期刊，且大多数为核心期刊。ScienceDirect 数据库被世界上许多著名的二次文献数据库所收录，该数据库涉及四大学科领域：物理学与工程、生命科学、健康科学、社会与人文科学，共收录 2000 多种期刊。此外，ScienceDirect 数据库提供约 51 本参考工具书，150 套系列丛书，164 部手册，4000 种电子图书。图 1-5 所示为 ScienceDirect 数据库页面。

图 1-5　ScienceDirect 数据库页面

(6) SCI-HUB。SCI-HUB 是俄罗斯的一个文献检索数据库，其页面非常简单，只要输入论文的链接或者数字对象标识符(DOI)就能够免费下载论文，如图 1-6 所示。中国知网、万方数据、WOS 等都是收费的文献检索数据库。

图 1-6　SCI-HUB 数据库页面

(7) SpringerLink。SpringerLink 数据库包含化学、计算机科学、经济学、工程学、环境科学、地球科学、法律、生命科学、数学、医学、物理与天文学等 11 个学科的期刊，其中许多为核心期刊。图 1-7 所示为 SpringerLink 数据库页面。

图 1-7　SpringerLink 数据库页面

1.1.3　文献检索方法

进行文献检索时，可以根据全文、主题、题名、作者姓名、作者单位、关键词、文献来源进行检索。当我们已知文献的具体信息时，可根据作者姓名、作者单位或题名进行检索。根据课题名称或者工程项目资料检索文献时，一般采用主题或者关键词检索。

确定主题或者关键词时，采用由广义到狭义的方法。当我们初次接触某课题或工程项目时，首先要扩大主题或关键词的范围，以便检索到更多的信息，然后根据题名和摘要进行筛选。这里建议大家在首次了解某个课题时，多阅读一些学位论文和综述类文献，以便把握当前该领域的一些基本情况和发展趋势。当对某课题或者项目有所了解时，可以精简关键词，缩小检索范围，以便快速检索到更有用的信息。

检索关键词或者主题时，要注意逻辑"与""非""或"的关系。检索框中的两个关键词之间用空格隔开默认为是"and"（"与"运算)连接；逻辑"非"用"–"(减号)表示，同时要求在减号前保留一个空格；逻辑"或"用"OR"表示。双引号、连字号、斜线、问号、等号、省略号都可以作为短语的连接符号进行查找名词或专有名词。下面介绍各数据库的检索方法。

1. 中国知网

在文献检索条目中，根据自己的需求可以选择不同的检索字段，如主题、篇关摘、关键词、篇名、全文、作者、第一作者等，如图 1-8 所示。

图 1-8　中国知网检索框

进行文献检索时，与输入词相关的所有中文文献都将会出现，如图 1-9 所示，此时可依据输入词和需要检索的文献内容进行筛选，之后单击要查看的文献，进入文献下载页面。

图 1-9　中国知网

进入文献下载页面(如图 1-10 所示)后，选择对应的文献格式，如手机阅读、HTML 阅读、CAJ 下载或 PDF 下载。通常普通期刊文献可下载 PDF 格式，博士和硕士论文只能下载 CAJ 格式。

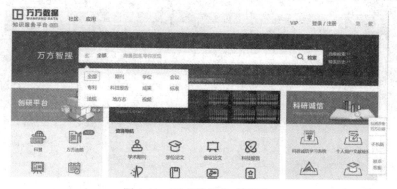

图 1-10　中国知网下载页面

2. 万方数据

万方数据的资源分为期刊、学位、会议、专利、科技报告、成果、标准、法规、地方志、视频等检索字段，如图 1-11 所示。根据题名、作者、关键词等也可以筛选目标文献。

图 1-11　万方数据检索页面

输入关键词信息，比如"半导体材料"，如图 1-12 所示，点击"检索"即可检索到对应的期刊文献。接着根据自己的需求筛选对应文献，如"半导体材料的浅释"。

图 1-12　万方数据文献信息页面

　　单击对应文献，进入下载页面，页面出现在线阅读、下载、引用等选项，如图 1-13 所示，我们可将文献下载保存至本地空间，方便随时阅读。

图 1-13　万方数据文献下载页面

3. 维普资讯

　　维普资讯数据库也分题名、关键词、摘要、作者、第一作者、机构、刊名、分类号、参考文献、作者简介等检索字段。输入需要检索的信息，如"吸波材料"，如图 1-14 所示，单击"检索"。

图 1-14　维普资讯检索页面(http://qikan.cqvip.com/)

检索到与"吸波材料"相关的文献多达 3622 篇文章，如图 1-15 所示。我们可以根据发表时间、学科、期刊等信息再次筛选，缩小检索范围。

图 1-15   维普资讯文献信息页面

单击文章题名即可进入下载页面，如图 1-16 所示。我们可以在线阅读文献，也可以下载 PDF 格式的文献。

图 1-16   维普资讯下载页面

4. Web of Science

Web of Science 数据库可以检索文献的信息，比如发表时间、期、卷、号、DOI 等信息。该数据库以主题、标题、作者、出版物标题、出版年、所属机构、基金资助机构等字段分类，如图 1-17 所示。

图 1-17   Web of Science 数据库检索页面

根据输入词可检索出相关文献，同样也可以按时间顺序对检索出的文献进行筛选。单击文献题名即可进入文献信息页面，如图 1-18 所示。

图 1-18　Web of Science 数据库文献信息页面

　　Web of Science 数据库只能查看文献信息，如图 1-19 所示，不能下载文章全文，这是和其他数据库最大的区别。

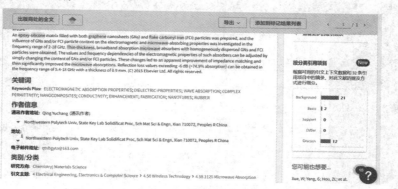

图 1-19　Web of Science 数据库文献查阅页面

5. ScienceDirect

　　ScienceDirect 数据库可根据关键词、作者、期刊等信息进行检索，并下载完整的 PDF 格式的文献。如图 1-20 所示，如输入"microwave absorption material"，将检索出与该输入词相关的文献。

图 1-20　ScienceDirect 数据库检索页面

　　通过输入词可查找出文献题名等信息，根据题名和摘要内容可筛选对应文献。单击文献题名，即可查看文献信息，如图 1-21 所示。

图 1-21　ScienceDirect 数据库文献信息页面

　　单击"View PDF"将进入阅读全文界面，如有需求可单击下载键将文献保存至本地，如图 1-22 所示。

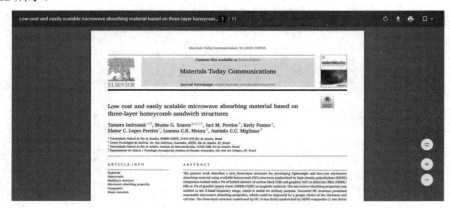

图 1-22　ScienceDirect 数据库文献下载页面

6. SCI-HUB

　　SCI-HUB 是下载英文文献的数据库。在检索框内输入文献整个题名，点击"open"即可检索 PDF 格式的文献全文，如图 1-23 所示。

图 1-23　SCI-HUB 数据库检索页面

进入文献下载页面，如图 1-24 所示，点击下载键，即可下载全文。

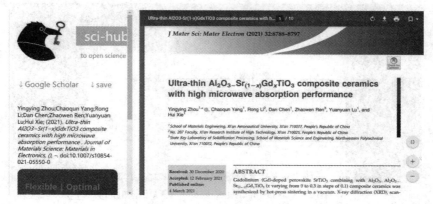

图 1-24　SCI-HUB 数据库文献下载页面

7. SpringerLink

SpringerLink 数据库可下载英文文献。在检索框内输入文献信息，单击检索图标，如图 1-25 所示。

图 1-25　SpringerLink 数据库检索页面

根据文献信息可以查找对应的文献，如图 1-26 所示。单击"Download PDF"，进入下载页面。

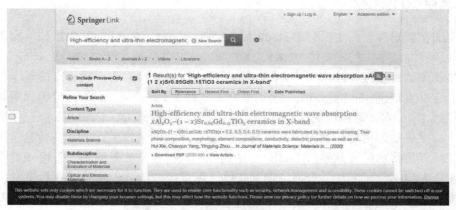

图 1-26　SpringerLink 数据库文献信息页面

点击下载键，即可下载 PDF 版本的文献，如图 1-27 所示。

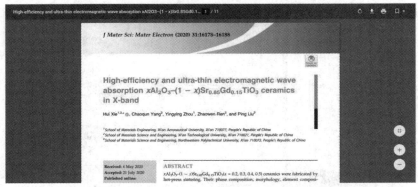

图 1-27   SpringerLink 数据库文献下载页面

1.2   材料科学中的文献管理

当我们有众多的文献时，可能面临存放混乱，分不清哪些是重要文献，哪些是次要文献，以及在引用参考文献时需要著录参考文献等问题。此外，在撰写论文或者背景资料时，我们需要反复阅读参考文献。如果我们采用文献管理软件对纷繁复杂的文献进行归纳整理就可以实现如下功能：

(1) 在本地建立个人数据库，随时检索收集到的文献记录；

(2) 通过检索结果，准确调阅所需文献的 PDF 全文、图片和表格；

(3) 将数据库与他人共享，对文献进行分组、查重、对比和自动获取全文；

(4) 随时调阅、检索相关文献，按照期刊要求的格式插入文后的参考文献；

(5) 迅速找到所需图片和表格，将其插入论文相应的位置；

(6) 在转投其他期刊时，可迅速完成论文及参考文献格式的转换。

本小节主要介绍 E-study 和 EndNote 两款软件在材料科学文献管理中的基本应用。

1.2.1   文献管理概述

常用的文献管理软件主要有 E-study 和 EndNote 两款。E-study 是中国知网旗下的文献管理软件，界面是中文的，支持 CNKI 总库检索、CNKI Scholar 检索等。E-study 的主要功能有一站式阅读和管理、深入研读、记录数字笔记、文献检索和下载、支持写作与投稿。EndNote 是 SCI(Thomson Scientific 公司)的官方软件，界面是英文的，支持国际期刊的参考文献格式达 3776 种，写作模板达几百种，涵盖各个领域的文献。EndNote 能直接链接上千个数据库，并提供通用的检索方式，提高了科技文献的检索效率。其主要功能包括在线检索文献，可直接将相关文献导入 EndNote 的文献库内；建立文献库和图片库，可收藏、管理和检索个人的文献、图片、表格；定制文稿，可直接在 Word 中格式化引文和图形，利用文稿模板直接书写合乎出版要求的文章；引文编排，可自动编辑参考文献的格式。

E-study 和 EndNote 的功能相似，并且均能够直接嵌入 Word 编辑器中进行文献著录。

二者主要的区别在于：E-study 适用于中文数据库，如果我们主要阅读中文文献并且撰写中文论文则选择 E-study；EndNote 适用于英文数据库，如果我们主要阅读 SCI 文献并且撰写 SCI 论文则选择 EndNote。

1.2.2　E-study 软件的应用

下面以 ZnO 吸波材料的制备方法为研究课题，采用 E-study 软件进行相关文献整理，撰写一段总结并附上参考文献。

(1) 新建专题文件夹。该步骤主要针对不同课题对应的参考文献进行分类整理，便于区分和查看。如图 1-28 所示，单击"新建专题"，在弹出的"新建专题"对话框中输入"ZnO 制备"专题名称，单击"确定"按钮。

图 1-28　新建专题文件夹

(2) 添加参考文献。添加参考文献有两种方式，一种是本地添加，即调用电脑中现存的参考文献并添加到新建立的专题文件夹中，这种方式需要在下一步手动补充题录信息；另一种是在线检索，即在 E-study 中进入中国知网进行检索，直接将检索到的文献下载到新建立的专题文件夹中，这种方式的题录信息是完整的，不需要再次手动输入。如图 1-29 所示，单击"添加文献"，选择文献存储的位置并选中需要添加的文献，单击"打开"按钮。

图 1-29　添加参考文献

（3）补充题录信息。对于本地添加的参考文献，需要手动补充题录信息，即作者、标题、发表时间等，以便插入参考文献时能出现相应的题录信息。打开任意一篇参考文献，点击文献右侧的"题录信息"，手动录入相关信息，如图 1-30 所示。

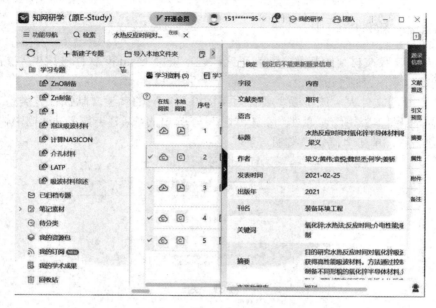

图 1-30　补充题录信息

（4）生成笔记。打开任意一篇参考文献，在阅读的过程中，我们将制备方法勾画出来，生成笔记，如图 1-31 所示，便于后期撰写总结。

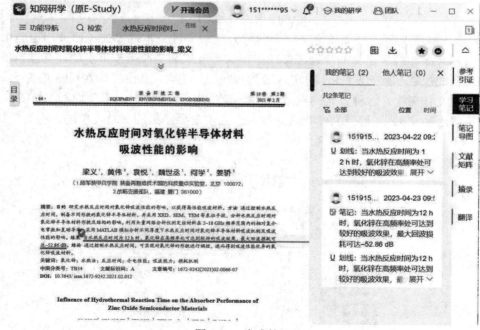

图 1-31　生成笔记

（5）导出笔记。如图 1-32 所示，单击"学习笔记"，然后勾选需要导出的笔记，最后单击"批量导出"即可。

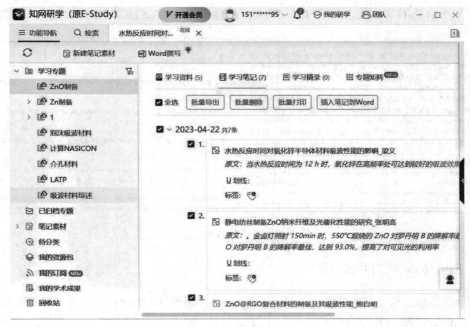

图 1-32　导出笔记

（6）插入参考文献。参考文献有中文的，也有英文的，设置中文和英文参考文献的格式，插入的参考文献便会按照设置的格式进行自动著录。如图 1-33 所示，打开 Word，依次单击"知网研学(原 E-Study)"→"编辑样式"，在样式编辑器对话框中分别设置中文、英文参考文献的著录格式，之后单击"确定"。

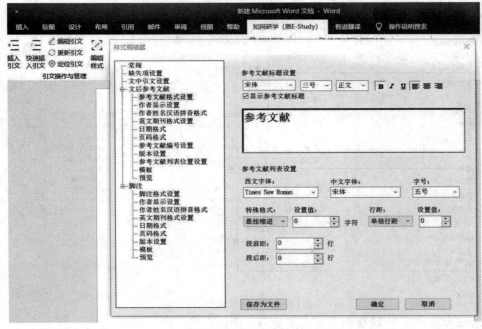

图 1-33　插入参考文献

(7) 获取文献总结。在每段笔记中依次选择“知网研学(原 E-Study)”→“插入引文”，然后对这些杂乱的文字进行整理，获得一段条理清晰、语言流畅的文献总结，如图 1-34 所示。

通过控制水热反应时间，制备不同形貌的氧化锌半导体材料，当水热反应时间为 12 h 时，氧化锌在高频率处可达到较好的吸波效果，最大回波损耗可达−52.86 dB[1]。采用静电纺丝法制备不同温度下的 ZnO 纳米纤维材料，当金卤灯照射 150min 时，550°C煅烧的 ZnO 对罗丹明 B 的降解率最佳，达到 96.3%；氙灯照射 150min 时，600°C煅烧的 ZnO 对罗丹明 B 的降解率最佳，达到 93.0%，提高了对可见光的利用率[2]采用感应加热的方式成功获得四面体针状 ZnO，并通过简单水热法制备了不同比例的 ZnO@RGO 复合材料。利用 SEM、XRD 和 Raman 分别对 ZnO@RGO 复合材料的形貌、尺寸和结构进行了分析，并且探讨了 ZnO 含量和填充量对其电磁参数和吸波性能的影响。ZnO:GO 为 3:1 时的 ZnO@RGO 复合材料拥有最为优异的吸波性能 (-44.5 dB; 3 mm)[3]。Chen et al prepared PAN-ZnO/Ag composite fibers with diverse ZnO morphologies by single-capillary elec-trospinning, followed by hydrothermal ZnO synthesis and Ag reduction, and found different photocatalytic activity and ultraviolet (UV)-shielding efficiency, depending on the varying morphologies[4].The bead-like ZnO is prepared by electrospinning.The optimal microwave absorption propertiesare obtained when the Co doping content is x = 0.09. The effective microwave absorption bandwidthwith reflection loss less than 10 dB can reach 11.6 GHz (6.4–18 GHz) at a coating thicknessof 1.0–4.0 mm[5].

参考文献

[1] 梁义,黄伟,袁悦,等. 水热反应时间对氧化锌半导体材料吸波性能的影响_梁义[J]. 装备环境工程, 2021, 18(2): 66-72.

[2] 张明高,盖广清. 静电纺丝制备 ZnO 纳米纤维及光催化性能的研究_张明高[J]. 轻工科技, 2021, 37(8): 29-30, 59.

[3] 熊自明,吴凡,张中威. ZnO@RGO复合材料的制备及其吸波性能_熊自明[J]. 复合材料学报, 2021.

[4] Tomasz blachowicz, Andrea-Ehrmann. Recent developments in electrospun ZnO nanofibers: A short review[J]. Journal of Engineered fibers and fabrics, 2020, 15: 1-6.

[5] Xiaogu huang, Mingji Zhang, Yushuang Qin, Yunyun Chen. Bead-like Co-doped ZnO with improved microwave absorption properties[J]. Ceramics International, 2019, 45: 7789-7796.

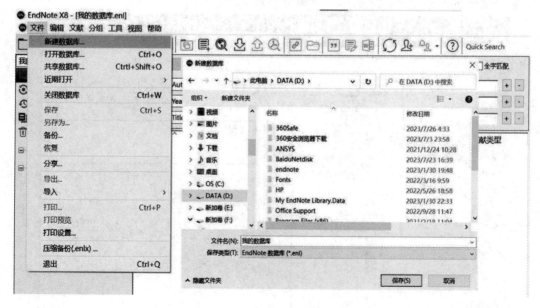

图 1-34 获取文献总结

1.2.3 EndNote 软件的应用

下面以 Al_2O_3 粉体材料的制备方法为研究课题，采用 EndNote 软件进行相关文献整理，撰写一段总结并附上参考文献。

(1) 新建数据库。首次打开 EndNote 软件时需新建数据库，用于存放文献。如图 1-35 所示，依次单击“文件”→“新建数据库”，在弹出的新建数据库对话框中命名数据库并选择存放位置，之后单击“保存”按钮。保存位置会出现两个文件，一个是数据库文件，用于保存源文件，另一个是附加文件，是数据库中文献的目录。

图 1-35 新建数据库

(2) 文献导入。文献导入方式大致分为三类：直接导入、PDF 导入、网页导入。常用的是后两种，这里以 PDF 导入为例。

英文文献可从 Google Scholar 下载文献信息，中文文献可从中国知网上导出文献信息，如图 1-36 所示。

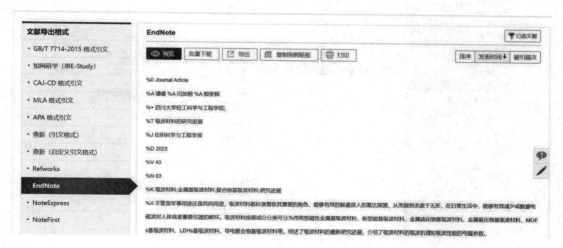

图 1-36　导出文献信息

从文献搜索网页下载 PDF 版本的文献原文，再将此原文导入 EndNote 软件中，如图 1-37 所示。

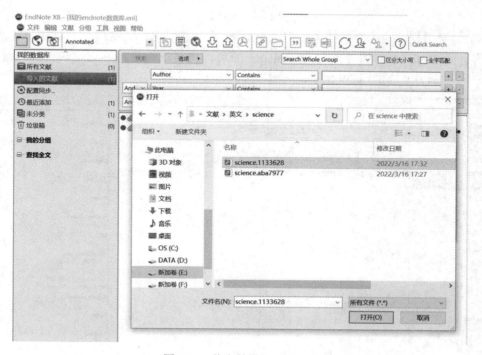

图 1-37　将文献导入 EndNote

(3) 文献分组。文献数量多，分组必不可少。同一篇文献可以在多个分组内。如图 1-38 所示，选中所有文献中需要分组的文献，依次单击"添加文献到"→"新建分组"。

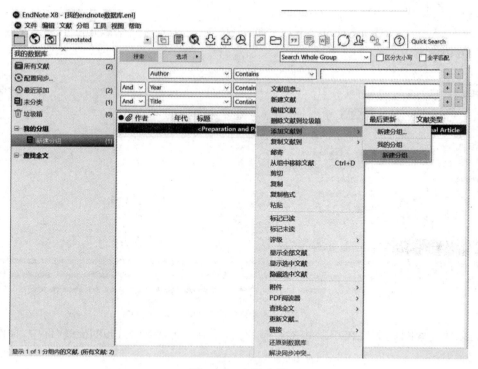

图 1-38   文献分组

(4) 记录笔记。阅读文献的同时可以记录笔记，创建新的 Word 笔记，直接将其拖动至文献信息区 Reference 的 File Attachments 即可，也可以直接将笔记记录在 Notes 或者 Research Notes 中，如图 1-39 所示。

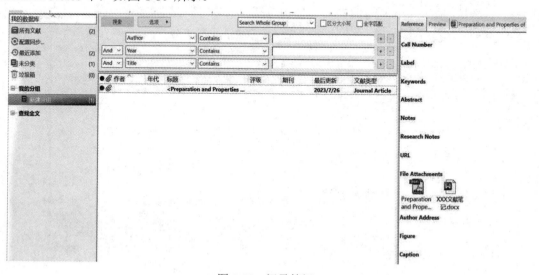

图 1-39   记录笔记

(5) 数据库迁移。如图 1-40 所示，利用压缩功能把当前数据库保存，如果需要将数据库迁移到另一台电脑，可以直接拷贝该文件(文件类型为.enlx)。

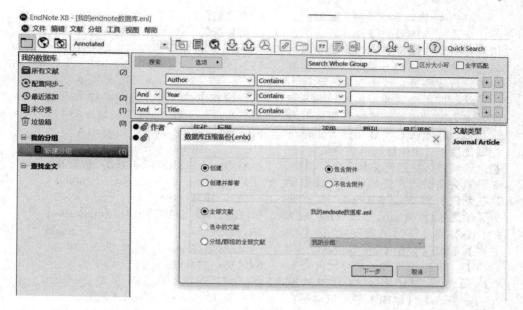

图 1-40　数据库迁移

(6) 插入参考文献。在 Word 文档中，将鼠标放到需要插入参考文献的位置，然后打开 EndNote 软件，选中对应的参考文献，单击"插入引文"，即可将文献插入对应位置，如图 1-41 所示。

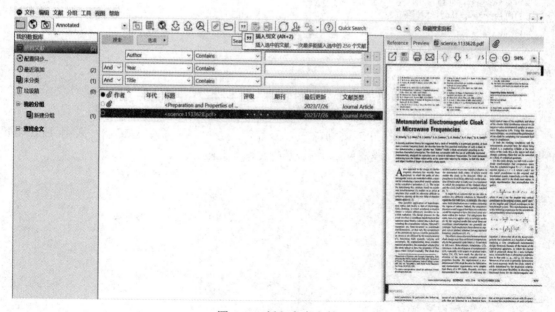

图 1-41　插入参考文献

(7) 获取文献总结。对(6)中插入的文献进行整理和排序，获得条理清晰、语言流畅的文献总结，如图 1-42 所示。

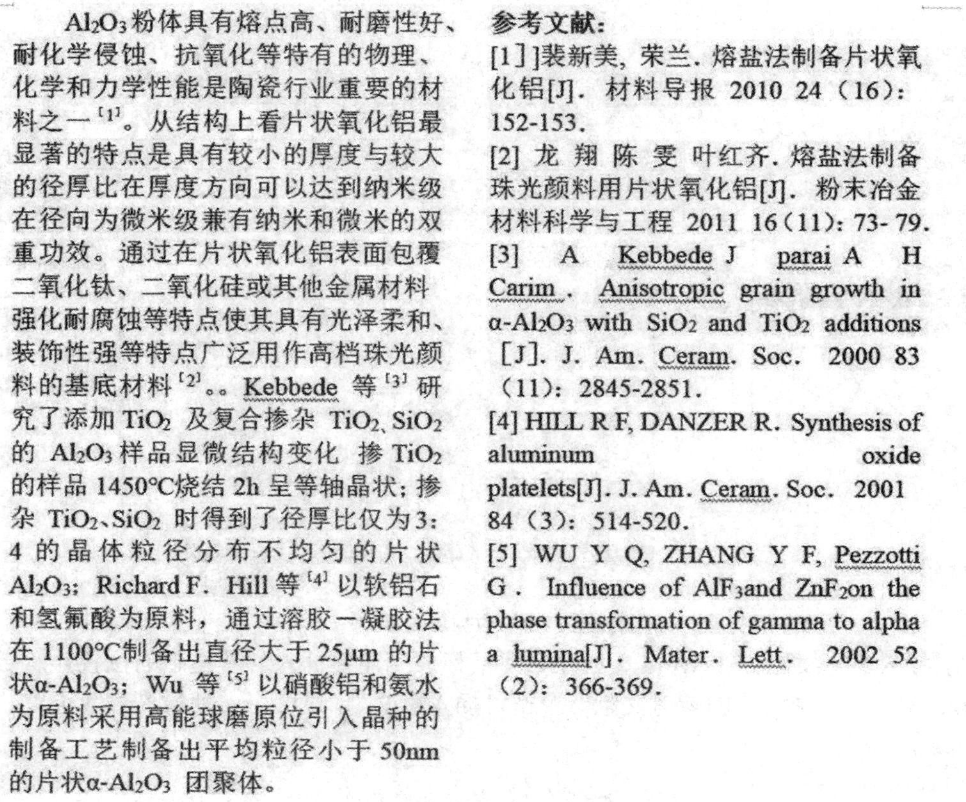

Al$_2$O$_3$ 粉体具有熔点高、耐磨性好、耐化学侵蚀、抗氧化等特有的物理、化学和力学性能是陶瓷行业重要的材料之一[1]。从结构上看片状氧化铝最显著的特点是具有较小的厚度与较大的径厚比在厚度方向可以达到纳米级在径向为微米级兼有纳米和微米的双重功效。通过在片状氧化铝表面包覆二氧化钛、二氧化硅或其他金属材料强化耐腐蚀等特点使其具有光泽柔和、装饰性强等特点广泛用作高档珠光颜料的基底材料[2]。Kebbede 等[3]研究了添加 TiO$_2$ 及复合掺杂 TiO$_2$、SiO$_2$ 的 Al$_2$O$_3$ 样品显微结构变化 掺 TiO$_2$ 的样品 1450℃烧结 2h 呈等轴晶状；掺杂 TiO$_2$、SiO$_2$ 时得到了径厚比仅为 3：4 的晶体粒径分布不均匀的片状 Al$_2$O$_3$；Richard F. Hill 等[4]以软铝石和氢氟酸为原料，通过溶胶—凝胶法在 1100℃制备出直径大于 25μm 的片状α-Al$_2$O$_3$；Wu 等[5]以硝酸铝和氨水为原料采用高能球磨原位引入晶种的制备工艺制备出平均粒径小于 50nm 的片状α-Al$_2$O$_3$ 团聚体。

参考文献：

[1]]裴新美，荣兰. 熔盐法制备片状氧化铝[J]. 材料导报 2010 24（16）：152-153.

[2] 龙 翔 陈 雯 叶红齐. 熔盐法制备珠光颜料用片状氧化铝[J]. 粉末冶金材料科学与工程 2011 16（11）：73- 79.

[3] A Kebbede J parai A H Carim. Anisotropic grain growth in α-Al$_2$O$_3$ with SiO$_2$ and TiO$_2$ additions [J]. J. Am. Ceram. Soc. 2000 83（11）：2845-2851.

[4] HILL R F, DANZER R. Synthesis of aluminum oxide platelets[J]. J. Am. Ceram. Soc. 2001 84（3）：514-520.

[5] WU Y Q, ZHANG Y F, Pezzotti G. Influence of AlF$_3$and ZnF$_2$on the phase transformation of gamma to alpha a lumina[J]. Mater. Lett. 2002 52（2）：366-369.

图 1-42   获取文献总结

习题

1. 请以"Mo 金属表面抗氧化层的制备方法"为主题，采用 E-study 软件进行文献管理，撰写一段总结，并自动著录参考文献。

2. 请以"新能源材料"为关键词，用万方数据库查阅 10 篇中文文献，采用 EndNote 软件进行文献管理，撰写一段总结，并自动著录参考文献。

第 2 章

信息技术在数据与图形处理中的应用

材料科学是一门以实验为基础的学科，研究过程中会获得大量的原始数据，采用信息技术对数据进行存储，可方便后期对数据进行修改和调用，并且有利于后续的处理(如计算、绘图、拟合分析等)。本章在简述数据处理基本理论(最小二乘法)的基础上，结合大量的应用实例介绍功能强大的数据与图形处理软件，即 Excel 软件和 Origin 软件，最后介绍正交试验设计的方法。系统介绍信息技术在数据与图像处理中的具体应用。

2.1 数据处理的基本理论

在采用软件进行数据处理之前，我们首先需要了解支撑软件计算的数据处理基本理论。下面将简单介绍最小二乘法、一元线性拟合、可转化为一元线性回归的其他一元线性拟合以及多元线性回归。

2.1.1 最小二乘法

在科学研究和实际工作中，常常会遇到这样的问题：给定两个变量 x、y 的 n 组实验数据 (x_1, y_1)，(x_2, y_2)，$\cdots$，(x_n, y_n)，如何从中找出这两个变量间函数关系的近似解析表达式(也称为经验公式)，使得能对 x 与 y 之间除了实验数据外的对应情况作出某种判断。

图 2-1 所示为最小二乘法原理图。假设有 n 组实验数据，要求确定一个函数，即曲线，使这些点与曲线尽量接近。也就是使拟合函数在 x_i 处的值与实验数值的偏差的平方和最小，

即 $\sum\limits_{i=1}^{n}\left[y_i - f(x_i)\right]^2$ 取得最小值。这种方差意义下对实验数据实现最佳拟合的方法称为最

小二乘法，其中 $y = f(x)$ 称为拟合函数。曲线拟合的目的在于：根据实验获得的数据去建立因变量与自变量之间有效的经验函数关系，为进一步的深入研究提供线索。

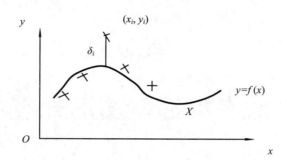

图 2-1　最小二乘法原理图

如图 2-1 所示，已知数据对 $(x_i, \ y_i)(i=1, \ 2, \ \cdots, \ n)$，则有

$$y = f(x) \tag{2-1}$$

$$\delta_i = y_i - \hat{y}_i \tag{2-2}$$

$$Q = \min \sum_{i=1}^{n} \left(y_i - \hat{y}_i \right)^2 = \min \sum_{i=1}^{n} \left[y_i - f(x_i) \right]^2 \tag{2-3}$$

其中 $\hat{y}$ 为 y 的估计值，Q 为 x 与 y 的剩余平方和最小值。

2.1.2　一元线性拟合

一元线性回归分析是处理两个变量之间关系的最简单的方法，其所研究的对象是两个变量之间的线性关系。如果所研究的数据中只包含一个自变量和一个因变量，且二者关系可用一条直线近似描述，这种描述称为一元线性回归。其中自变量常记为 x，另一个因变量常记为 y。

若 x 与 y 之间的关系可以用线性关系来描述，那么可以记

$$\hat{y} = a + bx \tag{2-4}$$

其中，a 与 b 是待定常数，称为回归系数；$\hat{y}$ 为 y 的估计值。式(2-4)称为线性回归方程。

一元线性回归分析的步骤如下：在直角坐标系中画出 n 个变量对 (x_i, y_i)，$i=1, 2, \cdots, n$，若这些变量对呈直线趋势，则可按式(2-4)的线性回归方程，求回归系数和截距，并对线性回归方程进行假设检验；若不呈直线趋势，则不能按照线性回归方程进行描述。

已知 x 与 y 的剩余平方和最小值 Q 为

$$Q = \min \sum_{i=1}^{n} \left(y_i - \hat{y}_i \right)^2 = \min \sum_{i=1}^{n} \left[y_i - (a + bx_i) \right]^2 \tag{2-5}$$

则

$$\begin{cases} \dfrac{\partial Q}{\partial a} = -2\sum_{i=1}^{n}\left(y_i - a - bx_i\right) = 0 \\ \dfrac{\partial Q}{\partial b} = -2\sum_{i=1}^{n}x_i\left(y_i - a - bx_i\right) = 0 \end{cases} \tag{2-6}$$

令

$$\begin{cases} \bar{x} = \dfrac{1}{n}\sum_{i=1}^{n}x_i \\ \bar{y} = \dfrac{1}{n}\sum_{i=1}^{n}y_i \end{cases} \tag{2-7}$$

$$l_{xy} = \sum_{i=1}^{n}\left(x_i - \bar{x}\right)\left(y_i - \bar{y}\right) \tag{2-8}$$

$$l_{xx} = \sum_{i=1}^{n}\left(x_i - \bar{x}\right)^2 \tag{2-9}$$

可得

$$\begin{cases} a = \bar{y} - b\bar{x} \\ b = \dfrac{l_{xy}}{l_{xx}} \end{cases} \tag{2-10}$$

一元线性回归精度可以用相关系数 γ 来表征：

$$\gamma = \dfrac{l_{xy}}{\sqrt{l_{xx}l_{yy}}} \tag{2-11}$$

当 $|\gamma| = 1$ 时，因变量与自变量存在线性关系，无实验误差；当 $|\gamma| = 0$ 时，毫无线性关系。$|\gamma|$ 越接近于 1，线性关系越明显。

另外，x 与 y 的回归平方和 U 以及离差平方和 S 分别为

$$U = \sum_{i=1}^{n}\left(\hat{y}_i - \bar{y}\right)^2 = \sum_{i=1}^{n}\left[\left(a + bx_i\right) - \bar{y}\right]^2 \tag{2-12}$$

$$S = \sum_{i=1}^{n}\left(y_i - \bar{y}\right)^2 = \sum_{i=1}^{n}\left(y_i - \hat{y}_i\right)^2 + \sum_{i=1}^{n}\left(\hat{y}_i - \bar{y}_i\right)^2 = Q + U \tag{2-13}$$

应用一元线性回归分析时应当注意如下事项：
(1) 不能把两个毫不相干的事物拿来随意进行回归分析。

(2) 一般要求因变量 y 来自正态总体的随机变量，自变量 x 可以是正态随机变量，也可以是精确测量和严密控制的值。

(3) 先绘制散点图，当呈现线性趋势时，才可以用一元线性回归进行拟合。

(4) 绘制散点图后，若存在一些特大特小的异常点时，应及时复核，对实验测试中录入的错误数据予以修正或剔除。

(5) 回归直线不要外延，因变量仅以自变量取值范围为限。

例 2-1   为了研究氮含量对灰铸铁的初生奥氏体析出温度的影响，测定了不同氮含量时灰铸铁的初生奥氏体析出温度，得到表 2-1 中的 5 组数据。请拟合初生奥氏体析出温度与氮含量之间的关系。

表 2-1   氮含量与灰铸铁的初生奥氏体析出温度测试数据

序号	氮含量 x/%	初生奥氏体析出温度 y/℃
1	0.0043	1220
2	0.0077	1217
3	0.0087	1215
4	0.0100	1208
5	0.0110	1205

解   以氮含量作为横坐标，初生奥氏体析出温度作为纵坐标，将表 2-1 中的点绘制在直角坐标系中，得到如图 2-2 所示的散点图。

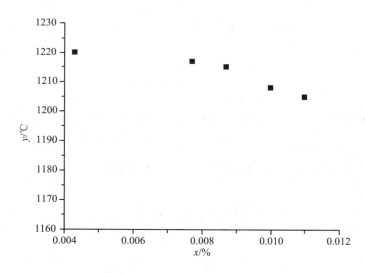

图 2-2   氮含量与灰铸铁的初生奥氏体析出温度之间的关系图

从图 2-2 中可以看出，数据点基本落在一条直线附近，即 y 与 x 的相互关系可用线性关系来拟合。假设 $y=a+bx$，根据式(2-7)至式(2-11)有

$$\bar{x} = \frac{1}{n}\sum_{i=1}^{n}x_i = 0.00834$$

$$\bar{y} = \frac{1}{n}\sum_{i=1}^{n}y_i = 1213$$

$$l_{xx} = \sum_{i=1}^{n}(x_i - \bar{x})^2 = 0.000\,026\,689$$

$$l_{xy} = \sum_{i=1}^{n}(x_i - \bar{x})(y_i - \bar{y}) = -0.0597$$

$$l_{yy} = \sum_{i=1}^{n}(y_i - \bar{y})^2 = 158$$

$$\gamma = \frac{l_{xy}}{\sqrt{l_{xx}l_{yy}}} = -0.92$$

由于 $|\gamma|$ 接近于 1，因此 y 与 x 之间的关系可以用一元线性回归拟合，且有

$$b = \frac{l_{xy}}{l_{xx}} = -2236.9$$

$$a = \bar{y} - b\bar{x} = 1231.7$$

$$y = 1231.7 - 2236.9x$$

2.1.3　可转化为一元线性回归的其他一元线性拟合

在实际生活中，并非所有的变量之间都存在线性关系，比如毒物剂量和致死率之间的关系、疾病疗效与疗程的关系。当两个变量之间的关系不呈现线性关系时，在一定的情况下可以采用曲线拟合线性化的方法。也就是通过简单的变量变换使某些非线性的情况线性化，按照最小二乘法求出变换后的直线方程，再根据变量转换将线性方程还原成非线性方程，实现对曲线的拟合。常用的非线性函数如下。

幂函数：

$$y = ax^b \quad (a > 0)$$

指数函数 1：

$$y = a\mathrm{e}^{bx} \quad (a > 0)$$

指数函数 2：

$$y = ae^{\frac{b}{x}} \quad (x > 0,\ a > 0)$$

对数函数：

$$y = a + b\log x$$

双曲线函数：

$$\frac{1}{y} = a + b\frac{1}{x} \quad (a > 0)$$

S 形曲线函数：

$$y = \frac{1}{a + be^{-x}} \quad (a > 0)$$

上述函数均可以通过曲线拟合线性化转化为一元线性回归。线性化过程如表 2-2 所示。

表 2-2　线性化过程

函数	变换方法	变换方式
$y = ax^b(a > 0)$	取对数：$\ln y = \ln a + b\ln x$	$Y = \ln y$，$A = \ln a$，$B = b$，$X = \ln x$
$y = ae^{bx}(a > 0)$	取对数：$\ln y = \ln a + bx$	$Y = \ln y$，$A = \ln a$，$B = b$，$X = x$
$y = ae^{\frac{b}{x}} \ (x > 0,\ a > 0)$	取对数：$\ln y = \ln a + \dfrac{b}{x}$	$Y = \ln y$，$A = \ln a$，$B = b$，$X = \dfrac{1}{x}$
$y = a + b\log x$	不变换	$Y = y$，$A = a$，$B = b$，$X = \log x$
$\dfrac{1}{y} = a + b\dfrac{1}{x}(a > 0)$	不变换	$Y = \dfrac{1}{y}$，$A = a$，$B = b$，$X = \dfrac{1}{x}$
$y = \dfrac{1}{a + be^{-x}}(a > 0)$	先取倒数再取对数：$\ln\left(\dfrac{1}{y}\right) = \ln a - b\ln x$	$Y = \ln\dfrac{1}{y}$，$A = a$，$B = -b$，$X = \ln x$

例 2-2　在研究单分子化学反应速度时，得到表 2-3 所示的数据。其中 τ 表示从实验开始至测量的时间，y 表示经过 τ 时间反应物的量，试定出经验公式 $y = ke^{m\tau}$。

表 2-3　单分子化学反应不同时刻对应的反应物的量

i	1	2	3	4	5	6	7	8
τ	3	6	9	12	15	18	21	24
y	57.6	41.9	31.0	22.7	16.6	12.2	8.9	6.5

解　由化学反应速度的理论知道，$y=f(\tau)$应该是指数关系：$y = k\mathrm{e}^{m\tau}$，其中 k 和 m 是待定常数。

对 $y = k\mathrm{e}^{m\tau}$ 两边取对数，得

$$\ln y = \ln k + m\tau$$

令 $Y = \ln y$，$A = \ln k$，$B = m$，$X = \tau$，则

$$\bar{Y} = \frac{1}{8}\sum_{i=1}^{8}\ln y_i \approx 2.96$$

$$\bar{X} = \frac{1}{8}\sum_{i=1}^{8}\tau_i = 13.50$$

$$l_{xx} = \sum_{i=1}^{8}\left(\tau_i - \bar{\tau}\right)^2 = 378.00$$

$$l_{xy} = \sum_{i=1}^{8}\left(\tau_i - \bar{\tau}\right)^2\left(Y_i - \bar{Y}\right) \approx -39.19$$

$$B = \frac{l_{xy}}{l_{xx}} \approx -0.10$$

$$A = \bar{Y} - B\bar{X} \approx 4.31$$

$$k \approx 78.57$$

$$y = 78.57\mathrm{e}^{-0.10\tau}$$

2.1.4　多元线性回归

日常生活中并非因变量 y 只与一个自变量 x 有关，通常会与多个自变量(x_1，x_2，…，x_n)有关，这涉及所谓的多元回归问题。比如血压值与年龄、性别、劳动强度、饮食习惯、吸烟状况及家族史等多个变量有关，糖尿病人的血糖与胰岛素、糖化血红蛋白、血清总胆固醇及甘油三酯含量等多个变量有关，这就需要进行一个因变量与多个自变量间的回归分析。其中最基础的是多元线性回归，即回归分析中涉及两个及以上的自变量，且因变量与这些自变量呈线性关系。许多非线性回归和多项式回归问题都可以转化为多元线性回归问题来求解。在解多元线性回归问题时，一般需要通过计算机来进行求解。

假设因变量 y 与 n 个自变量 x 之间存在着线性关系，则

$$\hat{y} = a + b_1 x_1 + b_2 x_2 + \cdots + b_n x_n \tag{2-14}$$

式中：a 是常数项；b_1，b_2，…，b_n 称为偏回归系数。

方程中的参数可用最小二乘法求得，即求出剩余平方和最小时的一组回归系数 b_1，b_2，…，b_n 的值，即

$$Q = \min \sum_{i=1}^{n} \left(y_i - \hat{y_i} \right)^2 = \min \sum_{i=1}^{n} [y_i - (a + b_1 x_{1i} + b_2 x_{2i} + \cdots + b_n x_{mi})]^2 \quad (2\text{-}15)$$

$$\begin{cases} \dfrac{\partial Q}{\partial a} = -2\sum_{i=1}^{n}(y_i - a - b_1 x_{1i} - b_2 x_{2i} - \cdots - b_n x_{ni}) = 0 \\[2mm] \dfrac{\partial Q}{\partial b_1} = -2\sum_{i=1}^{n} x_{1i}(y_i - a - b_1 x_{1i} - b_2 x_{2i} - \cdots - b_n x_{ni}) = 0 \\[2mm] \dfrac{\partial Q}{\partial b_2} = -2\sum_{i=1}^{n} x_{2i}(y_i - a - b_1 x_{1i} - b_2 x_{2i} - \cdots - b_n x_{ni}) = 0 \\[1mm] \vdots \\[1mm] \dfrac{\partial Q}{\partial b_n} = -2\sum_{i=1}^{n} x_{ni}(y_i - a - b_1 x_{1i} - b_2 x_{2i} - \cdots - b_n x_{ni}) = 0 \end{cases} \quad (2\text{-}16)$$

如果以矩阵的形式表示这个多元线性回归，则有

$$\boldsymbol{Y} = \begin{pmatrix} y_1 \\ y_2 \\ \vdots \\ y_n \end{pmatrix}, \quad \boldsymbol{X} = \begin{pmatrix} 1 & x_{11} & x_{12} & \cdots & x_{1i} \\ 1 & x_{21} & x_{22} & \cdots & x_{2i} \\ \vdots & \vdots & \vdots & & \vdots \\ 1 & x_{n1} & x_{n2} & \cdots & x_{ni} \end{pmatrix}, \quad \boldsymbol{B} = \begin{pmatrix} b_1 \\ b_2 \\ \vdots \\ b_n \end{pmatrix}, \quad \boldsymbol{\varepsilon} = \begin{pmatrix} \varepsilon_1 \\ \varepsilon_2 \\ \vdots \\ \varepsilon_n \end{pmatrix} \quad (2\text{-}17)$$

那么，多元线性回归方程矩阵形式为

$$\boldsymbol{Y} = \boldsymbol{BX} + \boldsymbol{\varepsilon}$$

其中，ε 代表随机误差，随机误差可以分为可解释的误差和不可解释的误差。随机误差一般需满足下述 6 个条件：

(1) 随机误差项是一个期望值或平均值为 0 的随机变量；

(2) 对于解释变量的所有观测值，随机误差项有相同的方差；

(3) 随机误差项彼此不相关；

(4) 解释变量是确定性变量，不是随机变量，与随机误差项彼此之间相互独立；

(5) 解释变量之间不存在精确的(完全的)线性关系；

(6) 随机误差项服从正态分布。

多元线性回归中的回归系数需要采用软件进行求解，最常用的是 SPSS(Statistical Package for the Social Science)软件。SPSS 是一个组合式软件包，它集数据整理、分析功能于一身。用户可以根据实际需要和计算机的功能选择安装模块，以降低对系统硬盘容量的要求。SPSS 的基本功能包括数据管理、统计分析、图表分析、输出管理等。其中，统计分析包括描述性统计、均值比较、一般线性模型分析、相关分析、回归分析、对数线性模型分析、聚类分析、数据简化、生存分析、时间序列分析、多重响应等几大类。每类中又细分为几个统计分析，比如回归分析又分线性回归分析、曲线估计、Logistic 回归、Probit 回归、加权估计、两阶段最小二乘法、非线性回归等多个统计分析，而且每个分析中又允许用户选择不同的方法及参数。SPSS 也有专门的绘图系统，用户可以通过 SPSS 并根据数据绘制各种图形。除此之外，MATLAB、Stata、SAS 等软件都是进行多元线性回归常用的软件。

习题

1. 某电池放电电压和极化电流随时间变化的关系如表 2-4 所示，请采用最小二乘法获得该电池放电电压和极化电流之间的对应关系。

表 2-4　某电池放电电压和极化电流随时间的对应关系

t/min	0	30	60	80	100	120	140	150
I/mA	10.00	9.51	9.11	8.45	7.80	6.00	4.50	3.00
U/V	1.711	1.290	1.256	1.201	1.141	1.101	1.030	1.000

2. 在阴极溅射中，通过实验获得的惰性气体对铜的溅射率与离子能量的关系如表 2-5 所示。

表 2-5　惰性气体对铜的溅射率与离子能量的实验数据

离子能量/keV	10	20	30	40	50	60	70	80	90
溅射率/%	8.1	1.5	17.0	19.2	19.5	19.8	20.0	20.0	20.1

(1) 当溅射率 y 与离子能量 x 之间符合双曲线模型时，即 $1/y = a + b/x$，请采用最小二乘法求解该函数关系式。

(2) 当溅射率 y 与离子能量 x 之间符合指数模型时，即 $y = a\mathrm{e}^{b/x}$，请采用最小二乘法求解该函数关系式。

2.2　Excel 软件在材料科学中的应用

利用 Excel 软件可以存储材料研究中的实验数据，并进行相应的计算、分析和整理等数据处理。本小节主要介绍 Excel 软件的计算、参数估计和线性规划三项数据处理功能。

2.2.1　计算功能

对代数式的计算是 Excel 软件的基本功能，采用 Excel 计算非常方便快捷，且可以同时得到多组数据。在学习 Excel 软件的计算功能之前，首先了解一下 Excel 中的基本运算符及函数，如表 2-6 所示。

表 2-6　Excel 中的基本运算符及函数

符号	说明	函数	说明
*	乘法运算	IF	判断
/	除法运算	SUM	求和
^	乘幂运算	AVERAGE	求算术平均值
>=	大于或等于	SQRT	开平方
<=	小于或等于	COUNT	计数
<>	不等于	VLOOKUP	纵向查找函数

例 2-3　多级连续槽式反应器的各槽具有相同的容积，$V=1.5$ L，在等温条件下进行如下的液相反应：

$$A \longrightarrow R(二级反应)$$

对应的二级反应的速率方程为

$$-r_A = kC_A^2$$

式中：r_A——多级连续槽式反应速率，单位为 kmol/(L·min)；

　　　k——反应速率常数，单位为 kmol/min，本例中 $k = 0.5$ kmol/min；

　　　C_A——瞬时浓度，单位为 kmol/L。

已知反应物 A 在第一槽的入口浓度 $C_n=1.2$ kmol/L，进料速度 $v=0.3$ L/min。第 i 槽入口浓度和出口浓度分别用 C_{i-1} 和 C_i 来表示，进料速度为 v，各槽容积相等，用 V 表示。τ 表示 V/v，即反应液在槽中的平均滞留时间。第 i 槽组分 A 的物料平衡式为

$$vC_{i-1} - vC_i - kC_i^2 V = 0$$

解出

$$C_i = \frac{-1 + \sqrt{1 + 4k\tau C_{i-1}}}{2k\tau}$$

转化率为 $x_i = \dfrac{C_0 - C_i}{C_0}$。试计算转化率 $x_i = 0.8$ 时所需的槽数，并计算各槽的出口浓度和转化率。

解　物料经过一级一级的反应器时，浓度降低，转化率提高。首先在 Excel 中定义第 i 槽的浓度，然后再定义第 i 槽的转化率。通过 Excel 的基本重复计算和单元格复制操作可完成相继几个槽浓度和转化率的计算。

(1) 计算第 i 槽的出口浓度。如图 2-3 所示，在 A1 格输入初始浓度 1.2，把 B 列定义为第 i 槽的出口浓度。在 B1 格输入经过第一级反应后的浓度，即第 1 槽的出口浓度(第 2 槽的入口浓度)。将鼠标置于 B1 格右下角，然后单击鼠标左键并向下拉，接着将 B2 格对应函数中的 A2 修改成 B1，B3 格对应函数中的 A3 修改成 B2，依次类推，从而获得不同槽的出口浓度。

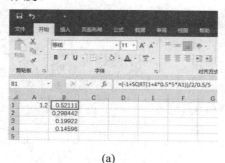　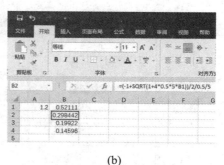

　　　　　(a)　　　　　　　　　　　　　　(b)

图 2-3　计算第 i 槽的出口浓度

(2) 计算第 i 槽的转化率。如图 2-4 所示，把 C 列定义为第 i 槽的转化率。在 C1 格输入第 1 槽的转化率。将鼠标置于 C1 格右下角，然后单击鼠标左键并向下拉，C 列单元格函数中的 B1 自动变为 B2，B2 自动变为 B3，从而获得不同槽的转化率。

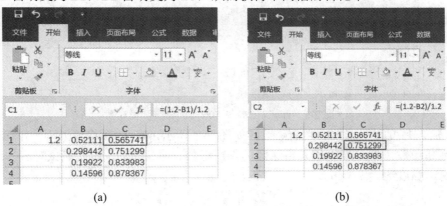

(a)　　　　　　　　　　　　　　(b)

图 2-4　计算第 i 槽的转化率

(3) 观察数据，反应物通过第 3 槽的时候转化率开始大于 0.8。

例 2-4　直径 $D = 0.5$ mm 的铜球(密度 $\rho_s = 8.9$ g/cm³)在某油中沉降，测得沉降速度 v_t 为 1.5 cm/s，油的密度 ρ_f 为 0.85 g/cm³，求该油的黏度 μ_f(单位为 cp，1cp $= 10^{-3}$ Pa·s)。在以沉降粒子直径为基准的雷诺数 $Re = D v_t \rho_f / \mu_f$ 的不同范围内，沉降速度 v_t 与油的黏度 μ_f 有如下对应关系：

$$Re \leqslant 6: \quad v_t = \frac{g(\rho_s - \rho_f)D^2}{18\mu_f} \rightarrow v_f = \frac{g(\rho_s - \rho_f)D^2}{18 v_t}$$

$$6 < Re \leqslant 500: \quad v_t = \left[\frac{4}{225} \times \frac{(\rho_s - \rho_f)^2 g^2}{\mu_f \rho_f}\right]^2 D \rightarrow \mu_f = \frac{4}{225} \times \frac{(\rho_s - \rho_f)^2 g^2}{v_t^3 \rho_f} D^3$$

解　油的黏度与铜球密度、铜球的沉降速度、油的密度以及铜球直径有关，并且在不同雷诺数下对应的计算公式不同。通过 Excel 建立两种情况下油的黏度的表达式，再输入判断函数，即可在不同条件下进行选择并获得最终结果。

(1) 计算 $Re \leqslant 6$ 时的黏度和雷诺数。如图 2-5 所示，先在 A 列输入已知数，在 B8 格计算对应的黏度，在 C8 格计算对应的雷诺数。

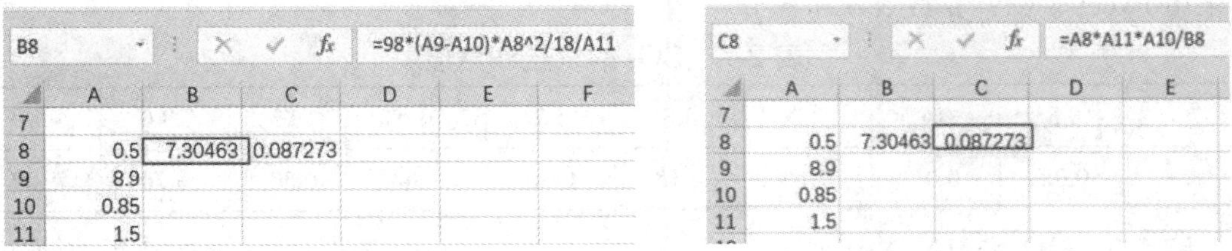

(a)　　　　　　　　　　　　　　(b)

图 2-5　计算 $Re \leqslant 6$ 时的黏度和雷诺数

(2) 计算 $6 < Re \leqslant 500$ 时的黏度和雷诺数。如图 2-6 所示，在 B9 格计算对应的黏度，在 C9 格计算对应的雷诺数。

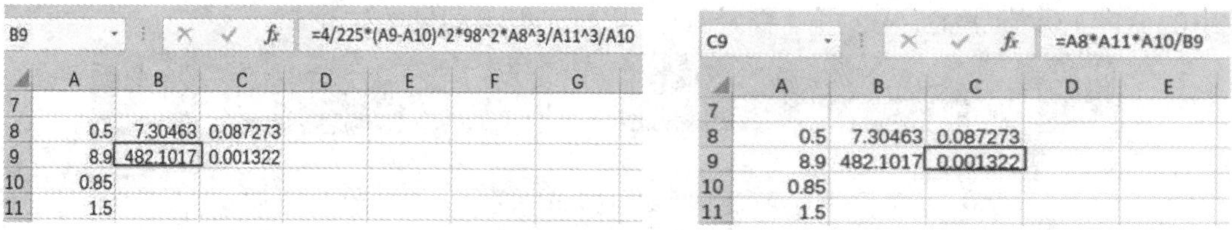

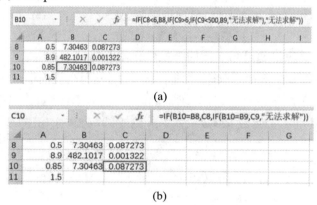

(a)   (b)

图 2-6 计算 $6 < Re \leqslant 500$ 时的黏度和雷诺数

(3) 输入黏度和雷诺数的判断函数。如图 2-7 所示，在 B10 格输入不同雷诺数范围下黏度的判断函数，在 C10 格输入雷诺数的判断函数。通过判断，本次测试对应的是 $Re \leqslant 6$ 时的情况，黏度约为 7.3 cp。

(a)

(b)

图 2-7 输入黏度和雷诺数的判断函数

2.2.2 参数估计

线性参数估计可以直接利用 Excel 的数据分析中的回归分析工具来实现。

例 2-5 SO_2 对水的溶解度经验式可以表示为

$$x = ap + b\sqrt{p}$$

表 2-7 列出了 p(SO_2 的气压)与 x(水溶液中 SO_2 的摩尔分数，即 SO_2 的浓度)的对应关系。请采用 Excel 软件计算常数 a 和 b。

表 2-7 SO_2 的气压和浓度

p	0.3	0.8	2.2	3.8	5.7	10.0	19.3	28.0	44.0
x	0.02	0.05	0.10	0.15	0.20	0.30	0.50	0.70	1.00

解 (1) 输入变量并选中回归功能。如图 2-8 所示，将变量输入 Excel 表格中，并选中数据分析中的回归分析工具。

C2 | =SQRT(B2)

	A	B	C	D
1	x	p	p^(1/2)	
2	0.02	0.3	0.547723	
3	0.05	0.8	0.894427	
4	0.1	2.2	1.48324	
5	0.15	3.8	1.949359	
6	0.2	5.7	2.387467	
7	0.3	10	3.162278	
8	0.5	19.3	4.393177	
9	0.7	28	5.291503	
10	1	44	6.63325	

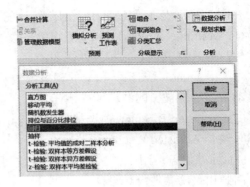

(a)

(b)

图 2-8　输入变量和选中回归功能

(2) 修改回归分析工具的相关参数。如图 2-9 所示，在回归的对话框中更改 Y 值和 X 值的输入区域以及常数，单击“确定”按钮。

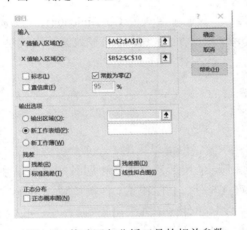

图 2-9　修改回归分析工具的相关参数

(3) 获得回归数据。如图 2-10 所示，本题结果是 $x = 0.016\,180\,22p + 0.044\,225\,51\sqrt{p}$ 。

SUMMARY OUTPUT

回归统计	
Multiple R	0.99991043
R Square	0.99982087
Adjusted R Square	0.85693813
标准误差	0.00698282
观测值	9

方差分析

	df	SS	MS	F	Significance F
回归分析	2	1.905059	0.952529	19535.13	3.62005E-12
残差	7	0.000341	4.88E-05		
总计	9	1.9054			

	Coefficients	标准误差	t Stat	P-value	Lower 95%	Upper 95%	下限 95.0%	上限 95.0%
Intercept	0	#N/A	#N/A	#N/A	#N/A	#N/A	#N/A	#N/A
X Variable 1	0.01618022	0.000417	38.80501	1.96E-09	0.015194261	0.01716618	0.0151943	0.0171662
X Variable 2	0.04422551	0.002224	19.88897	2.03E-07	0.038967485	0.04948354	0.0389675	0.0494835

图 2-10　获得回归数据

在图 2-10 所示回归统计中，回归统计的 5 个数值的意义如下：

(1) Multiple R：表示 x 和 y 的相关系数 γ，一般在 $-1\sim1$ 之间，γ 的绝对值越靠近 1 则相关性越强，越靠近 0 则相关性越弱；

(2) R square：表示 x 和 y 的相关系数 γ 的平方，称为决定系数(拟合优度)，反映了 y 的波动有多少能被 x 的波动所描述；

(3) Adjusted R Square：调整后的 R square，通常一元回归的时候看 R square，而多元回归时候看 Adjusted R square；

(4) 标准误差：用来衡量拟合程度的大小，此值越小，说明拟合程度越好，也用于计算与回归相关的其他统计量；

(5) 观察值：表示训练回归方程的样本数据。

图 2-10 所示方差分析中主要关注回归分析这一行的 Significance F(F 检验显著性统计量)，以统计常用的 0.05 显著水平为例，图中的"3.62005E-12"明显小于 0.05，则 F 检验通过，整个回归方程显著有效。

图 2-10 所示回归参数中，我们主要关注 Coefficients(回归系数)，"intercept"对应截距项，我们设置的为 0，X Variable 就是 x 变量前的参数值，也就是 a 和 b 的值，回归方程为

$$x = 0.016\,180\,22p + 0.044\,225\,51\sqrt{p}\,。$$

2.2.3　线性规划

线性规划既可以最优化求解，也可以采用 Excel 分析数据库中的回归计算工具来实现。

例 2-6　现需生产利润不同的甲、乙、丙、丁四种产品。单独采用设备 A、B、C 生成产品甲，每小时可分别生产 1.5 件、1 件和 1.5 件；单独采用设备 A、B、C 生成产品乙，每小时可分别生产 1 件、5 件和 3 件；单独采用设备 A、B、C 生成产品丙，每小时可分别生产 2.4 件、1 件和 3.5 件；单独采用设备 A、B、C 生成产品丁，每小时可分别生产 1 件、3.5 件和 1 件。设备 A、B、C 的使用寿命分别为 2000h、8000h、5000h。详细的产品利润如表 2-8 所示，试求解：当生产四种产品各多少件时，能获得最大利润。

表 2-8　产品利润表

产品	设备效率/(小时/件)			利润/(元/件)
	A	B	C	
甲	1.50	1.00	1.50	5.24
乙	1.00	5.00	3.00	7.30
丙	2.40	1.00	3.50	8.34
丁	1.00	3.50	1.00	4.18

解　(1) 输入数据。在 Excel 中输入表 2-8 中的数据，如图 2-11 所示。

(2) 定义设备使用时长。在 B6 格输入设备 A 使用时长的表达式，如图 2-12 所示。再用相似的方法在 C6 格和 D6 格分别输入设备 B 和 C 使用时长的表达式。

	A	B	C	D	E	F	G
1		A	B	C		利润	产品产量	总利润
2	产品甲	1.5	1	1.5		5.24		
3	产品乙	1	5	3		7.3		
4	产品丙	2.4	1	3.5		8.34		
5	产品丁	1	3.5	1		4.18		
6	设备使用时长							
7	设备寿命	2000	8000	5000				

图 2-11　输入表 2-8 中的数据

B6　　　　　f_x　=B2*F2+B3*F3+B4*F4+B5*F5

	A	B	C	D	E	F	G
1		A	B	C		利润	产品产量	总利润
2	产品甲	1.5	1	1.5		5.24		
3	产品乙	1	5	3		7.3		
4	产品丙	2.4	1	3.5		8.34		
5	产品丁	1	3.5	1		4.18		
6	设备使用时长	0						
7	设备寿命	2000	8000	5000				

图 2-12　定义设备使用时长

(3) 定义总利润。在 G2 格输入总利润的表达式，如图 2-13 所示。

G2　　　　　f_x　=F2*E2+F3*E3+F4*E4+F5*E5

	A	B	C	D	E	F	G
1		A	B	C		利润	产品产量	总利润
2	产品甲	1.5	1	1.5		5.24		0
3	产品乙	1	5	3		7.3		
4	产品丙	2.4	1	3.5		8.34		
5	产品丁	1	3.5	1		4.18		
6	设备使用时长	0	0	0				
7	设备寿命	2000	8000	5000				

图 2-13　定义总利润

(4) 设置规划求解系数。在"规划求解参数"对话框中设置目标单元格、可变单元格，并添加约束条件，如图 2-14 所示。随后单击"求解"按钮，进行自动求解。

图 2-14　设置规划求解参数

(5) 获得最终结果，如图 2-15 所示，保存求解报告。

	A	B	C	D	E	F	G
1		A	B	C	利润	产品产量	总利润
2	产品甲	1.5	1	1.5	5.24	294.1176	12737.06
3	产品乙	1	5	3	7.3	1500	
4	产品丙	2.4	1	3.5	8.34	0	
5	产品丁	1	3.5	1	4.18	58.82353	
6	设备使用时长	2000	8000	5000			
7	设备寿命	2000	8000	5000			

图 2-15　获得最终结果

习题

1. 材料 40#钢渗硼处理，测得渗硼温度、时间和渗硼深度(单位为 μm)的关系如表 2-9 所示，请采用 Excel 软件求解不同渗硼时间下的扩散激活能。可采用阿伦尼乌斯公式来分析讨论钢微波渗硼的扩散激活能。渗硼层的厚度 δ 随处理温度 T 和保温时间 t 的不同而呈现一定规律变化，公式为

$$\delta^2 = k_0 t \mathrm{e}^{\frac{-Q}{RT}}$$

式中：δ——平均渗层厚度，单位为 m；

k_0——扩散系数常数，单位为 $m^2 \cdot s^{-1}$；

t——保温时间，单位为 s；

Q——扩散激活能，单位为 $J \cdot mol^{-1}$；

R——气体常数，R=8.314；

T——处理温度，单位为 K。

表 2-9　40#钢渗硼处理的实验数据

时间/h	深度/μm		
	860℃	880℃	900℃
2	14	32	50
4	45	55	70
6	60	68	90

2. 在某化工厂生产过程中，为研究温度 x 对收率(产量)y 的影响，测得一组数据如表 2-10 所示，请采用 Excel 软件建立 x 与 y 之间的拟合函数。

表 2-10　收率与温度间的实验数据

温度 x/℃	100	110	120	130	140	150	160	170	180	190
收率 y/%	45	51	54	61	66	70	74	78	85	89

2.3　Origin **软件在材料科学中的应用**

Origin 软件因强大的数据分析和科学绘图功能，在材料科学研究中得到了广泛的应用。该软件操作简便，其数据分析功能和绘图模板齐全。此外，Origin 软件可与各种数据库软件、办公软件、图像处理软件建立链接。

2.3.1　Origin 软件概述

图 2-16 所示为 Origin 软件的界面。其中，标题栏的各项功能简介如下。

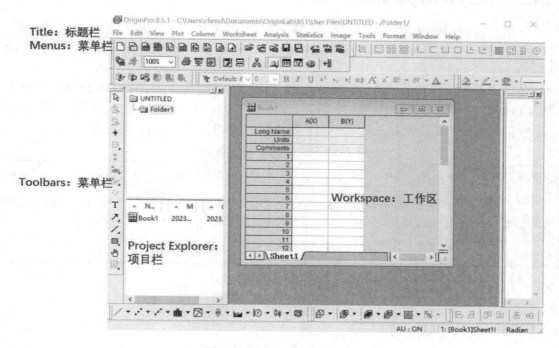

图 2-16　Origin 软件的界面

(1) File：文件功能，打开和存储文件。

(2) Edit：编辑功能，复制、粘贴、替换等功能。

(3) View：视图功能，将 Origin 中各个项目栏进行展开或折叠。

(4) Plot：绘图功能，含有各种绘图模板。二维图包括 Line(线形图)、Line+Symbol(点+符号图)、Column(柱形图)、Area(面积图)、Polar(横线图)、Smithchat(史密斯圆图)、Vector(矢量图)、Scatter(点图)、Bar(条形图)、Pie(饼图)、Fill Area(填充面积图)、Ternary(三相图)、HLClose(股价图)、Special Line(特殊线形图)、Statistical(统计图)、3D bars(三维条形图)、3D Walls(三维条形图)、3D Waters(三维瀑布图)、Box(方框图)、Hist(柱状图)、Panel(拼屏图)等。绘图功能是最常用的功能。

(5) Column：列功能，包括添加新列、列计算、列转换等。

(6) Worksheet：工作表，包括排序、复制列、拆分列、堆叠列、转置、转换成矩阵等。

(7) Analysis：分析功能，包括各种数学运算、拟合、信号处理、峰与基线等。分析功能属于数据处理的高级应用。

(8) Statistics：统计功能，包括描述统计、假设检验、方差分析、多元回归等。

(9) Image：制图功能，包括图片的各种处理。

(10) Tools：工具功能，包括屏幕控制、数据读取、绘图等。

(11) Format：格式功能。

(12) Window：窗口功能。

(13) Help：帮助功能。

2.3.2　Origin 软件的数据分析功能

Origin 软件的数据分析功能包括加、减、乘、除的列计算，微积分等高等数学的计算，排序、统计、曲线拟合等数学分析功能。我们在材料科学实验中用到最多的是列计算、统计和曲线拟合功能。

例 2-7　表 2-11 是锅炉用钢 Q245R(试样 A)和喷涂有高镍铬涂层的 Q245R(试样 B)在相同高温氧化条件下的腐蚀增重数据。第 1 行是氧化时间，单位为 h，第 2、3 行分别是试样 A、B 的增重量，单位为 mg/cm^2。请拟合增重量与氧化时间之间的函数关系 $y = ax^b$。

表 2-11　试样的腐蚀增重数据

氧化时间/h	0	5	10	20	30	50	70	90	110	130	150	175	200
试样 A 的增重量/(mg/cm^2)	0	2.2	13.4	22.3	30.8	41.8	48.8	59.6	66.6	71.97	78.84	85.66	92.20
试样 B 的增重量/(mg/cm^2)	0	1.7	2.18	2.19	2.23	6.09	2.34	2.42	2.53	2.64	2.75	2.84	2.96

解　(1) 输入原始数据，如图 2-17 所示。

	A(X)	B(Y)	C(Y)
Long Name			
Units			
Comments	时间	A增重	B增重
1	0	0	0
2	5	2.2	1.7
3	10	13.4	2.18
4	20	22.3	2.19
5	30	30.8	2.23
6	50	41.8	6.09
7	70	48.8	2.34
8	90	59.6	2.42
9	110	66.6	2.53
10	130	71.97	2.64
11	150	78.84	2.75
12	175	85.66	2.84
13	200	92.2	2.96

图 2-17　输入原始数据

(2) 绘出试样 A 和 B 的腐蚀增重散点图。分别选中 A 列和 B 列，以及 A 列和 C 列，绘出试样 A 和 B 的腐蚀增重散点图，如图 2-18 所示。

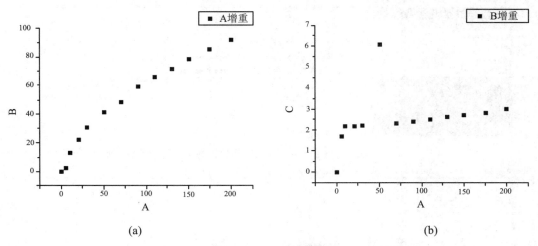

(a)　　　　　　　　　　　　　　　　　(b)

图 2-18　绘出试样 A 和 B 的腐蚀增重散点图

(3) 选择拟合分析。如图 2-19 所示，依次单击"Analysis"→"Fitting"→"Nonlinear Curve Fit"→"Open Dialog…"，打开非线性拟合的对话框。

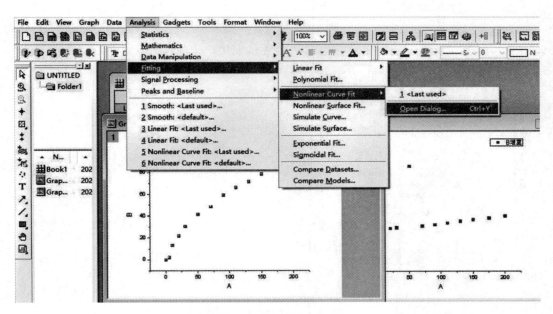

图 2-19　选择拟合分析

(4) 设置拟合函数。如图 2-20 所示，在弹出的拟合对话框中选择函数类型或者自定义函数，如果函数表达式已知，直接选择对应的函数；如果函数表达式未知，选择不同的函数，预览拟合曲线，直至拟合误差最小。

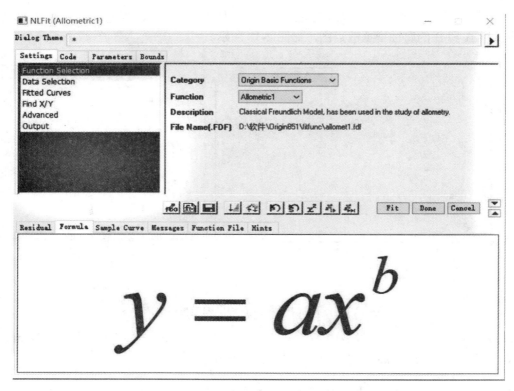

图 2-20　设置拟合函数

（5）获得拟合结果。如图 2-21 所示，试样 A 的腐蚀增重曲线为 $y = 3.5490x^{0.6184}$，试样 B 的腐蚀增重曲线为 $y = 1.9379x^{0.0854}$。

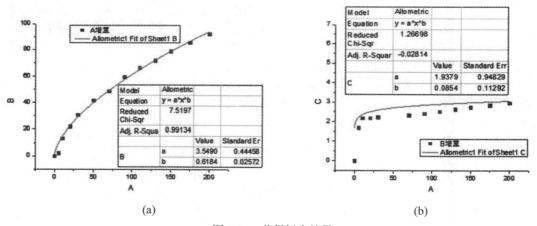

图 2-21　获得拟合结果

例 2-8　材料中含三种不同的正离子，每种离子都有一定的迁移率，从而影响材料的电导率，一般符合叠加规则，即材料总电导率等于每种离子含量的占比与其对应电导率乘积的和。现制备了不同配方的 8 种材料，测定的材料的电导率如表 2-12 所示，其中，x_1、x_2、x_3 为三种离子的质量分数，y 为电导率。求 y 对 x_1、x_2、x_3 的回归方程。

表 2-12　材料中的离子组成及材料的电导率

材料编号	x_1	x_2	x_3	$y/(S \cdot cm^{-1})$
1	2.2	1.8	3.4	5.6
2	1.9	2.0	2.4	6.1
3	1.5	2.2	3.0	5.2
4	3.6	2.5	2.4	7.9
5	2.0	1.6	2.8	8.4
6	2.8	2.5	3.5	7.6
7	4.0	2.5	3.5	8.1
8	4.5	4.0	5.0	7.4

解　(1) 输入原始数据，如图 2-22 所示。

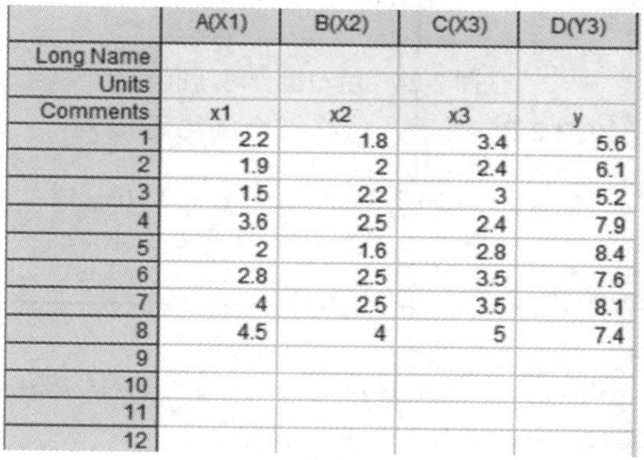

图 2-22　输入原始数据

(2) 选择拟合分析。如图 2-23 所示，依次单击"Analysis"→"Fitting"→"Mutiple Linear Regression"→"Open Dialog…"，打开多项式拟合的对话框。

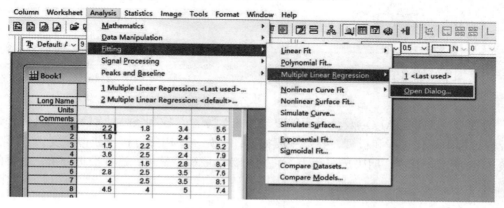

图 2-23　选择拟合分析

(3) 填写拟合对话框。如图 2-24 所示，在拟合对话框中输入自变量和因变量，单击"OK"按钮。

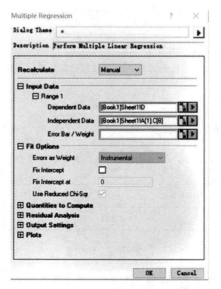

图 2-24　填写拟合对话框

(3) 获得拟合结果。如图 2-25 所示，最终拟合结果近似为

$$y = 6.42 + 1.31x_1 - 1.07x_2 - 0.16x_3$$

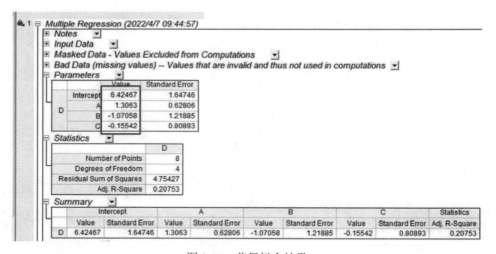

图 2-25　获得拟合结果

例 2-9　以陶瓷(Al_2O_3)及金属铝的复合粉末为原料，控制条件使铝氧化成氧化铝，研究反应过程中氧化过程和机理，整个步骤如下：首先，采用热分析仪获得温度–失重数据，如表 2-13 所示；其次，明确反应动力学机理的数学模型；最后，进行数据分析。主要的数学模型为

$$\ln \mathrm{lossm} = -\frac{E}{k} \cdot \frac{1000}{T} + k'$$

式中：lossm——质量损失量；

　　　　T——温度，单位为℃；

E、k、k'——常量。

请通过测试数据拟合上述反应动力学机理的数学模型。

表 2-13　温度-失重数据

$T/℃$	lossm/g	$T/℃$	lossm/g	$T/℃$	lossm/g
360	−6.42 000	640	5.059 41	960	7.617 29
380	−6.21 000	680	5.154 59	1000	8.983 89
400	−5.86 000	720	5.710 55	1040	9.511 38
440	−5.371 15	760	6.086 19	1080	9.725 76
480	−4.554 34	800	6.652 34	1120	9.782 60
520	−2.408 55	840	6.880 52	1160	10.482 78
560	−0.706 71	880	6.993 39		
600	3.790 28	920	7.411 28		

(1) 输入原始数据并进行列计算。如图 2-26 所示，采用列计算功能计算 E 列、C 列和 D 列。

	A(X1)	B(Y1)	C(X2)	D(Y2)	E(Y2)
Long Name					
Units					
Comments	T	loss m	1000/(T+273)	lossm+6.5	ln(lossm+6.5)
1	360	-6.42	1.57978	0.08	-2.52573
2	380	-6.21	1.53139	0.29	-1.23787
3	400	-5.86	1.48588	0.64	-0.44629
4	440	-5.37115	1.40252	1.12885	0.1212
5	480	-4.55434	1.32802	1.94566	0.6656
6	520	-2.40855	1.26103	4.09145	1.4089
7	560	-0.70671	1.20048	5.79329	1.7567
8	600	3.79028	1.14548	10.29028	2.3312
9	640	5.05941	1.09529	11.55941	2.4475
10	680	5.15459	1.04932	11.65459	2.4557
11	720	5.71055	1.00705	12.21055	2.5023
12	760	6.08619	0.96805	12.58619	2.5326
13	800	6.65234	0.93197	13.15234	2.5766
14	840	6.88052	0.89847	13.38052	2.5938
15	880	6.99339	0.8673	13.49339	2.6022
16	920	7.41128	0.83822	13.91128	2.6327
17	960	7.61729	0.81103	14.11729	2.6474
18	1000	8.98389	0.78555	15.48389	2.7398
19	1040	9.51138	0.76161	16.01138	2.7733
20	1080	9.72576	0.7391	16.22576	2.7866
21	1120	9.7826	0.71788	16.2826	2.7901
22	1160	10.48278	0.69784	16.98278	2.8322

图 2-26　输入原始数据并进行列计算

(2) 拟合分析第一段。将 $1000/(T+273)$ 作为横坐标、$\ln(\text{lossm}+6.5)$ 作为纵坐标，作出散点图，如图 2-27 所示。由图发现曲线呈两段趋势，需采用分段线性拟合的方法。依次单击"Analysis"→"Fitting"→"Linear Fit"，打开线性拟合的对话框，在 Input data 处选中第一段直线的数据点，单击"OK"按钮。

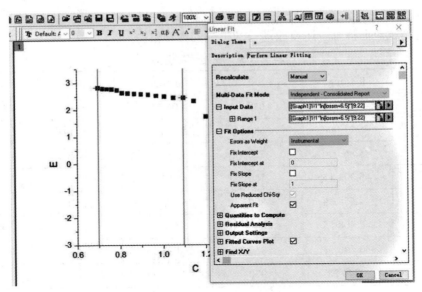

图 2-27　拟合分析第一段

(3) 拟合分析第二段。拟合步骤与第(2)步相同，拟合结果如图 2-28 所示，当 $T<160℃$ 时，$\ln\ (\text{lossm}+6.5)=-999.77x/(T+273)+3.51$，当 $T\geqslant160℃$ 时，$\ln\ (\text{lossm}+6.5)=-10005.84x/(T+273)+13.94$。

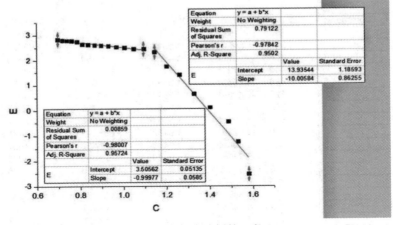

图 2-28　拟合分析第二段

例 2-10　请根据下述公式计算材料的断裂韧度(K_{IC})，即

$$K_{IC}=\frac{3PLY}{2wh^2}\sqrt{a}$$

式中：P ——断裂载荷，单位为 N；

　　　L——跨距，$L=20$ mm；

　　　w——试条宽度，单位为 mm；

　　　h——试条高度，单位为 mm；

　　　a——槽深，单位为 mm；

　　　Y——几何因子，当 $L=4h$ 时，有

$$Y = 1.93 - 3.07\frac{a}{h} + 13.66\left(\frac{a}{h}\right)^2 - 23.98\left(\frac{a}{h}\right)^3 + 25.22\left(\frac{a}{h}\right)^4$$

已知一个样品测试了 5 次 w、h、a 和 P 的值，如表 2-14 所示，求该样品断裂韧性的平均值。

表 2-14　样品的测试值

次数	w	h	a	P
1	2.54	4.98	2.34	9.6
2	2.56	4.96	2.46	9.9
3	2.5	5.02	2.56	8.9
4	2.48	5.04	2.51	9.5
5	2.52	5	2.5	9.3

解　(1) 输入原始数据并进行列计算。如图 2-29 所示，采用列计算功能计算 E 列(a/h)，F 列(Y)和 G 列(K_{IC})。

	A(X)	B(Y)	C(Y)	D(Y)	E(Y)	F(Y)	G(Y)	H(Y)
Long Name								
Units								
Comments	w	h	a	P	a/h	Y	KIC	
1	2.54	4.98	2.34	9.6	0.46988	2.24505	15.70124	
2	2.56	4.96	2.46	9.9	0.49597	2.36797	17.51448	
3	2.5	5.02	2.56	8.9	0.50996	2.44226	16.56057	
4	2.48	5.04	2.51	9.5	0.49802	2.37846	17.04769	
5	2.52	5	2.5	9.3	0.5	2.38875	16.72647	
6								
7								

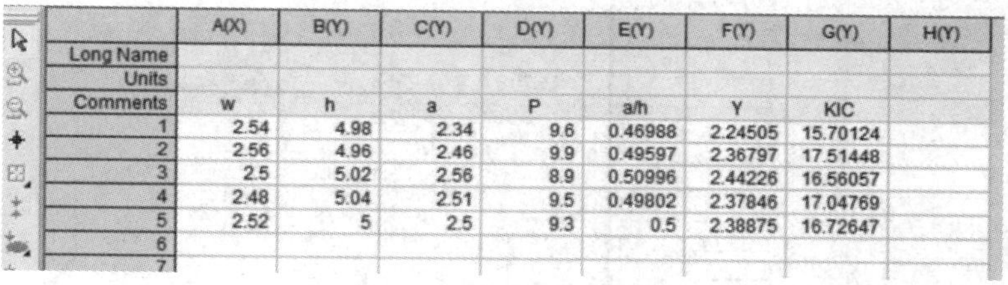

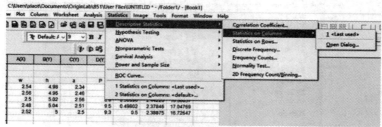

图 2-29　输入原始数据并进行列计算

(2) 采用统计功能求 K_{IC} 的平均值。如图 2-30 所示，依次单击“Statistics”→“Descriptive Statistics”→“Statistics on Columns”→“Open Dialog…”，打开平均值计算的对话框，选中需要计算平均值的 G 列数据，单击“OK”按钮。

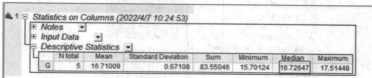

图 2-30　求解平均值

(3) 获得最终结果。如图 2-31 所示，K_{IC} 的平均值约为 16.71。

Statistics on Columns (2022/4/7 10:24:53)

Notes

Input Data

Descriptive Statistics

	N total	Mean	Standard Deviation	Sum	Minimum	Median	Maximum
G	5	16.71009	0.67108	83.55046	15.70124	16.72647	17.51448

图 2-31　最终结果

2.3.3 Origin 软件的绘图功能

Origin 是目前科研人员绘图的首选软件，其绘图功能非常强。Origin 的绘图是基于模板的，简单易上手。在材料科学的数据绘图中，人们使用最多的是散点图、点线图、折线图、图层的合并与融合。

例 2-11 表 2-15 给出了一批导电陶瓷样品的电导率，请绘制散点图。

表 2-15 导电陶瓷的电导率

样品	1	2	3	4	5	6	7	8
$\sigma/(10^{-4}\text{S}\cdot\text{cm}^{-1})$	4.4	4.2	5.6	7.8	8.8	3.1	2.2	1.8
$\text{Err}/(10^{-4}\text{S}\cdot\text{cm}^{-1})$	0.15	0.05	0.08	0.11	0.06	0.18	0.23	0.03

注：σ 为电导率，Err 为误差。

解 (1) 输入原始数据。如图 2-32 所示，设置 X 列、Y 列和 yEr 列。

	A(X)	B(Y)	C(yEr)
Long Name			
Units			
Comments			
1	1	4.4	0.15
2	2	4.2	0.05
3	3	5.6	0.08
4	4	7.8	0.11
5	5	8.8	0.06
6	6	3.1	0.18
7	7	2.2	0.23
8	8	1.8	0.03
9			
10			

图 2-32 输入原始数据

(2) 绘制散点图。如图 2-33 所示，选中 X 列、Y 列和 yEr 列，依次单击“Plot”→“Symbol”→“Scatter”。

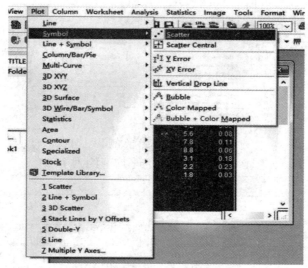

图 2-33 绘制散点图

(3) 获得散点图。如图 2-34 所示，对绘制出的散点图进行坐标、图例和边框的修改，之后输出图形，并保存.opj 原始文件。

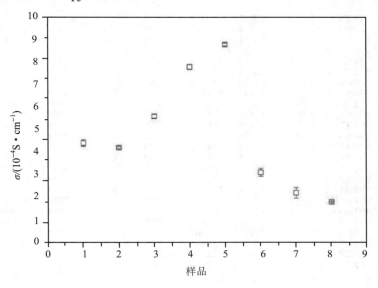

图 2-34 获得散点图

例 2-12 将 Nb^{5+}、Ti^{4+}、Y^{3+} 和 Zn^{2+} 四种离子分别对 NASICON 陶瓷进行 Zr 位掺杂，采用网络分析仪测试了四个试样的介电常数，请绘制介电常数实部的点线图。

解 (1) 导入测试数据。如图 2-35 所示，在 Origin 软件中，直接导入设备所测量的".txt"".prn"或".dat"等格式的数据。

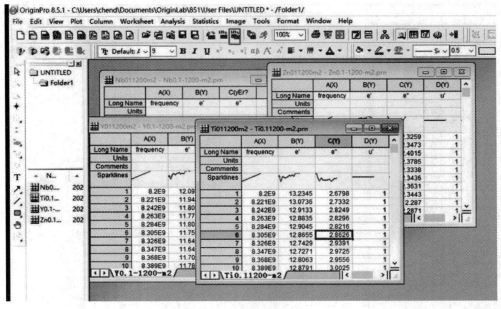

图 2-35 导入测试数据

(2) 合并整理数据。如图 2-36 所示，通过复制粘贴的方法将四组导入的数据合并到一个工作表中。

	A(X)	B(Y)	C(Y)	D(Y)	E(Y)	F(Y)	G(Y)	H(Y)	I(Y)
Long Name	frequency	Nb		Ti		Y		Zn	
Units									
Comments									
1	8.2E9	9.6566	1.2392	13.2345	2.6798	12.0973	2.2709	11.4501	2.3259
2	8.221E9	9.5789	1.254	13.0736	2.7332	11.9486	2.3035	11.3016	2.3473
3	8.242E9	9.4986	1.2977	12.9133	2.8249	11.8062	2.3759	11.1537	2.4015
4	8.263E9	9.4707	1.2892	12.8835	2.8296	11.7777	2.3579	11.1152	2.3785
5	8.284E9	9.4706	1.259	12.9045	2.8216	11.8037	2.3253	11.1211	2.3338
6	8.305E9	9.4469	1.2675	12.8655	2.8626	11.7593	2.3466	11.0738	2.3436
7	8.326E9	9.3823	1.2876	12.7429	2.9391	11.6493	2.3914	10.9638	2.3631
8	8.347E9	9.3655	1.2837	12.7271	2.9725	11.6412	2.387	10.9427	2.3443
9	8.368E9	9.3901	1.2521	12.8063	2.9556	11.7022	2.3409	10.992	2.287
10	8.389E9	9.4314	1.2522	12.8791	3.0025	11.7861	2.3562	11.0486	2.2871
11	8.41E9	9.4417	1.2879	12.8703	3.0998	11.7878	2.4157	11.0494	2.3259
12	8.431E9	9.4568	1.3049	12.864	3.1469	11.7979	2.4343	11.0625	2.3314
13	8.452E9	9.5118	1.2786	12.9613	3.1086	11.8933	2.3811	11.1454	2.2836
14	8.473E9	9.5567	1.2714	13.0077	3.1171	11.966	2.358	11.2113	2.2561
15	8.494E9	9.5735	1.2947	12.9818	3.1529	11.969	2.3874	11.2158	2.273
16	8.515E9	9.5492	1.3261	12.8759	3.1817	11.9029	2.4099	11.162	2.296
17	8.536E9	9.566	1.3161	12.8668	3.1277	11.9186	2.3678	11.1817	2.2635
18	8.557E9	9.5872	1.2902	12.8667	3.0653	11.9437	2.3028	11.2121	2.1999
19	8.578E9	9.592	1.2802	12.8194	3.0086	11.9354	2.2663	11.2068	2.1731
20	8.599E9	9.5332	1.2912	12.6488	2.9981	11.8093	2.2719	11.1021	2.171
21	8.62E9	9.4592	1.3013	12.4572	2.9704	11.6707	2.2627	10.9764	2.1674
22	8.641E9	9.4344	1.2594	12.4028	2.8606	11.6393	2.1729	10.9492	2.0828
23	8.662E9	9.4126	1.2093	12.3584	2.7626	11.6127	2.0903	10.9217	1.9987
24	8.683E9	9.3857	1.1842	12.2825	2.7031	11.5704	2.0487	10.8831	1.9575
25	8.704E9	9.3131	1.1863	12.1258	2.6911	11.4412	2.0521	10.7646	1.9473

图 2-36　合并整理数据

（3）对 X 列进行单位转化。为了作图美观，采用列计算的方法对 A 列除以 10^9，即将单位 Hz 转化成 GHz。选中 A 列数据，右击"Set Column Values…"，如图 2-37 所示，在弹出的列计算对话框中，输入 Col(A)/1000000000，点击 OK 按钮。

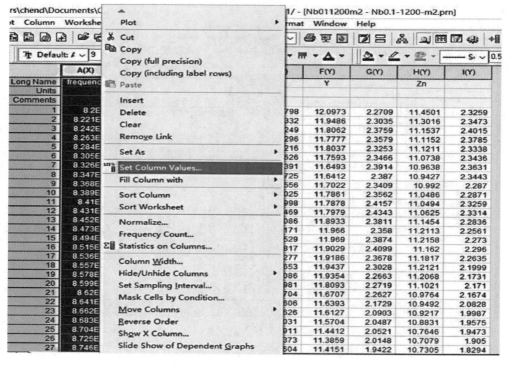

图 2-37　对 X 列进行单位转化

（4）绘制点线图。如图 2-38 所示，选中 A 列、B 列、D 列、F 列和 H 列，即选中介电常数实部列，依次单击"Plot"→"Line+Symbol"→"Line+Symbol"即可绘制点线图。

图 2-38　绘制点线图

（5）修改点线图属性。如图 2-39 所示，双击点线图，在弹出的图形属性的对话框中，修改点的大小、形状、颜色、透明度，以及线的粗细、形状、颜色等。如果点数过于密集，则选择对话框中的"Drop Lines"，设置跳点参数，实现跳点功能，即多个数据只显示一个点。

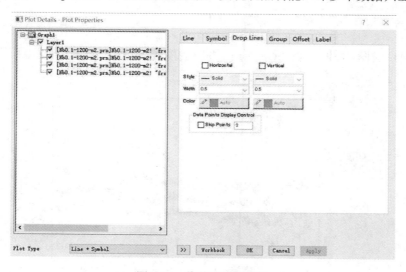

图 2-39　修改点线图属性

（6）平滑曲线。若图谱有许多突兀的点，曲线不够平滑，可以对曲线进行平滑，但是不能过度平滑，防止曲线不够真实。如图 2-40(a)所示，依次单击"Analysis"→"Signal Processing"→"Smooth…"，打开平滑对话框(见图 2-40(b))，选择平滑类型和平滑数据点数，单击"OK"按钮。

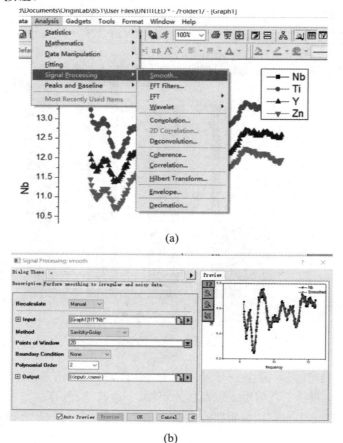

(a)

(b)

图 2-40　平滑曲线

(7) 获得点线图。如图 2-41 所示，修改图形的图例、边框和尺度，输出图形，并保存.opj 原始文件。

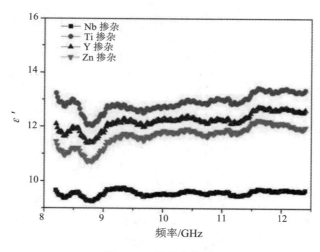

图 2-41　获得点线图

例2-13　采用等离子喷涂的方法制备的 TSC/NASICON 复合涂层,在不同 TSC 含量下,其涂层的密度和气孔率如表 2-16 所示。请绘制 TSC/NASICON 复合涂层的密度和气孔率随含量变化的双 Y 图。

表 2-16　TSC/NASICON 复合涂层的密度和气孔率

TSC 含量 / %	密度/ $(g \cdot cm^{-3})$	气孔率 / %
10	2.21	25.8
20	2.41	21.2
30	2.52	19.4
40	2.71	15.8

解　(1) 绘制双 Y 图。输入原始数据,选中数据,依次单击"Plot"→"Multi-Curve"→"Double-Y",如图 2-42 所示。

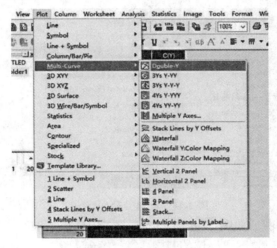

图 2-42　绘制双 Y 图

(2) 获得双 Y 图。修改图形的图例、边框和尺度,输出图形,如图 2-43 所示,并保存.opj 原始文件。

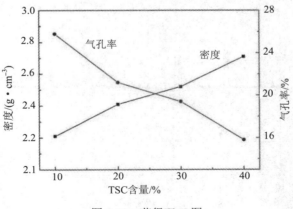

图 2-43　获得双 Y 图

例 2-14 现采用高温固相法制备了 $Na_3Zr_{1.6}Ti_{0.4}Si_2PO_{12}$ 陶瓷和 $Na_3Zr_{1.8}Ti_{0.2}Si_2PO_{12}$ 陶瓷，采用 X 射线衍射分析仪对其进行了物相检测，采用 Jade 软件对其结果进行了分析，发现 PDF#84-1200 卡片能够与其峰位较好地拟合。请绘制陶瓷的 XRD 谱图，插入标准卡，标出杂质峰。

解 (1) 绘制沿 Y 偏移图。采用例 2-12 的方法导入 XRD 测试获得的 ".txt" 数据，并将两组数据合并到一个表格中，接着选中数据，依次单击 "Plot" → "Multi-Curve" → "Stack Lines by Y Offsets"，如图 2-44 所示。

图 2-44　绘制沿 Y 偏移图

(2) 修改沿 Y 偏移图。如图 2-45 所示，修改 XRD 图的尺度、边框、坐标、曲线粗细等细节，横坐标选择能反映图谱峰位的范围，纵坐标向下延伸，为插入标准谱线留足位置。

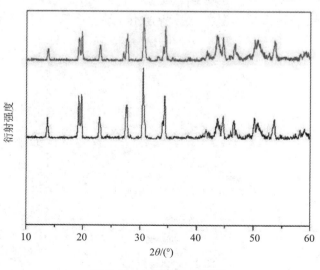

图 2-45　修改沿 Y 偏移图

(3) 绘制标准卡片图谱。新建一个工作表，导入标准卡片的信息，选中衍射角和强度两列数据，绘制散点图。双击散点，弹出图形属性对话框，在对话框中修改点的大小为 0，并给每点下方添加竖直线，如图 2-46 所示。修改标准卡片图谱的尺度、边框、坐标、曲线粗细等细节，使之与 XRD 图谱的边框尺度一致，保证后期两个图层能有效叠加。

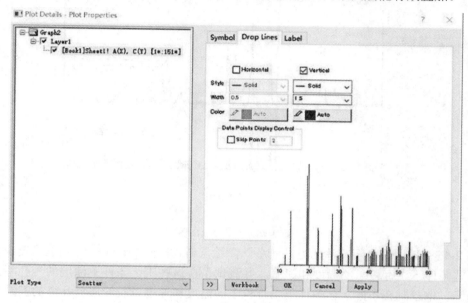

图 2-46　绘制标准卡片图谱

(4) 合并图层。复制标准卡片的图谱，纵向缩小后粘贴到 XRD 图谱下方预留的位置，使两个图层合并，如图 2-47 所示。

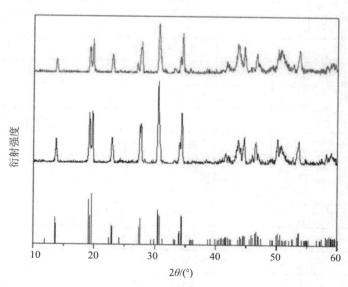

图 2-47　合并图层

(5) 获得 XRD 图。标出每条谱线的名称以及杂质峰，如图 2-48 所示，输出图形，并保存.opj 原始文件。

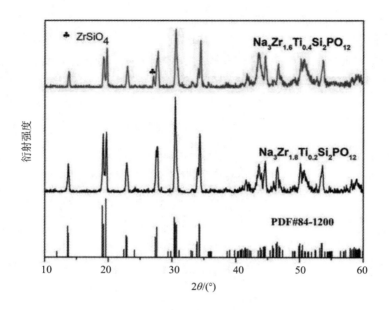

图 2-48　获得 XRD 图

例 2-15　采用等离子喷涂的方法制备热障涂层时，采用 spray watch 测温测速设备监测不同工艺条件下飞行粒子的温度和速度，并测试了在这些工艺条件下涂层的气孔率，如表 2-17 所示。请绘制在不同工艺条件下飞行粒子的温度和速度以及涂层气孔率的三维图。

表 2-17　不同工艺条件下飞行粒子的温度和速度

$T/℃$	$v/(m/s)$	气孔率 /%
2843.18	180.18	9.2
2853.90	183.41	10.5
2689.39	182.36	14.5
2692.23	182.67	13.8
3213.31	228.62	6.8
3279.93	225.83	7.8
3263.78	229.50	7.9
3264.17	231.00	6.1
3413.69	400.93	5.2
3418.87	405.86	5.1
3420.10	402.22	5.1
3523.83	450.67	5.1
3245.39	380.88	4.2
3242.03	387.91	4.6
3250.70	399.73	4.6

解　(1) 绘制 3D 散点图。输入原始数据，并将气孔率一列设置为 Z 列，选中所有数据，依次单击"Plot"→"3D XYZ"→"3D Scatter"，如图 2-49 所示。

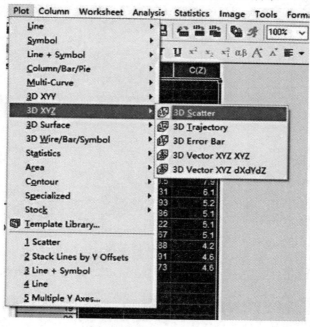

图 2-49　绘制 3D 散点图

(2) 获得 3D 散点图。修改图形的尺度、边框等细节，如图 2-50 所示。输出图形，并保存相应的.opj 文件。

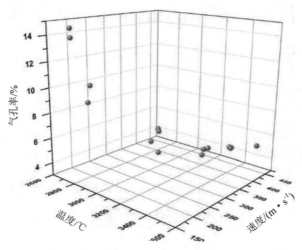

图 2-50　获得 3D 散点图

例 2-16　现采用 Excel 软件模拟了不同厚度下材料的计算反射率，请绘制反射率随频率和厚度变化的三维地形图。

解　(1) 新建矩阵并设置矩阵尺寸。在 Origin 软件中依次单击 File→New，在弹出的新建对话框中，选择 Matrix，单击 OK 按钮。将鼠标置于矩阵的左上角，右击选择 Set Matrix Dimension/Labels，出现矩阵尺寸设置的对话框，如图 2-51 所示，接着设置矩阵的行数和列数，并给出行数和列数的取值范围。

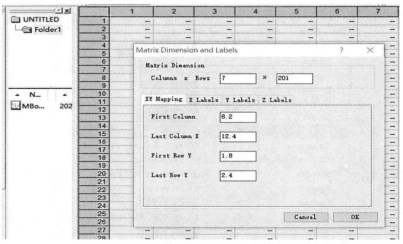

图 2-51　新建矩阵并设置矩阵尺寸

(2) 绘制三维地形图。将 Excel 中的计算数据复制到矩阵中，选中矩阵中的数据，依次单击"Plot"→"3D Surface"→"Color Map Surface"，如图 2-52 所示。

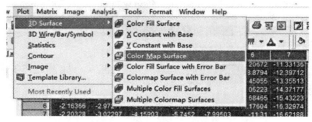

图 2-52　绘制三维地形图

(3) 修改三维地形图属性。调整背景中的网格线，增加投影，修改色块，修改尺度和边框等，如图 2-53 所示。

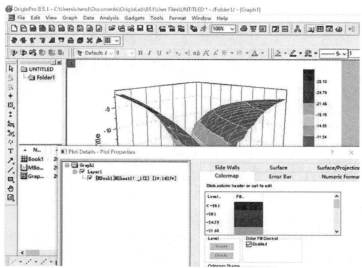

图 2-53　修改三维地形图属性

(4) 获得三维地形图。如图 2-54 所示，输出图片，并保存相应的.opj 文件。

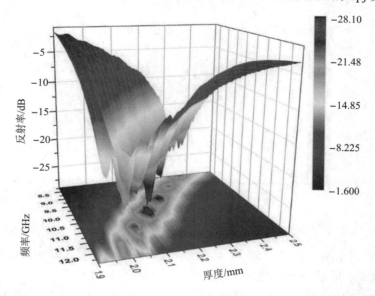

图 2-54　获得三维地形图

例 2-17　在等离子喷涂制备涂层中，飞行粒子经过熔化、飞行、撞击基板、扁平和堆垛一系列微观过程形成最终的涂层。大量学者研究了粒子扁平率与雷诺数之间的对应关系，并得到了相应的模型。其中应用较多的有 $\xi = 1.04Re^{0.2}$、$\xi = 0.83Re^{0.21}$ 和 $\xi = 1.2941Re^{0.2}$ 三种模型。现采用狭缝收集法获得了一系列飞行粒子扁平率和雷诺数的测试数据，如表 2-18 所示。请将测试数据与文献模型绘制到一张图中，并进行对比。

表 2-18　粒子扁平率与雷诺数的测试数据

Re	ζ	Re	ζ
242	3.21	1279	4.31
265	3.32	1503	4.33
479	3.41	1799	4.51
502	3.65	1989	4.62
700	3.78	2201	4.82
988	3.99	2523	4.89
1077	4.03	2789	4.91
1230	4.22	—	—

解　(1) 绘制散点图。输入原始数据，选中数据，绘制散点图，如图 2-55 所示。

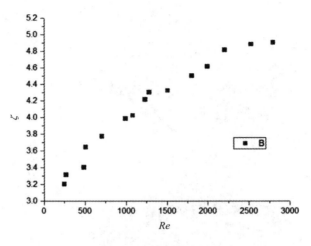

图 2-55　绘制散点图

(2) 绘制函数关系图。如图 2-56 所示，选中新建函数的图例，并在弹出的对话框中依次输入函数表达式，将三个函数模型分别绘制在同一张图中。

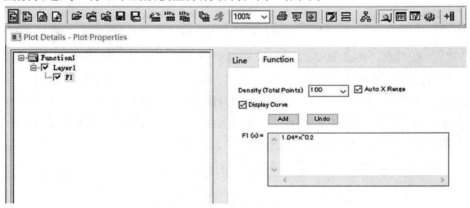

图 2-56　绘制函数关系图

(3) 修改函数关系图。去掉函数关系图背后的网格线，改变函数曲线的图例便于区分三条函数曲线，并将其横、纵坐标与第一张散点图修改一致便于后期合并图层，如图 2-57 所示。

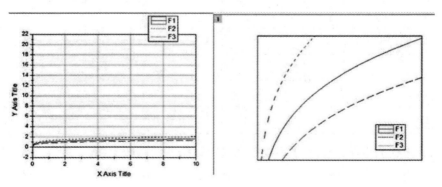

图 2-57　修改函数关系图

(4) 获得最终图像。复制图像 2 到图像 1 中，使之与图像 1 重合，调整边框，并更改图例，进而获得扁平率与雷诺数之间对应关系的实验图和理论图，如图 2-58 所示，保存相应的.opj 文件。

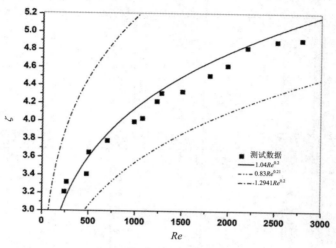

图 2-58　获得最终图像

例 2-18　采用 Jade 软件计算了不同含量的 Nb^{5+}、Ti^{4+} 和 Y^{3+} 三种离子掺杂 NASICON 陶瓷的点阵常数，具体参数如表 2-19 所示。请将点阵常数和体积随掺杂量变化的曲线绘制出来，并在 Origin 软件中组合四张图。

表 2-19　不同含量 Nb^{5+}、Ti^{4+} 和 Y^{3+} 三种离子掺杂 NASICON 陶瓷的点阵常数

掺杂量/mol		0.1	0.2	0.3	0.4
点阵常数	a_{Nb} /Å	15.711	15.745	15.788	15.754
	a_{Ti} /Å	15.64	15.688	15.721	15.678
	a_Y /Å	15.611	15.577	15.544	15.771
	b_{Nb} /Å	9.112	9.152	9.158	9.154
	b_{Ti} /Å	9.085	9.078	9.099	9.101
	b_Y /Å	9.032	9.028	9.027	9.014
	c_{Nb} /Å	9.234	9.254	9.289	9.266
	c_{Ti} /Å	9.233	9.248	9.257	9.222
	c_Y /Å	9.221	9.201	9.199	9.203
	β_{Nb} /(°)	123.82	124.12	124.23	124.21
	β_{Ti} /(°)	123.82	123.85	124.07	124.02
	β_Y /(°)	123.53	123.31	123.18	123.11

解　(1) 绘制四张点线图。输入原始数据，分别绘制不同陶瓷点阵常数的四张点线图，并将四张点线图的格式修改一致，如图 2-59 所示。

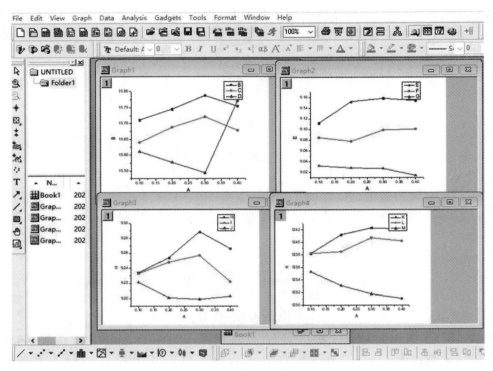

图 2-59　绘制四张点线图

(2) 组合四张点线图。依次单击"Graph"→"Merge Graph Windows…"将四张点线图进行组合，如图 2-60 所示。

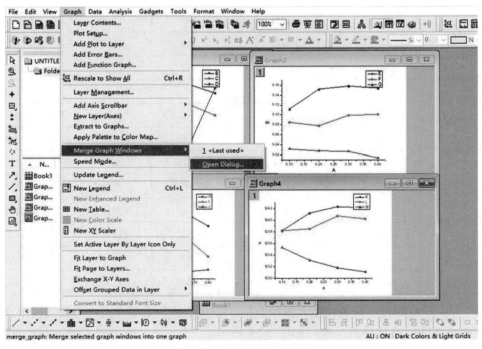

图 2-60　组合四张点线图

(3) 设置排版信息。在步骤(2)弹出的对话框中设置图的大小、间距、摆放形式等，如图 2-61 所示。

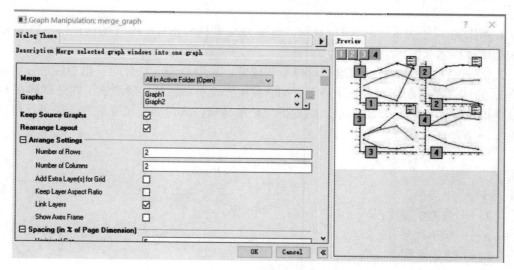

图 2-61　设置排版信息

(4) 获得四张图组合后的点线图。调整组合后的边框、坐标等信息，并给图片添加编号，获得不同离子掺杂陶瓷点阵常数随掺杂量变化的曲线，如图 2-62 所示，保存相应的 opj. 文件。

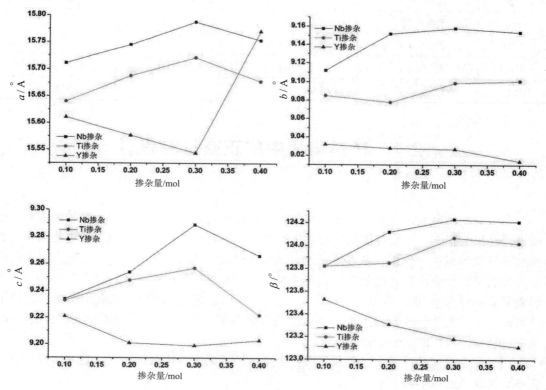

图 2-62　获得四张图组合后的点线图

✍ 习题

1. 测试一组相关试样的 XRD 数据，通过 Jade 软件导出标准卡片的信息，在 Origin 软件中绘制试样的 XRD 谱图。

2. 测试一批试样的抗拉强度、延伸率和硬度，采用 Origin 软件对三组曲线进行组合。

3. 为计算不同含量 Co^{2+} 离子掺杂 LATP 导电陶瓷的激活能。现测试了四个试样在不同温度下的电导率，如表 2-20 所示。请根据阿伦尼乌斯公式对四个试样的激活能进行拟合。阿伦尼乌斯公式为

$$\sigma T = A \exp\left(-\frac{E_a}{kT}\right)$$

式中：σ——电导率；

T——热力学温度；

A——频率因子；

k——速率常数；

E_a——激活能。

表 2-20   试样在不同温度下的电导率

$T/℃$	$\sigma_{LATP}/(S \cdot cm^{-1})$	$\sigma_{Co0.04}/(S \cdot cm^{-1})$	$\sigma_{Co0.08}/(S \cdot cm^{-1})$	$\sigma_{Co0.12}/(S \cdot cm^{-1})$
25	2.1×10^{-4}	1.1×10^{-4}	1.91×10^{-4}	7.8×10^{-5}
50	5.6×10^{-4}	5.9×10^{-4}	5.4×10^{-4}	3.8×10^{-4}
100	2.6×10^{-3}	2.8×10^{-3}	2.7×10^{-3}	2.1×10^{-3}
150	7.7×10^{-3}	8.3×10^{-3}	7.3×10^{-3}	6.1×10^{-3}
200	1.5×10^{-2}	1.9×10^{-2}	1.5×10^{-2}	1.3×10^{-2}

2.4 材料科学中的正交试验设计

在材料科学研究、产品设计开发和工艺条件优化的过程中，为了揭示多种因素对试验或设计结果的影响，一般都需要进行大量的多因素组合条件的试验。如果对这些因素的每种水平可能构成的一切组合条件逐一进行试验(即全面试验)，那么试验次数极多且需付出相当大的试验代价，有时甚至无法完成试验。假如影响某个试验结果的因素有 3 项，每个因素又有三种水平，那么需做 27(即 3^3)次试验。若采用正交设计法则只需利用正交表 $L_9(3^4)$，罗列试验方案的 9 个水平组合，这 9 个水平组合就能反映 27 个水平组合的全面试验的情况，从中可以找出最优的水平组合。

相对于全面试验，正交试验设计可从少量试验结果中推出最优方案，这对于降低试验成本和提高试验效率具有重要意义。

阅读材料：从可持续发展浅谈正交试验设计

当今世界可持续发展已成为全球共识，绿色发展也已成为中国经济转型的重要方向。在各种技术运行过程中，为了实现以较少的生产投资，获得最大的经济效益，往往需要寻求某种产品或材料试验的最佳配方、试验条件与工艺参数，以及建立相应的数学模型。特别是以较少的试验次数和数据分析去选择试验点，使得在每个试验点上能获得比较充分、有用的资料。比较科学的方法就是正交试验设计。把正交试验设计转化为生产力，在工艺过程中大量运用，首先可以提高生产率，在单位时间内创造出更多的财富，节省人类劳动和资源；其次，采用科学方法生产的企业对劳动者的素质提出了更高的要求，这样劳动者在相同的时间内能创造出更多的物质财富；最后，科学方法为企业造就生产技能更高的人才和经营管理水平更高的管理者，从而提升企业的竞争力。

2.4.1　正交试验设计的基本原理

正交试验设计是利用正交表来安排与分析多因素试验的一种设计方法。从试验因素的全部水平组合中，挑选部分有代表性的水平组合进行试验，通过对这部分试验结果的分析了解全面试验的情况，找出最优的水平组合。

在试验安排中，每个因素在研究范围内选几个水平，就好比在优选区内打上网格，如果网上的每个点都做试验，就是全面试验。例如：针对 3 因素 3 水平的试验，3 个因素的选优区可以用图 2-63 所示的立方体表示，把立方体划分成 27 个格点，若 27 个格点都试验，就是全面试验，其试验方案如表 2-21 所示。图 2-63 所示的立方体以因素 A、B、C 为互相垂直的三个坐标轴，A 因素的 3 个水平 A_1、A_2、A_3 对应于立方体的左、中、右三个垂面，B_1、B_2、B_3 对应于立方体的上、中、下三个平面，C_1、C_2、C_3 对应于前、中、后三个垂面，共有 9 个平面。整个立方体内共有 27 个交点，正好是全面试验的 27 个组合试验条件。

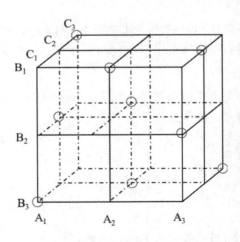

图 2-63　三因素优选区

表 2-21　3 因素 3 水平全面试验方案

因素水平		C_1	C_2	C_3
A_1	B_1	$A_1B_1C_1$	$A_1B_1C_2$	$A_1B_1C_3$
	B_2	$A_1B_2C_1$	$A_1B_2C_2$	$A_1B_2C_3$
	B_3	$A_1B_3C_1$	$A_1B_3C_2$	$A_1B_3C_3$
A_2	B_1	$A_2B_1C_1$	$A_2B_1C_2$	$A_2B_1C_3$
	B_2	$A_2B_2C_1$	$A_2B_2C_2$	$A_2B_2C_3$
	B_3	$A_2B_3C_1$	$A_2B_3C_2$	$A_2B_3C_3$
A_3	B_1	$A_3B_1C_1$	$A_3B_1C_2$	$A_3B_1C_3$
	B_2	$A_3B_2C_1$	$A_3B_2C_2$	$A_3B_2C_3$
	B_3	$A_3B_3C_1$	$A_3B_3C_2$	$A_3B_3C_3$

　　正交试验设计就是从优选区的全面试验点中挑选出有代表性的部分试验点来进行试验，如图 2-63 中圈出的 9 个点，就是利用正交表 $L_9(3^4)$ 从 27 个试验点中挑选出来的 9 个试验点，即：$A_1B_3C_1$、$A_2B_3C_2$、$A_3B_3C_3$、$A_1B_2C_2$、$A_2B_2C_3$、$A_3B_2C_1$、$A_1B_1C_3$、$A_2B_1C_1$ 和 $A_3B_1C_2$。该选择保证了 A 因素的每个水平与 B 因素、C 因素的各个水平在试验中各搭配一次。对于 A、B、C 3 个因素来说，部分试验是在 27 个全面试验点中选择 9 个试验点进行试验，仅是全面试验的三分之一。

　　从图 2-63 中可以看出，9 个试验点在优选区中的分布是均衡的，立方体的每个平面上，都恰有 3 个试验点；立方体的每条线上也恰有一个试验点。这 9 个试验点均衡地分布于整个立方体上，具有很强的代表性，能够比较全面地反映优选区内的基本情况。正是由于正交表具有"均衡搭配"和"整齐可比"的特性，才使正交试验设计获得了广泛的应用并收到了"事半功倍"和"多、快、好、省"的效果。

2.4.2　正交表简介

　　正交表是指基于正交性(均衡分散性和整齐可比性)原理，利用组合理论设计出来的安排多因素试验的表格。下面介绍等水平正交表和混合水平正交表。

1. 等水平正交表

　　等水平正交表指各因素水平数相等的正交表。正交试验设计时，当人们认为各因素对结果的影响程度大致相同时，往往选择等水平正交表。

　　等水平正交表的记号为

$$L_n(r^m)$$

其中：L——正交表代号；

　　　　n——正交表横行数(试验次数)；

　　　　r——因素水平数；

　　　　m——正交表纵列数(最多能安排的因素个数)。

表 2-22 和表 2-23 分别展示了 7 因素 2 水平和 4 因素 3 水平的等水平正交表。

表 2-22　正交表 L$_8$(2^7)

试验号	列号						
	1	2	3	4	5	6	7
1	1	1	1	1	1	1	1
2	1	1	1	2	2	2	2
3	1	2	2	1	1	2	2
4	1	2	2	2	2	1	1
5	2	1	2	1	2	1	2
6	2	1	2	2	1	2	1
7	2	2	1	1	2	2	1
8	2	2	1	2	1	1	2

表 2-23　正交表 L$_9$(3^4)

试验号	列号			
	1	2	3	4
1	1	1	1	1
2	1	2	2	2
3	1	3	3	3
4	2	1	2	3
5	2	2	3	1
6	2	3	1	2
7	3	1	3	2
8	3	2	1	3
9	3	3	2	1

从表 2-22 和表 2-23 中可以看出，等水平正交表具有如下特点：

(1) 表中任意一列，不同数字出现的次数相同；

(2) 表中任意两列，各种同行数字对(或称水平搭配)出现的次数相同。

2. 混合水平正交表

混合水平正交表指各因素水平数不完全相同的正交表。正交试验设计时，如感到某些因素更重要而希望对其仔细考察时，就可多取一些该因素的水平数，此时便可选择混合水平正交表。

混合水平正交表的记号为

$$L_n(r^x \times s^{m-x})$$

其中：L——正交表代号；

　　　n——正交表横行数(试验次数)；

　　　r——几种因素的水平数；

　　　s——另外几种因素的水平数；

　　　x——具有 r 种水平对应的因素数；

m——正交表纵列数(最多能安排的因素个数)。

表 2-24 展示了 5 因素(1 因素 4 水平和 4 因素 2 水平)的混合水平正交表。

表 2-24　正交表 $L_8(4^1 \times 2^4)$

试验号	列号				
	1	2	3	4	5
1	1	1	1	1	1
2	1	2	2	2	2
3	2	1	1	2	2
4	2	2	2	1	1
5	3	1	2	1	2
6	3	2	1	2	1
7	4	1	2	2	1
8	4	2	1	1	2

从表 2-24 中可以看出，混合水平正交表具有如下特点：

(1) 表中任意一列，不同数字出现的次数相同；

(2) 每两列，同行两个数字组成的各种不同的水平搭配出现的次数是相同的，但不同的两列间所组成的水平搭配种类及出现次数不完全相同。

2.4.3　正交试验的分析方法

用正交试验设计方法安排试验后，所得试验数据可用两种方法进行分析。一种是直观分析法，另一种是方差分析法。

1. 直观分析法

下面分别举例说明单指标、多指标以及有交互作用的正交试验的直观分析法。

1) 单指标正交试验的直观分析法

例 2-19　某种材料的乳化能力与温度、酯化时间和催化剂种类均有关，如表 2-25 所示。请设计正交试验获得最佳乳化能力对应的工艺参数。

表 2-25　因素水平表

水平	因素		
	温度(A)/℃	酯化时间(B)/h	催化剂种类(C)
1	130	3	甲
2	120	2	乙
3	110	4	丙

解　(1) 选择合适的正交表，要求因素数低于正交表列数，因素水平数与正交表对应的水平数一致，并且表尽可能小。综合考虑这几点，本题选择 $L_9(3^4)$ 等水平正交表。

(2) 将试验因素安排到所选正交表相应的列中，因不考虑因素间的相互作用，一个因素占一列(可以随机排列)，最好留一个空白列，以备填写未考虑到的重要影响因素。

(3) 明确试验方案，如表 2-26 所示。

表 2-26　试验方案

试验号	因素				试验方案
	A	空白列	B	C	
1	1	1	1	1	$A_1B_1C_1$
2	1	2	2	2	$A_1B_2C_2$
3	1	3	3	3	$A_1B_3C_3$
4	2	1	2	3	$A_2B_2C_3$
5	2	2	3	1	$A_2B_3C_1$
6	2	3	1	2	$A_2B_1C_2$
7	3	1	3	2	$A_3B_3C_2$
8	3	2	1	3	$A_3B_1C_3$
9	3	3	2	1	$A_3B_2C_1$

（4）按规定的方案做试验，得出试验结果。注意试验条件要严格控制，试验次序可随意调整。

（5）计算极差，确定因素的主次顺序。根据试验结果得到的计算结果如表 2-27 所示。

表 2-27 中，K_i 表示任意一列上水平号为 i 时，所对应的试验结果之和；k_i 为 K_i/s，s 为任意一列上各水平出现的次数；R 为极差，在任意一列上，$R = \max(K_1, K_2, K_3) - \min(K_1, K_2, K_3)$，或 $R = \max(k_1, k_2, k_3) - \min(k_1, k_2, k_3)$。

表 2-27　试验结果

试验号	因素				乳化能力
	A	空白列	B	C	
1	1	1	1	1	0.56
2	1	2	2	2	0.74
3	1	3	3	3	0.57
4	2	1	2	3	0.87
5	2	2	3	1	0.85
6	2	3	1	2	0.82
7	3	1	3	2	0.67
8	3	2	1	3	0.64
9	3	3	2	1	0.66
K_1	1.87	2.10	2.02	2.07	
K_2	2.54	2.23	2.27	2.23	
K_3	1.97	2.05	2.09	2.08	
k_1	0.62	0.70	0.67	0.69	
k_2	0.85	0.74	0.76	0.74	
k_3	0.66	0.68	0.70	0.69	
R	0.67	0.18	0.25	0.16	

某个因素的 R 越大时，说明对应的因素越重要，本题中温度对乳化能力的影响最大。若空白列 R 较大，说明可能存在漏掉某重要因素或者因素之间可能存在不可忽略的交互作用的问题。本题中空白列的 R 不大，不存在上述问题。

(6) 选择最优方案。对表 2-27 中的数据进行分析，其中 A 的极差最大，然后是 B 的极差，最后是 C 的极差。再分析各因素水平的 k_i，若 k_i 指标越大越好，应选择使指标大的水平，若指标越小越好，应选择使指标小的水平，同时还要考虑降低消耗和提高效率等。本题中乳化能力越高越好，应选择指标大的水平，最后确定乳化能力最优的条件是 $A_2B_2C_2$，即温度为 120℃，酯化时间为 2 h，催化剂选择乙。

2) 多指标正交试验的直观分析法

材料科学中的试验往往不以一个指标衡量样品，可能需要考虑多个指标，当多个指标同时达标时才能筛选出最优方案。针对多指标的正交试验，一般采用综合平衡法和综合评分法进行评判。

综合平衡法是先对每个指标分别进行单指标的直观分析，再对各指标的分析结果进行综合比较和分析，得出最优方案。例如，制备铝合金时，其性能指标通常包含强度、塑性和耐蚀性，且这些性能指标均与热处理温度(作为因素 A)、热处理时间(作为因素 B)以及合金元素含量(作为因素 C)3 个因素相关。针对该多指标问题，首先，对 3 个指标分别进行直观分析：强度指标的因素主次为 CAB，最优方案为 $C_3A_2B_2$；塑性指标的因素主次为 ACB，最优方案为 $A_3C_3B_3$；耐蚀性指标的因素主次为 CAB，最优方案为 $C_3A_3B_2$。综合考虑"次"服从"主"(首先满足主要指标或因素)、少数服从多数，以及降低能耗、提高效率的原则，获得最优方案为 $A_3B_2C_3$。

综合评分法是根据各个指标的重要程度，对得出的试验结果进行分析，给每一个试验评出一个分数，以该分数作为这个试验的总指标，然后再进行单指标试验结果的直观分析。该方法将多指标问题转换成了单指标问题，计算量小，但准确评分较难。例如，对上述制备铝合金的例子采用综合评分法进行最优方案选择。先对强度、塑性和耐蚀性 3 个指标进行评分，可以依靠经验和专业知识分出孰轻孰重，若强度的重要程度占比为 0.5，塑性的为 0.2，耐蚀性的为 0.3，则铝合金的性能指标的综合分数为强度 × 0.5 + 塑性 × 0.2 + 耐蚀性 × 0.3，然后进行单指标试验分析。若我们无法根据经验和专业知识判断孰轻孰重，则引入"隶属度"这一概念进行评判。隶属度表达式为

$$隶属度 = \frac{指标值 - 指标最小值}{指标值 - 指标最大值}$$

此时，综合分数即为每个因素与其隶属度的乘积和。

3) 有交互作用的正交试验的直观分析法

材料科学中影响某一指标的多种因素间往往还有交互作用，这时就需把交互作用也作为一种因素加以考虑。

例 2-20　某材料的吸光度越大越好，其吸光度与离子掺杂量(作为因素 A)、B 离子浓度(作为因素 B)和 C 离子浓度(作为因素 C)三个因素相关，每种因素包含两种水平，其中因素 A 和 B 有交互作用，因素 A 和 C 也有交互作用。请设计正交表并获得最优方案。

解　(1) 选择正交表。将交互作用看成因素，按 5 因素 2 水平选择 $L_8(2^7)$ 等水平正交表。

(2) 表头设计。依据交互作用进行表头设计，交互作用应占有相应的列，且不能随意安排。

(3) 明确试验方案，进行试验并获得结果。

(4) 计算极差，判断因素主次。对因素进行主次排序时，应当包括交互作用。表 2-28 列出了试验结果。

表 2-28　试验结果

试验号	A	B	A×B	C	A×C	空白列	空白列	吸光度 y_i
1	1	1	1	1	1	1	1	0.484
2	1	1	1	2	2	2	2	0.448
3	1	2	2	1	1	2	2	0.532
4	1	2	2	2	2	1	1	0.516
5	2	1	2	1	2	1	2	0.472
6	2	1	2	2	1	2	1	0.480
7	2	2	1	1	2	2	1	0.554
8	2	2	1	2	1	1	2	0.552
K_1	1.980	1.884	2.038	2.042	2.048	2.024	2.034	
K_2	2.058	2.154	2.000	1.996	1.990	2.014	2.004	
R	0.078	0.270	0.038	0.046	0.058	0.010	0.030	
因素主次	B，A，A×C，C，A×B							

(5) 选择最优方案。如果不考虑交互作用，最优方案为 $A_2B_2C_1$。考虑交互作用时，A×C 比 C 对试验指标的影响更大，则需要考察因素 A 和 C 的水平搭配表(见表 2-29)，最终的最优方案为 $A_2B_2C_2$。

表 2-29　因素 A 和 C 水平搭配表

因素水平	A_1	A_2
C_1	$(y_1 + y_3)/2 = 0.508$	$(y_5 + y_7)/2 = 0.513$
C_2	$(y_2 + y_4)/2 = 0.482$	$(y_6 + y_8)/2 = 0.516$

2. 方差分析法

直观分析法简单、直观、计算量较小，但不能给出误差大小的估计，因此，也就不能知道试验结果的精度。方差分析法可以弥补直观分析法的不足之处。在一批试验数据中，数据的算术平均值代表了数据的平均水平，反映了数据的集中性。而数据的方差反映了数据的波动性，即数据的分散性，方差大小反映数据变化的显著程度，即反映了因素对指标影响的大小。

例 2-21　T8 钢淬火试验(4 因素 2 水平)如表 2-30 所示，其中因素 A 与 B 有交互作用，测试淬火硬度，硬度越大越好。请采用方差分析法设计正交试验获得最优工艺参数。

表 2-30　钢淬火试验

水平	温度(因素 A)/℃	时间(因素 B)/min	冷却液(因素 C)	操作方法(因素 D)
1	800	15	油	D_1
2	820	11	水	D_2

解　(1) 选择正交表。考虑 A×B 的交互作用以及误差值，选择 $L_8(2^7)$ 等水平正交表。

(2) 明确试验方案，进行试验并获得结果。

(3) 计算方差，F 值，判断因素影响的显著性。表 2-31 列出了试验结果。

表 2-31　试验结果

试验号	A	B	A×B	C	E(误差)	E(误差)	D	洛氏硬度 Y_i
1	1	1	1	1	1	1	1	50
2	1	1	1	2	2	2	2	59
3	1	2	2	1	1	2	2	56
4	1	2	2	2	2	1	1	58
5	2	1	2	1	2	1	2	55
6	2	1	2	2	1	2	1	58
7	2	2	1	1	2	2	1	47
8	2	2	1	2	1	1	2	52
方差 S	121/8	81/8	361/8	361/8	34/8		81/8	
自由度 f	1	1	1	1	2		1	
S/f	121/8	81/8	361/8	361/8	17/8		81/8	
F 值	7.1	4.8	21.2	21.2			4.8	
显著性			*	*				

① 方差 S 的计算。

针对不同因素，方差 $S = \dfrac{I^2 - R^2}{4} - \dfrac{T^2}{8}$，以因素 A 为例，有

$$I_A = Y_1 + Y_2 + Y_3 + Y_4$$

$$R_A = Y_5 + Y_6 + Y_7 + Y_8$$

$$T = Y_1 + Y_2 + Y_3 + Y_4 + Y_5 + Y_6 + Y_7 + Y_8 = \sum_{i=1}^{n} Y_i$$

由于误差的方差等于所有空列的方差之和，因此按照上述公式可以计算各因素的方差，即

$$S_A = \frac{121}{8}, \quad S_B = \frac{81}{8}, \quad S_{A\times B} = \frac{361}{8}, \quad S_C = \frac{361}{8}, \quad S_D = \frac{81}{8}, \quad S_E = \frac{9}{8} + \frac{25}{8} = \frac{34}{8}$$

② 自由度 f 的计算。

任意因素对应的自由度为 $f = r - 1$；交互作用的自由度为 $f_{A\times B} = f_A \times f_B$；误差的自由

度 f_E 为空白列自由度之和。因此有

$$f_A = f_B = f_C = f_D = f_{A \times B} = 1, \quad f_E = 2 \text{。}$$

③ S/f 的计算。

各因素的主次判定用各因素的方差和误差相比较即可，但由于各因素的项数不同，这个影响要去掉，就需要通过方差与自由度的商来进行比较。本例 S/f 的计算结果见表 2-31。

④ F 值的计算。

F 值的计算公式为

$$F = \frac{\text{因素的方差}}{\text{因素方差的自由度}} : \frac{\text{误差方差}}{\text{误差方差的自由度}} = \frac{S}{f} : \frac{S_E}{f_E}$$

本例 F 值计算结果见表 2-31。

利用 F 值的大小即可判断各因素对硬度的影响是否显著，从而可以定出因素的主次顺序。因素若影响显著，就在后面画上"*"号。用 F 值的大小判定因素影响是否显著，称为 F 检验法。统计上有计算好的 F 分布表(见表 2-32~表 2-34)。F 分布表给出了临界值，大于临界值表示影响显著，小于临界值表示没有显著影响。

F 分布表中 N_1 是 F 值中分子的自由度，N_2 是 F 值中分母的自由度。$F_{0.25}$ 表说明有 75%(即 $1-0.25$)的可信度，$F_{0.05}$ 表说明有 95%(即 $1-0.05$)的可信度，$F_{0.01}$ 表说明有 99%(即 $1-0.01$)的可信度。

例 2-21 中，$N_1=1$，$N_2=2$，因此 $F_{0.25}(1, 2)=2.57$；$F_{0.05}(1, 2)=18.51$；$F_{0.01}(1, 2)=98.5$。

表 2-32　$F_{0.25}$ 表

N_2	N_1				
	1	2	3	4	...
	F				
1	5.87	7.50	8.20	8.58	...
2	2.57	3.0	3.15	3.23	...
3	2.02	2.23	2.36	2.39	...
4	1.81	2.0	2.05	2.06	...
...	...	...	...	...	...

表 2-33　$F_{0.05}$ 表

N_2	N_1				
	1	2	3	4	...
	F				
1	161.4	199.5	215.7	224.6	...
2	18.51	19.0	19.16	19.25	...
3	10.13	9.55	9.28	9.12	...
4	7.71	6.94	6.59	6.39	...
...	...	...	...	...	...

表 2-34 $F_{0.01}$ 表

N_2	N_1				
	1	2	3	4	…
	F				
1	4052	4999.5	5403	5625	…
2	98.5	99.0	99.11	99.25	…
3	34.12	30.82	29.46	28.71	…
4	21.20	18.00	19.69	15.98	…
…	…	…	…	…	…

从表 2-31 中可以看出因素 C 和 A×B 的 F 值均为 21.2，大于 18.51，说明有 95%的可信度，即 C 和 A×B 的影响是显著的，故标上"*"号。如果因素的 F 值大于 98.5，表示"非常显著"，需要标上"**"号。利用 F 检验可以判定因素的主次，这个例子中因素的主次顺序为：C，A×B，A，B，D。

再选最优方案，由于 C 是显著因素，先选 C，另有

$$I_C = Y_1 + Y_3 + Y_5 + Y_7 = 208$$
$$R_C = Y_2 + Y_4 + Y_6 + Y_8 = 227$$

由于 $R_C > I_C$，故选择 C_2 方案。

同样地，A×B 也是显著因素，$R_{A×B} > I_{A×B}$，选 2 水平得到 A 与 B 的搭配是 A_1B_2 或 A_2B_1，因为 A 比 B 重要，先选 A，$I_A > R_A$，故选定为 A_1B_2。D 不显著，从表 2-31 中选 D_2，因此最优方案是 $A_1B_2C_2D_2$，即温度为 800℃，时间为 11 min，冷却液用水，D_2 操作方法。对于不显著的因素可根据实际情况，从经济、省时、省力各方面条件来定。如本例中 B 因素(时间)影响不显著，选择短的时间即可。

习题

1. 复合涂层的吸波性能与吸收剂的含量、喷涂时粒子的温度和速度均相关。为探究复合涂层的最优制备条件，安排 3 因素 3 水平正交试验，因素水平表如表 2-35 所示。试验指标为复合涂层的吸收带宽(单位为 GHz)。请设计正交试验，并对试验结果分别采用直观分析法和方差分析法进行分析。

表 2-35 因素水平表

水平	吸收剂含量(因素 A) /%	粒子温度(因素 B) /℃	粒子速度(因素 C) /(m/s)
1	10	2000	200
2	20	2300	250
3	30	2600	300

第 3 章

信息技术在材料设计与结构分析中的应用

传统的材料设计长期采用"炒菜式"方法，通常需要对成分-组织-性能关系之间的调整进行反复多次实验，才能获得满意的结果。将信息技术应用到材料设计和结构分析中有效改善了其中的盲目性，降低了设计成本和时间损耗。本章首先介绍材料设计和结构分析依托的数据库系统；其次介绍材料科学中的专家系统和人工神经网络，并在这些理论基础上，通过实例详细介绍 Jade 结构分析软件和 VESTA 结构建模软件的应用；最后概述一些材料科学中常用的材料设计和结构分析软件。

3.1　数　据　库　系　统

科技工作者在进行材料设计和结构分析时，常需要借助庞大的数据库系统进行比对。材料设计需要先进行分子结构建模，这需要调用金属材料库、陶瓷材料库、高分子材料库、晶体结构数据库等。结构分析需要将样品图谱与标准图谱进行比对，这也需要借助物相成分库、电子结构库和分子结构库等。因此，数据库系统在材料设计与结构分析中至关重要。本节主要介绍一些材料科学中常用的数据库系统。

3.1.1　数据库系统概述

1. 数据库系统的发展史

数据是人类社会发展中一种极为重要的资源。妥善保存和科学应用数据是人们长期以来十分关注的课题。数据管理经历了人工管理、文件管理和数据库管理几个阶段。数据库系统最早出现在 20 世纪 60 年代，且大多基于层次数据模型和网状数据模型。到了 20 世纪 70 年代至 80 年代，关系数据库理论的迅速发展使数据库技术有了长足的进步。由于其具有严格的数学基础，结构简单清晰，易于理解和掌握的特点，因此发展迅速。到了 20 世纪 80 年代，数据库系统发展迅速，涉及各种工程和科技领域，出现了分布式数据库、工程数据库、模糊数据库、并行数据库以及多媒体库等。它们都继承了传统数据库的理论和技术，同时也完善和扩充了数据库的理论和技术。近十年来，数据库系统得到了进一步的完善，已从简单数字或短数据记录检索发展到复杂应用。复杂应用除包括简单应用内容外，还包括复杂的数据以及多媒体数据。当前，数据库技术已成为一门新兴学科，吸引着大量软件工作者对其原理和开发进行探究，使之更加通用化、标准化和理想化。

2. 数据库系统的组成

现代数据库系统至少包含以下三个部分。

(1) 数据库，指一个结构化的相关数据的集合，包括数据本身和数据间的联系。它独立于应用程序而存在，是数据库系统的核心和管理对象。数据库中的数据通常具有以下五个特点：

① 数据共享。数据库的数据可供多个用户使用，从而大大提高了数据的利用率。

② 数据独立。应用程序不再同存储器上的具体文件相对应，每个用户所使用的数据有其自身的逻辑结构。数据独立性给数据库的使用、调整、优化和扩充带来了方便，提高了数据库应用系统的稳定性。

③ 数据冗余减少。数据的集中管理，统一组织、定义和存储避免了不必要的数据冗余和不一致性。

④ 数据结构化。数据库中的数据是相互关联的，这种联系不仅表现在记录内部，更重要的是记录类型之间的相互联系。整个数据库以适当的形式链接而成，用户可以通过不同的路径存取数据以满足用户的不同需求。

⑤ 数据保护功能强。为使数据安全、可靠，数据库系统对用户使用的数据进行严格的检查，对非法用户的数据拒绝其加入数据库，系统还通过其他的数据保护措施来保证数据的正确性。

(2) 物理存储器，指保存数据的硬件介质，如磁盘、光盘等大容量存储器。

(3) 数据库软件，指负责对数据库管理和维护的软件，具有对数据进行定义、描述、操作和维护的功能，接收并完成用户程序及终端命令对数据库的不同请求，且负责保护数据免受各种干扰和破坏，其核心是数据库管理系统(DBMS)。

3. 数据库系统设计过程

整个数据库系统设计包括以下六个阶段：

(1) 需求分析阶段：了解用户的需求。这是最困难、最耗时的一个过程，并且会直接影响后续的工作。

(2) 概念设计阶段：对用户需求进行综合、归纳与抽象，形成概念结构。

(3) 逻辑设计阶段：将概念结构转换为数据模型，并进行优化。

(4) 物理设计阶段：设计存储结构和方法。

(5) 数据库实施阶段：编译程序、调试数据、输入数据并进行试运行。

(6) 数据库的运行和维护阶段：在数据库的使用过程中进行维护。

整个数据库系统设计过程如图 3-1 所示。

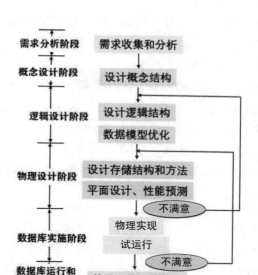

图 3-1　数据库系统设计全过程

3.1.2　材料科学中常用的数据库

科技工作者在进行材料设计和结构分析时，若对所有可能的成分、组合和工艺路线都进行实验，将耗费大量的人力、物力和时间，如果利用材料数据库和其他信息处理技术，则可以减少研制工作量，缩短研究周期，提高工作效率。采用材料数据库解决材料科学中的问题具有下述六个优点：

(1) 材料数据库存储信息量大，存取速度快；

(2) 查询方便，可以由材料牌号和成分查询材料性能，也可以由材料性能查询材料成分和牌号；

(3) 可以快速进行材料性能比较，实现优化选材和材料代用；

(4) 使用灵活，可以随时补充新材料数据，也可以及时对原有材料的数据进行修改和补充；

(5) 材料数据库功能强大，可以自动进行单位转换，或依据数据绘制图像，或获取派生数据；

(6) 材料数据库应用广泛，可与 CAD、CAM 配套使用，实现计算机辅助选材，也可以与知识库及人工智能技术相结合构成材料性能预测或材料设计专家系统。

通常，材料数据库的涉及面相当广泛，很难由一个单位或机构独立承担，通常由多家单位或机构联合建库。例如，美国国家标准局的许多材料数据库就是分别与美国的金属学会、陶瓷学会、腐蚀工程师协会及能源部合作建立的。欧洲热力学数据科学学会也联合了英、法、德、瑞士等多个国家共同开发无机和冶金热力学系统。在我国，材料数据库有北京科技大学等单位联合建立的材料腐蚀数据库、武汉材料保护研究所等单位联合建立的磨损数据库、北京钢铁研究总院等单位联合建立的合金钢数据库等。目前，国内外许多大型科研机构均已联合一些单位建立了大量材料数据库，并在材料研究、理化测试、产品设计和决策咨询中发挥着重要作用。

下面将介绍一些常用的材料数据库。

1. PDF(Powder Diffraction File)标准卡片数据库

目前标准卡片数据库有无机晶体结构数据库(Inorganic Crystal Structure Database，ICSD)、国际衍射数据中心(International Centre for Diffraction Data，ICDD)、剑桥结构数据库(the Cambridge Structural Database，CSD)、晶体学开放数据库(Crystallography Open Database，COD)、美国矿物晶体结构数据库(American Mineralogist Crystal Structure Database，AMCSD)等。

我们在材料设计和结构分析时尽量联合物相分析软件(如 Jade、EVA、HighScore、PDXL 等)和标准卡片数据库(如 ICSD、ICDD、COD 等)进行检索，这样才能快速对材料结构进行定性物相分析。一般来说，我们采用 Jade 软件进行物相分析时就是依据标准卡片数据库进行比对的。ICDD 的网址为 http://www.icdd.com，该数据库检索页面如图 3-2 所示，检索结果页面如图 3-3 所示。

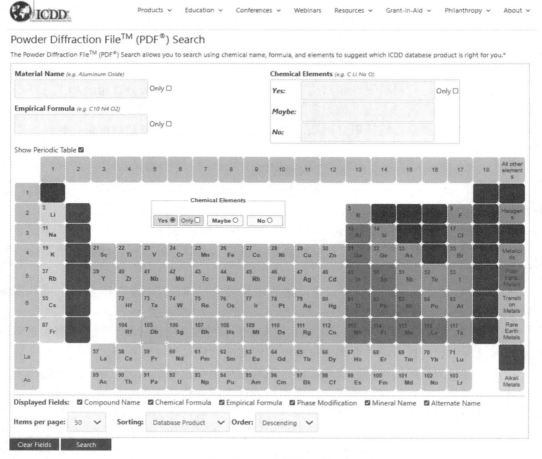

图 3-2　ICDD 检索页面

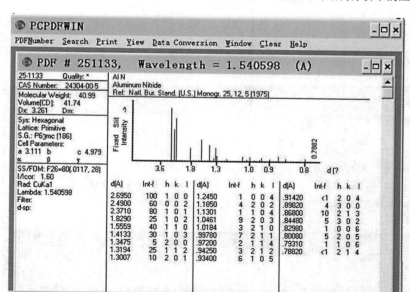

图 3-3　ICDD 检索结果页面

COD 能够提供完整的晶体学信息，包括晶格常数、空间群、空间群的对称操作以及原子坐标信息，是 VESTA 软件进行晶体建模的依据。该数据库的网址为 http://www.crystallography.net/cod，其检索页面如图 3-4 所示，通过输入文献信息、化学式、元素符号等即可检索到相应的晶体结构信息。

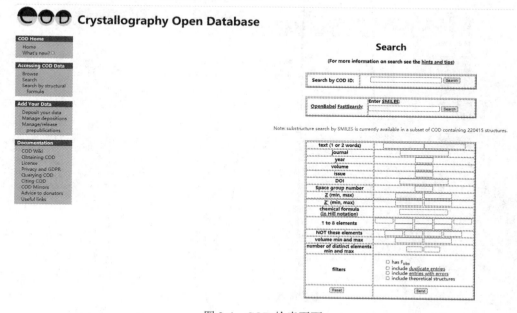

图 3-4　COD 检索页面

2. 二元相图数据库

美国金属学会(ASM)和美国国家标准局(NIST)通过在世界上征集和其他各种渠道，收集了最完整的相图资料，开发了相图数据库系统。图 3-5 是二元合金相图数据库系统界面。

通过菜单可方便地查找所需合金相图和其他资料，如合金相结构、晶体结构、最大溶解度、熔点等。例如，在相图查询菜单里面输入合金元素 Ti、N，即可得到 Ti-N 系二元相图，如图 3-6 所示。

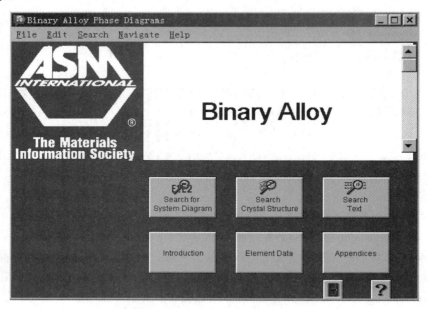

图 3-5   二元合金相图数据库系统界面

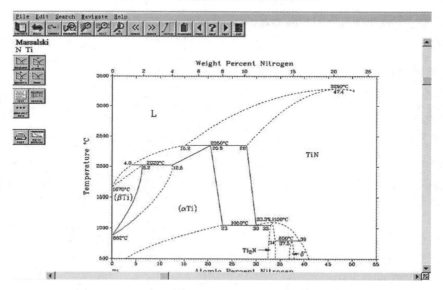

图 3-6   数据库检索出的 Ti-N 二元相图

3. 萨特勒(Sadtler)光谱数据库

萨特勒(Sadtler)光谱数据库收集了世界上优秀的谱图，在采集谱图时，每个数据都要经过严格的检查程序并获得认可。该数据库包括 259 000 张红外谱图、3800 张近红外谱图、4465 张拉曼谱图、560 000 张核磁谱图、200 000 张质谱谱图、30 271 张紫外-可见光谱图以及未数码化的气相色谱谱图。其中红外谱图最为全面，包括聚合物、纯有机化合物、工业化合物、染料颜料、药物与违禁毒品、纤维与纺织品、香料与香精、食品添加剂、杀虫剂与农品、单体、重要污染物、多醇类和有机硅等的红外谱图。图 3-7 展示了萨特勒光谱数据库系统页面，图 3-8 展示了萨特勒光谱数据库检索结果，该结果还可以同时向用户展示化合物成分、化学和物理特性、样本来源、分类和结构等方面的信息。

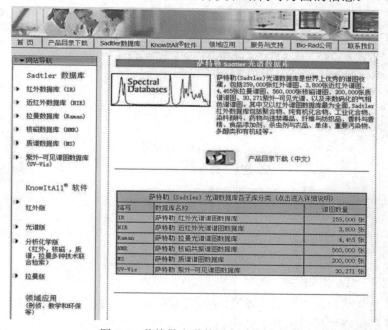

图 3-7 萨特勒光谱数据库系统页面

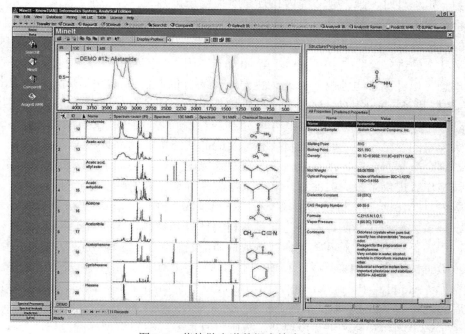

图 3-8 萨特勒光谱数据库检索结果

4. 材料性能数据库

材料的性能决定了材料的应用，材料性能数据库在新材料的设计与应用中发挥着举足轻重的作用。材料性能数据库的网址为 https://www.matweb.com，该数据库的页面如图 3-9 所示。该数据库给出了热塑性树脂、热固性树脂等高分子材料，铝、铜等金属材料，陶瓷，半导体以及其他一些工程材料的性能。

图 3-9   材料性能数据库页面

5. 现代智能化网络数据库

随着国际互联网和人工智能的发展，AI+互联网组成的材料基因数据库应运而生。实验结合计算机模拟来研究材料组分、结构和性能，已成为一种快捷有效的方法。当材料大数据积累到一定程度时，越来越多的内在规律将被揭示，各式各样、种类繁多、功能强大的新材料将会浮出水面。就像"人类基因组计划"破解了生命的密码一样，基于材料计算和数据库的"材料基因组计划"，将会极大地加速材料的发展，降低材料发现的门槛和成本，促进人类社会的进步。早在 20 世纪 80 至 90 年代，国内外不断有科学家提出有关材料基因的基本理念。以锂离子电池材料开发为主要方向的劳伦斯伯克利国家实验室的 Kristin A. Persson 教授和 Gerbrand Ceder 教授系统性地把材料基因的思想用于锂离子电池材料的开发，发现了许多性能优异的新型电极材料，这是早期材料基因工作的典型代表。不仅如此，该国家实验室的科学家们划时代地将所有涉及的晶体结构的计算数据统一放置在一个数据平台中。这个数据平台的出现有效减少了重复计算的次数，增加了计算机智能判定，为后续的科技工作者提供了极大的便利。这个数据平台就是"Materials Project"。

在国内，2016 年初，科技部正式发布"材料基因工程关键技术与支撑平台"的重点研发计划，很多大学和科研院所都搭建起具备材料计算和材料合成的设备，加入材料基因探索的浪潮中。近年来，针对某些具体问题或性质的材料基因计算研究文献相继报道，国内对材料大数据的研究已初具规模。目前，中国科学院物理研究所(中科院物理所)最新创建材料数据库"Atomly"(https://atomly.net)，Atomly 的页面如图 3-10 所示。作为材料数据库中的"后起之秀"，Atomly 不仅集各"前辈"之大成，还在某些方面超越了它的"前辈们"，甚至实现了诸多创新功能，进一步填补了我国没有世界级材料数据库的空白。Atomly 的特点如下：

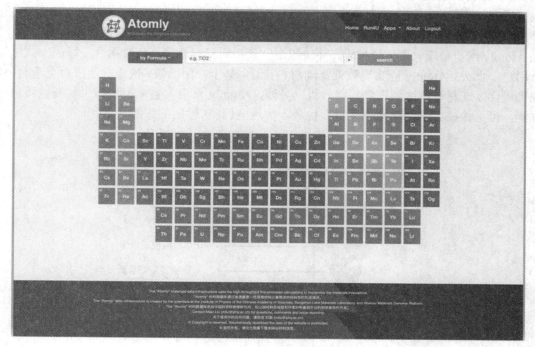

图 3-10　Atomly 的页面

(1) 具有"更多、更强"的数据。到目前为止，Atomly 已经计算了超过 14 万种材料的相关数据(如能带结构、态密度等)，这些数据不仅包含了经过数据库比对去重后的无机晶体结构数据库(ICSD 在实验合成及晶体研究领域久负盛名)中的大部分晶体结构，也包含了一大批以往 DFT 计算研究中提出的假想材料结构。因此，Atomly 内含的材料数据不仅全面，而且和实验的联系十分紧密。此外，Atomly 收录了近 4 万组热力学相关的相图。Alomtly 目前涵盖的信息如图 3-11 所示，这些数据可以让人们更深入地了解材料的相关性质，以便充分利用这些精度统一的信息去助力新材料的研发与探索。

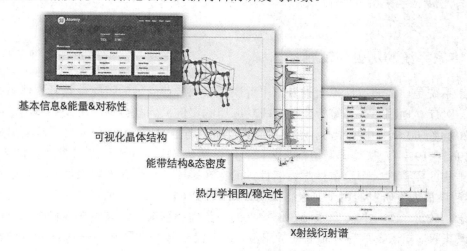

图 3-11　Atomly 目前涵盖的信息

(2) 采用创新型材料设计方法。Atomly 采用"地毯式"全库材料搜索模式(见图 3-12)进行搜索，不仅可实现高通量第一性原理计算(通过自动化、流程化的高通量计算流程，计算成百上千的材料体系，批量生产高质量的材料数据)，还可实现数据快速搜索可视化(通过 Atomly 网页前端，可便捷搜索，并快速定位到指定材料数据，且数据以友好的方式呈现给用户)。此外，Atomly 能实现数据驱动材料设计，基于应用场景，快速筛选成百上千材料，找到最优候选材料，达到事半功倍效果。另外，Atomly 采用大数据模型指引材料性质进行预测，可更快捷、更精准地预测材料性质，实现 AI 材料性质的智能预测。

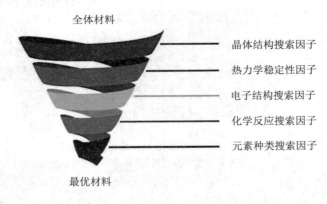

全体材料

晶体结构搜索因子

热力学稳定性因子

电子结构搜索因子

化学反应搜索因子

元素种类搜索因子

最优材料

图 3-12   "地毯式"全库材料搜索示意图

3.2 专 家 系 统

人工智能是计算机科学的一个分支，是 20 世纪中期产生并正在快速发展的新兴学科。人工智能是分析人类的思维过程或人类可能具有的功能，并通过计算机系统模拟实现。人工智能领域中，较为成熟的应用系统之一便是专家系统。本节主要介绍专家系统的历史与发展、专家系统的工作原理、专家系统的类型以及一些典型的材料科学中的专家系统。

3.2.1 专家系统的历史与发展

专家系统是一类通过模拟人类专家来解决某领域专业问题的智能计算机软件系统，其在材料、医疗、地测、教育等行业均有成功应用的案例，为社会与经济发展作出了巨大贡献。从 20 世纪 60 年代中期至今，专家系统的发展经历了四代。第一代专家系统(DENDRAL 系统，1965—1971 年)在美国斯坦福大学问世，它具有高度专业化与求解能力强的特点，但在体系结构的完整性、可移植性与灵活性方面存在短板。第二代专家系统最具代表性的是 1972 年斯坦福大学研发的用于血液感染病诊断的 MYCIN 系统，斯坦福大学首次提出了知识库概念，改进了第一代专家系统在结构上的完整性和移植性，同时在人机接口、解释机制、知识获取、知识表示等方面进行了完善。第三代专家系统是 1981—1995 年通过集成多种知识表示方法和多种推理机制及控制策略研发的多学科综合性专家系统，这一时期专家系统逐步被市场接受，开始应用于医学、地质勘探、科学研究、企业管理、工业控制、故障排除等领域。第四代专家系统是 1996 年至今研发的新一代专家系统，该系统是在计算机科学和人工智能理论快速发展的基础上，将知识工程、模糊技术、实时操作技术、神经网络技术、数据库技术等有机结合，通过并行与分布处理、多专家系统协同工作、多知识表示、自组织解题机制、人工神经网络知识获取及机器学习与纠错机制等技术形成的具有多知识库、多主体的专家系统。

3.2.2　专家系统的工作原理

专家系统本质上是一类包含知识推理的计算机程序，但与传统的计算机应用程序具有明显区别，其并非采用传统应用程序中"数据结构+算法=程序"的程序模式，而更倾向于采用"知识+推理=系统"的程序模式。传统应用程序是将知识和对知识的处理编成代码，知识更新时整个程序需要重新编译与调试。而专家系统是将知识(知识库)和对知识的处理(推理机)分离开来，推理机相对于知识库有一定的独立性和通用性，仅升级知识库就可实现增强专家系统功能的目的。

专家系统一般由知识库、全局数据库、推理机、用户接口、知识获取与解释器六个模块组成。

(1) 知识库，存储和管理专家系统的知识，包括来自书本上的知识和各领域专家在长期工作实践中获得的经验知识。知识表示方法用于研究系统中知识的组织形式，常见的有状态空间、与或图、谓词逻辑、产生式规则、语义网络、框架、剧本等。

(2) 全局数据库，也称为"黑板"，用于存储求解问题的初始数据和推理过程中得到的中间数据以及最终的推理结论。

(3) 推理机，用于根据全局数据库的当前内容，从知识库中选择匹配成功的可用规则，通过执行可用规则来修改数据库中的内容，直至推理出问题的结论。

(4) 用户接口，是专家系统与用户进行对话的界面。通过该界面，用户可输入必要的数据、提出问题、获得推理结果以及系统向用户给出的解释。

(5) 知识获取，将行业专家提供的知识转换为知识内部表示模式并存入知识库中，在知识存储过程中，对知识进行一致性、完整性检测。

(6) 解释器，是面向用户解释专家系统行为的模块，比如回答"系统怎么得出此结论""系统为何提出此问题"等。

专家系统中六个模块之间相互协作，能够在特定领域模仿人类专家思维，求解复杂问题，其结构如图 3-13 所示。

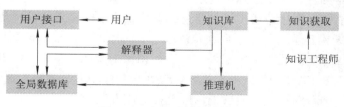

图 3-13　专家系统的结构图

3.2.3 专家系统的类型

根据待解决问题的性质，专家系统分为以下七个类型：

(1) 解释专家系统，通过对已知信息和数据的分析与解释，确定信息和数据的内在含义，如进行语音分析、图像分析、化学结构分析和信号解释等行为。

(2) 预测专家系统，通过对过去和现在已知状况的分析，推测未来可能会发生的情况，如进行天气预报、人口预测、军事预测、交通预测、经济预测和农业产量预测等。

(3) 诊断专家系统，根据观察到的情况或数据推断出某个对象出现故障的原因，并能够提出相应的维修建议，如进行材料失效诊断、医疗诊断和软件故障诊断等行为。

(4) 设计专家系统，根据设计要求得到满足设计问题约束的目标配置，如进行大规模集成电路设计、齿轮加工工艺设计等。

(5) 规划专家系统，寻找某个能够达到给定目标的动作序列或操作步骤，如机器人规划专家系统、汽车和火车运行调度专家系统、农作物施肥专家系统等。

(6) 监视专家系统，对系统、对象或过程的行为进行持续观察，并把观察到的行为与其应当具有的行为进行比较，发现异常情况时发出警报，如核电站的安全监视系统、国家防空监视与警报系统、国家财政监控系统与传染病疫情监视系统等。

(7) 控制专家系统，自适应地管理一个受控对象或客体的行为，使之满足相关要求，如自主机器人控制系统、生产过程和生产质量控制系统、空中交通管制系统与作战管理系统等。

3.2.4 材料科学中典型专家系统介绍

1. 铸造工艺专家系统

铸造是现代机械制造行业中非常重要的一种工艺，虽然铸造工艺取得了长足发展，但由于铸造工艺设计涉及众多学科知识，影响因素复杂，难以使用某种理论或模型精准指导具体生产工艺，即便是较为成熟的工艺也可能会出现问题。因此，铸造工艺中经验往往起到重要作用。铸造工艺专家系统能够发挥人工智能优势，模拟铸造专家的决策过程，对复杂情况加以推理和判断，使工艺设计更加合理。

1) 铸造方法选择专家系统

铸造方法选择是铸造工艺设计的前提和基础，采用铸造方法选择专家系统对错综复杂的影响因素进行梳理，最终选出全面、合理的铸造方法。铸造方法选择专家系统选择铸造方法的过程主要是为管理规则选择匹配的算法，属于基于产生式规则的知识表达。铸造方法选择专家系统能够根据用户所提供的信息推理出最合适的铸造方法。伯明翰大学研发的CAD cast专家系统构建了用于选择合金和铸造方法的知识库，根据合金种类可初步选择与其匹配的铸造方法，同时还可根据零件结构进行调整。国产专家系统，典型的有西北工业大学研发的铸造工艺CAD产生式专家系统，该系统中知识库与数据库通过两种方式耦合，具有经验与标准相结合的特点，能够提供近七种铸造方法。

2) 浇冒设计专家系统

浇冒系统的设计主要依靠流体力学和传热学的基本概念和经验，其中经验也具有重要作用，引入浇冒设计专家系统可以降低人力成本、缩短开发周期。美国阿拉巴马大学研究者开发的砂型铸造轻金属铸件浇冒设计专家系统 RDEX 利用其特有的铸件几何特征提取模块并可通过商业化软件 CATIA 和 CAEDS 获取边界表示信息，以此确定分型方向和分型面。该专家系统还可识别厚壁区域，进一步确定冒口、自然流道和浇口位置，最终通过 CAEDS 绘出三维浇冒系统。美国宾夕法尼亚州并行技术公司开发人员通过基于启发性知识和几何分析的集成方法进行浇冒系统的自动、优化设计，开发了适用于复杂形状铸件的点模数模型，这对于三维铸件的壁厚分析更为有效。在国内，沈阳工业大学针对轧钢机机架铸造工艺，建立了知识层次结构模型，进而进行了造型、制芯方法、铸造种类、浇注位置、分型面与浇冒系统设计。目前浇冒系统设计大都是由铸件实体造型开始，经网络离散化，结合兼具丰富经验与启发性规则的知识库对分型方向进行确定，进而确定分型面，且根据几何分析确定自然流道，依据经验准则设计冒口尺寸和位置。

铸造工艺专家系统在铸造方法选择和浇冒系统设计方面仍处于初步阶段，目前对于较为简单的铸件较为有效，而对于复杂铸件的铸造工艺的辅助设计，在实用性和准确性方面还需不断完善。

2. 热处理专家系统

热处理专家系统的核心包括知识表示和推理机制两个方面。在知识表示方面，热处理专家系统所采用的数据有材料牌号、零件及产品名称、工件类型及尺寸、工艺规范、化学成分、抗拉强度、冲击韧性、硬度、淬透性、相变动力学参数等，通常以数值形式表示，因此热处理专家系统大多采用关系型数据库系统保存知识。知识库的另一重要组成部分是热处理领域知识和专家知识，它们共同构成了热处理专家系统的知识表示。热处理专家系统在推理机制上以经验和理论公式的计算为主，辅以逻辑推理，来实现决策功能。热处理专家系统中根据用户输入的数据和已知的事实作出决策得到中间结果，也称为数据导出系统，目前热处理专家系统的数据导出机制分为以下两种：一种以相变动力学计算为基础，如 STAMP 系统和 PPS 系统；另一种以淬透性计算为基础，如 AC3 系统和 SSH 系统。

1) 以相变动力学计算为基础

在以相变动力学计算为基础的热处理专家系统中，数据导出系统主要采用以下三个基础方程。

(1) 热传导微分方程。

热传导微分方程的表达式为

$$\left(\lambda\frac{\partial T}{\partial r}\right) + \beta\frac{\lambda}{r}\times\frac{\partial T}{\partial r} + q_v = \rho c\frac{\partial T}{\partial r} \tag{3-1}$$

式中：T——温度；

　　　r——位置坐标；

　　　q_v——相变潜热；

　　　ρ——密度；

　　　c——比热容；

λ——热导率；

β——调节系数，工件为平板时取 0，为圆柱时取 1。

(2) 转变动力学微分方程。

转变动力学微分方程用于计算组织转变量，一般采用 Avrami 方程，其形式为

$$\frac{dy}{dt} = Ky^h(1-y)^{b_2}\left[\ln\frac{1}{1-y}\right]^{b_3} \tag{3-2}$$

式中：y——转变量；

K、b_1、b_2、b_3——与温度、成分和晶粒度有关的参数。

(3) 描述组织和性能关系的方程。

描述组织和性能关系的方程(通过广义线性混合率计算性能)为

$$P_j = \int x\big[T(r,\ t),\ y_j\big]dy_j(t) \tag{3-3}$$

式中：P_j——钢的某种性能，由各组成相的性能的积分和构成；

$x[T(r,\ t),\ y_j]$——权重函数；

y_j——组成相的体积分数。

2) 以淬透性计算为基础

在以淬透性计算为基础的热处理专家系统中，数据导出系统主要使用以下三个基础方程。

(1) 淬透性计算方程。

含硼钢和非硼钢的淬透性计算方程有所区别，分别为

$$\text{非硼钢：} \qquad D_i = \text{AF} \times \text{CF} \tag{3-4}$$

$$\text{含硼钢：} \qquad D_i = \text{AF} \times \text{CF} \times F \tag{3-5}$$

式(3-4)至式(3-5)中：

D_i——理想临界直径；

CF——碳及晶粒度的乘子；

F——硼淬透性系数；

AF——合金乘子(除碳和硼之外的其他合金元素的乘子乘积)，计算式为

$$\text{AF} = f_{\text{Mn}}f_{\text{Si}}f_{\text{Ni}}f_{\text{Cr}}f_{\text{Mo}}f_{\text{Cu}}f_{\text{V}} \tag{3-6}$$

式中：f_{Mn}——锰元素的乘子。其余类同。

(2) 组织转变计算方程。

按钢的化学成分和奥氏体化参数计算各种组织的临界冷速 v_{ci}：

$$v_{ci} = g(P_a,\ f_C,\ f_{Si},\ f_{Mn},\ \cdots) \tag{3-7}$$

式中：v_{ci}——各种组织的临界冷速，$i=1$ 对应获得马氏体的体积分数 100%的临界冷速，$i=2$ 对应获得马氏体的体积分数 90%与贝氏体的体积分数 10%的临界冷速；

P_a——奥氏体化参数；

f_C——碳的质量分数；

f_{Si}——硅的质量分数，其余类同。

钢中各组织的体积分数可通过工件的实际冷速 v 计算得出，如果 $v_{ci}<v<v_{ci}+1$，则计算公式为

$$f_{M} = \frac{AM}{(v_{ci}+1-v_{ci})(v-v_{ci})+BM}$$ (3-8)

$$f_{B} = \frac{AB}{(v_{ci}+1-v_{ci})(v-v_{ci})+BB}$$ (3-9)

$$f_{FP} = \frac{AP}{(v_{ci}+1-v_{ci})(v-v_{ci})+BP}$$ (3-10)

式中：f_{M}——马氏体的体积分数；

f_{B}——贝氏体的体积分数；

f_{FP}——铁素体-珠光体的体积分数；

AM、AB、AP、BM、BB、BP——与临界冷速有关的常数。

(3) 描述组织和性能关系的方程。

描述组织和性能关系的方程(采用混合率计算性能)为

$$P_{j} = f_{M}P_{j}^{M} + f_{B}P_{j}^{B} + f_{FP}P_{j}^{FP}$$ (3-11)

式中：P_{j}^{M}——马氏体的性能；

P_{j}^{B}——贝氏体的性能；

P_{j}^{FP}——铁素体-珠光体的性能。

热处理专家系统在工业领域的应用已经取得了很好的效果，尤其在热处理工艺的分析、生产周期的优化、辅助材料的选择以及构件设计等方面。但热处理专家系统计算的精度和可靠性仍需进一步提高，在其应用于工业过程和设计工作时，还存在传统试错的成分。另外，热处理专家系统还没有考虑工件热处理过程中产生的内应力和残余变形对工件质量、后续装配精度与加工成本的影响，而且目前热处理专家系统主要应用于碳钢和低合金钢的热处理设计过程中，其应用范围需进一步拓宽，在决策结果处理和人机界面方面还需进一步提高智能化程度，以使其更方便工程技术人员的使用。

3.3 人工神经网络技术

在材料设计过程中存在着许多无法建立确切数学模型的问题。为了归纳其中的规律，研究者们通常采用回归法处理实验数据，然而，回归法存在很多局限性。人工神经网络具有自学习功能，能从实验数据中自动获取数学模型，在处理规律不明显、组分变量多的问题时具有特殊的优越性。本节主要介绍人工神经网络的学习方法与规则以及人工神经网络

在材料科学中的一些应用。

阅读材料：ChatGPT 人工智能聊天软件

人工智能是当今关注度极高的一门新兴技术，是一个国家科技实力的重要体现。从兴起至今发展迅速，现已与多个学科领域相结合，发展也呈现出多元化的趋势。为推动我国人工智能规模化应用，全面提升产业发展智能化水平，2017 年 7 月 20 日，国务院印发了《新一代人工智能发展规划》，文件提到"推动人工智能与各行业融合创新，在制造、农业、物流、金融、商务、家居等重点行业和领域开展人工智能应用试点示范，推动人工智能规模化应用，全面提升产业发展智能化水平"。人工智能是基于人工神经网络发展而来的，人工神经网络的信息处理是由神经元之间的相互作用来实现的，知识与信息的存储表现为分布式的网络元件互连。

ChatGPT 是人工智能研究公司 OpenAI 研发的一款人工智能对话机器人，上线两个月后月活跃用户破亿，成为史上用户增长速度最快的消费级应用程序。该软件是人工智能技术驱动的自然语言处理工具，能够通过学习和理解人类的语言来进行对话，还能根据聊天的上下文进行互动，真正像人类一样来聊天交流，甚至还能完成撰写邮件、视频脚本、文案、代码等任务。

3.3.1　人工神经网络概述

神经生理学和神经解剖学的研究结果表明，人脑是由超过 1000 亿个(大脑皮层约 140 亿个，小脑皮层约 1000 亿个)神经元交织在一起的、极其复杂的网状结构，能完成智能、思维、情绪等高级精神活动。人工神经网络(下文简称神经网络)是在现代神经科学的基础上提出来的，是以计算机网络系统模拟生物神经网络的智能计算系统，是对生物神经网络若干基本特性的抽象和模拟。网络上的每个节点相当于一个神经元，求解问题时向某个节点输入信息，该节点处理信息后向其他节点输出，直到整个神经网络工作完毕，输出结果。

神经网络通过学习和训练可记忆客观事物在空间、时间方面比较复杂的关系，适合解决各类预测、分类、评估匹配、识别等问题。例如，将神经网络上的各个节点模拟各地气象站，根据某一时刻的采样参数(如压强、湿度、风速、温度)进行计算并将结果输出到下一个气象站，就可模拟出未来气候参数的变化，作出准确预报，即使有突变参数(如风暴、寒流)也能正确计算。所以，神经网络在经济分析、市场预测、金融趋势、化工最优过程、航空航天器的飞行控制、医学、环境保护等领域都有较好的应用前景。

神经网络的优越性主要表现在三个方面。第一，具有自学习功能。如实现图像识别时，只需把许多不同的图像样板和对应的识别结果输入神经网络，网络就会通过自学习功能，慢慢学会识别类似的图像。自学习功能对于预测(如提供经济预测、市场预测、效益预测)有极其重要的作用。第二，具有联想存储功能。人的大脑是具有联想功能的，神经网络的反馈网络就可以实现这种联想。第三，具有高速寻找最优解的能力。寻找一个复杂问题的最优解，计算量往往很大，利用一个针对某问题而设计的神经网络，可以发挥计算机的高速运算能力，快速找到最优解。此外，神经网络还具有下述优点：可以充分逼近任意复杂的非线性关系；所有定量或定性的信息都等势分布存储于网络内的各个神经元上，具有很强的鲁棒性和容错性；采用并行分布处理方法，使得快速进行大量运算成为可能；可学习和自适应不知道或不确定的系统；能够同时处理定量、定性关系。

神经元是脑细胞的基本单元，由细胞体、树突和轴突三部分构成。人工神经元则是神经网络的基本单元，其以大脑神经细胞的活动规律为原理，反映大脑神经细胞的某些基本特征，但绝不是是人脑细胞的真实再现，从数学角度而言，它是对人脑细胞的高度抽象和简化的结构模型。虽然神经网络有许多种类型，但其基本单元——人工神经元是基本相同的。图 3-14 为典型的人工神经元模型，神经元相当于一个多输入单输出的非线性阈值元件。x_1，x_2，…，x_n 表示神经元的 n 个输入；W_1，W_2，…，W_n 表示神经元之间的连接强度，称为连接权或权值；$\sum W_i x_i$ 称为神经元的激活值；f 为激活函数；O 表示这个神经元的输出。每个神经元有一个阈值 θ，如果神经元输入信号的加权和超过 θ，神经元就处于兴奋状态。O 以数学表达式描述为

$$O = f\left(\sum W_i x_i - \theta\right) \tag{3-12}$$

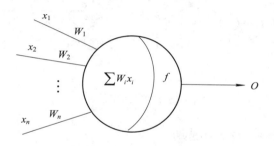

图 3-14　人工神经元模型

作为神经网络的基本单元，人工神经元有三个基本要素：一组连接(对应于生物神经元的突触)、一个求和单元和一个激活函数。连接强度用权值表示，权值为正表示激活，权值为负表示抑制；求和单元用于求取各输入信号的加权和(线性组合)；激活函数起映射作用，并将神经元输出幅度限制在一定范围内。激活函数决定神经元的输出，通常有以下几种：阈值函数、分段线性函数(类似于一个放大系数为 1 的非线性放大器)、双曲函数、Sigmoid 函数。

神经网络是一个并行和分布式的信息处理网络结构，该结构一般由多个神经元组成，每个神经元有一个单一的输出，可以连接到其他的神经元，其输入有多个连接通路，每个连接通路对应一个权值。神经网络的结构可分为以下几种类型(见图 3-15)。

(1) 前馈式网络：神经元分层排列，每个神经元只与前一层神经元相连，如图 3-15(a)所示。最上一层为输出层，最下一层为输入层，中间可以是一层或多层。

(2) 输入输出有反馈的前馈网络：输出层至输入层之间存在反馈回路，网络本身还是前反馈型的，如图 3-15(b)所示。

(3) 前馈内层互联网络：在同一层内存在互相连接，它们可以形成互相制约的前向网络，如图 3-15(c)所示。很多自组织网络，大都存在着内层互联的结构。

(4) 反馈型全互联网络：一种单层全互联网络，每个神经元的输出都和其他神经元相连，如图 3-15(d)所示。

(5) 反馈型局部连接网络：神经元的输出只与其周围的神经元相连，如图 3-15(e)所示，这类网络也可发展为多层的金字塔形结构。

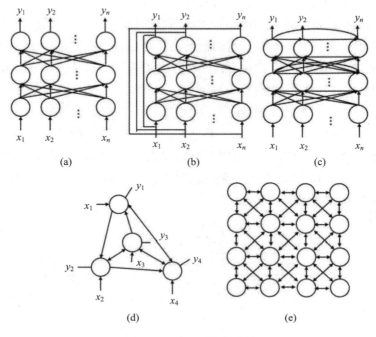

图 3-15   神经网络的结构

3.3.2   神经网络的学习方法与规则

学习规则是修正神经元之间连接强度或权值的算法，使获得的知识结构适应周围环境的变换。

(1) 无监督 Hebb 学习规则。Hebb 学习是一类相关学习，其基本思想是，如果有两个神经元同时兴奋，则它们之间连接强度的增量与它们的激励乘积成正比。用 y_i 表示单元 i 的激活值(输出)，y_j 表示单元 j 的激活值，W_{ij} 表示单元 j 到单元 i 的连接权值，则 Hebb 学习规则可表示为

$$\Delta W_{ij}(k) = \eta y_i(k) y_j(k) \tag{3-13}$$

式中：η——学习速率；

k——神经元 i 与 j 之间的联系；

ΔW_{ij}——单元 j 到单元 i 的连接强度的增量。

(2) 有监督 δ 学习规则或 Widow-Hoff 学习规则。在 Hebb 学习规则中引入教师信号 d_i，将式(3-13)中的 y_i 换成网络期望目标输出与实际输出 y_i 之差，即为有监督 δ 学习规则：

$$\Delta W_{ij}(k) = \eta[d_i(k) - y_i(k)]y_j(k) = \eta \delta y_j(k) \tag{3-14}$$

式中,

$$\delta = d_i(k) - y_i(k) \tag{3-15}$$

式(3-14)表明,两神经元之间的连接强度的增量与教师信号 d_i 和网络实际输出 y_i 之差成正比。

(3) 有监督 Hebb 学习规则。将无监督 Hebb 学习规则和有监督学习规则两者结合起来,组成有监督 Hebb 学习规则,即

$$\Delta W_{ij}(k) = \eta[d_i(k) - y_i(k)]y_i(k)y_j(k) \tag{3-16}$$

这种学习规则使神经元通过关联搜索对未知的外界作出反应, 即在 $d_i(k) - y_i(k)$ 的指导下, 对环境信息进行相关学习和自组织,使相应的输出增强或削弱。

3.3.3　人工神经网络在材料科学中的应用

1. 在材料设计和成分优化中的应用

影响材料性能和使用的因素纷繁复杂,特别是新材料,其组分、工艺、性能和用途之间的关系以及内在规律复杂,材料设计都涉及这些关系与规律。神经网络能从已有的试验数据中自动归纳规律,利用训练后的神经网络能直接进行推理,有利于材料设计和成分优化。国内学者蔡煜东等采用神经网络反向传播模型对过渡金属元素选取有代表性的 54 个样本(包括具有氧心结构的三核簇合物及不具有氧心结构的三核簇合物)构成模式空间,选取其中 46 个样本作为神经网络的学习数据,经过学习,神经网络能完全正确地识别这些样本,并建立化合物、金属元素参数与氧心结构(非氧心结构)之间的复杂对应关系。利用该神经网络对 8 个未知样本进行识别,实际输出和期望输出完全一样,并且具有容错能力强、识别速度快捷的特点。目前,很多人将材料的合金成分及热处理温度作为神经网络的输入,材料的力学性能作为网络的输出,以此来建立反映试验数据内在规律的数学模型,并利用各种优化方法实现材料的设计。东北大学的张国英等在试验的基础上,提出将材料(Co-Ni 二次硬化钢)的力学性能作为网络的输入,材料的其他合金成分(C, Ni, Cr, Mo)及热处理温度(时效、淬火)作为网络的输出,采用反向传播算法建立了 $8 \times 16 \times 6$ 网络结构,利用这个反映试验数据内在规律的网络结构,根据对材料的力学性能要求,直接确定各种合金成分含量和热处理温度,克服了各种优化方法计算量大、难于寻找最优解的缺点,进而为研究高性能钢材、合理使用合金元素、尽量降低试验成本提供了有效的手段。

2. 在材料力学性能预测中的应用

材料力学性能是结构材料最主要的性能,受材料组织结构、成分、加工工艺的影响。近年来,采用神经网络预测材料的力学性能取得了较好的效果。例如,Myllylcoski 用生产线上获得的数据,建立了能准确预测轧制带钢力学性能的神经网络模型。该神经网络模型能用来评价加工工艺参数对材料力学性能的影响,因而可用来指导优化加工工艺参数以获得所要求的材料力学性能。有学者根据控轧 C-Mn 钢的显微组织与力学性能数据,利用神经网络模型建立了显微组织和力学性能之间的关系。其中,显微组织包括铁素体、珠光体、奥氏体的体积分数和铁素体晶粒尺寸,力学性能有延伸率、屈服强度和抗拉强度。神经网络模型具有较

好的学习精度和概括性，能够用来预测热轧带钢的力学性能。南京航空航天大学的李水乡等采用反向传播算法，将编织工艺参数作为输入，将弹性模量及强度性能作为输出，建立了编织工艺参数与力学性能的神经网络模型。通过对比显示，实际试验结果与该网络模型预测的模拟结果相似。可见，这种模型对于三维编织复合材料的试验、生产和应用、工艺参数的选取以及理论模型的研究都有重要的参考价值。西北工业大学的刘马宝等人以铝合金 LY12CZ 为例，在试验数据的基础上，利用神经网络首次建立了预测超塑变形后材料的室温性能指标，并且充分反映了超塑变形工艺参数对其室温机械性能变化的影响规律。

3.4 Jade 软件在结构分析中的应用

在材料科学的实验研究中，往往需要对材料进行结构分析。Jade 软件是一款常用的材料结构分析软件，将样品的衍射图谱与标准图谱进行比对，可获得材料的结构信息(如物相信息)。本节主要讲述 Jade 软件的主要功能及其进行物相分析的方法。

3.4.1 Jade 软件概述

Jade 软件是一款专门用于 X 射线衍射(X-Ray Diffraction, XRD)分析的软件，通过对材料进行 X 射线衍射，分析材料的衍射图谱，进而获得材料的成分、材料内部原子或分子的结构或形态等信息。Jade 软件拥有衍射峰的指标化、晶格参数的计算等独特功能，能轻松计算峰的面积、质心。

Jade 软件的功能如下：

(1) 物相检索与匹配(Search/Match)。Jade 具有简单美观的物相检索界面和强大的检索功能。

(2) 图谱拟合(Profile Fit)。Jade 可以按照不同的峰形函数对单峰或全谱进行拟合，拟合过程可实现结构精修，晶粒大小、微观应变、残余应力计算等功能。

(3) 晶胞精修(Cell Refinement)。Jade 能对样品中单个相的晶胞参数精修，完成点阵常数的精确计算。对于多相样品，可以逐相依次精修。

(4) 晶粒大小和微观应变(Size and Strain)计算。Jade 可以计算当晶粒尺寸小于 100 nm 时的晶粒大小，如果样品中存在微观应变，同样可以计算出来。

(5) 残余应力(Stress)计算。Jade 能测量不同 ψ 角下某 hkl 晶面的单衍射峰，能计算残余应力。

(6) 物相定量(Easy Quantitative)计算。Jade 通过 K 值法、内标法和绝热法计算物相在多相混合物中的质量分数和体积分数。

(7) 全谱拟合精修(WPF Refinement)。Jade 能对基于 Rietveld 方法的全谱拟合结构进行精修，包括晶体结构、原子坐标、微结构和择优取向的精修。

(8) 图谱模拟(XRD Simulation)。Jade 能根据晶体结构计算(模拟)XRD 粉末衍射谱，可以直接访问 ICSD 数据库。

图 3-16 展示了 Jade 软件的用户界面，该界面包含菜单栏、主工具栏、文件浏览区、预览窗口、全谱窗口、编辑工具栏、工作窗口及基本显示按钮等。

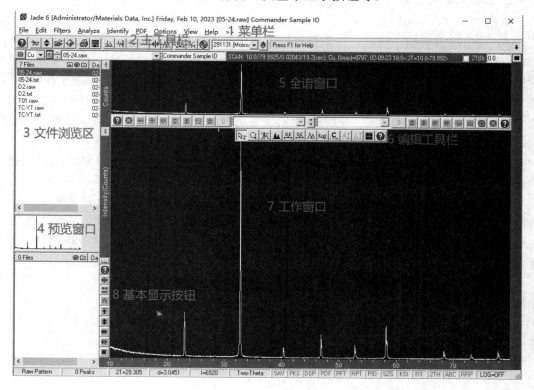

图 3-16　Jade 软件的用户界面

3.4.2　Jade 软件在物相分析中的应用

1. 物相检索

进行物相检索前，需要有一张 PDF 卡片光盘，最常见的 PDF 卡片光盘有 PDF2 光盘(包含 PDF2.dat 文件)、PDF1 光盘(PDF2 的子集)、PDF4 的 DVD 光盘(采用 Access 数据库格式，使用上与 PDF2 光盘非常类似)。

PDF 卡片检索最初是通过检索工具书来检索纸质卡片，之后是通过一定的检索程序，按给定的检索误差窗口条件对 PDF 卡片库进行检索，如 PCPDFWin 程序。目前，X 射线衍射系统都配备自动检索匹配软件，通过图形对比方式检索多物相样品中的物相。从 PDF 卡片库中检索出与被测图谱匹配的物相的过程称为检索与匹配(Search and Match)。

物相检索即指"物相定性分析"。它基于以下三条原则：(1) 任何一种物相都有衍射谱；(2) 任何两种物相的衍射谱不可能完全相同；(3) 多物相样品的衍射峰是各物相的机械叠加。因此，通过实验测量或理论计算，建立一个已知物相的 PDF 卡片库，将所测样品的衍射图谱与 PDF 卡片库中的"标准卡片"一一对照，就能检索出样品的全部物相。

物相检索过程可以概括为：首先根据样品情况，给出样品的已知信息或检索条件，从 PDF 卡片库中找出满足这些条件的 PDF 卡片并显示出来；然后由检索者根据匹配的情况，确定样品中含有何种卡片对应的物相。

1) 物相检索的步骤

物相检索的具体步骤如下：

(1) 给出检索条件。检索条件主要包括检索子库、样品中可能存在的元素等。为方便检索，PDF 卡片库按物相的种类分为无机物、矿物、合金、陶瓷、水泥、有机物等多个子数据库。检索时，可以依据样品的种类，选择在一个或几个子库内检索，以缩小检索范围，提高检索的命中率。另外在做 X 射线衍射实验前应当先检查样品中可能存在的元素种类。检索时，选择可能存在的元素，以缩小元素检索范围。可以这样说，X 射线衍射物相检索就是根据已知样品的元素信息来确定这些元素的赋存状态(存在形式)。

Jade 软件还提供了 PDF 卡片号、样品颜色、文献出处等几十种辅助检索条件。检索时，应当尽可能利用这些辅助检索条件，缩小检索范围，以提高检索的命中率。

(2) 等待 Jade 软件给出匹配情况。Jade 软件按照给定的检索条件对衍射线位置(面间距 d)和强度(I/I_0)进行匹配，计算匹配品质因数(FOM)。匹配品质因数的定义为完全匹配时，FOM = 0，完全不匹配时，FOM = 100。Jade 软件将匹配品质因数最小的前 100(或设定的个数)种物相列出一个表。

(3) 观察列表中各种物相(PDF 卡片)与实测 X 射线衍射谱的匹配情况，并作出判断，鉴定样品一定存在的物相。

(4) 观察是否还有衍射峰没有被检索出，如果有，重新设定检索条件，重复上面步骤，直至全部物相被检索出。

2) 物相判定条件

判断一个物相是否存在有以下 3 个条件：

(1) PDF 卡片中的峰位与样品衍射图谱的峰位要匹配。换句话说，一般情况下 PDF 卡片中出现的峰的位置，样品衍射图谱中必定有相应的峰与之对应。即使三条强线对应得非常好(即通常说的三强线匹配)，但有另一条较强线位置明显没有出现辐射峰，也不能确定存在该相。所以说，三强线匹配是物相检索的必要条件而非充分条件，除非能确定样品存在明显的择优取向。

(2) PDF 卡片的峰强比(I/I_0)与样品衍射图谱的峰强比(I/I_0)要大致相同。但由于样品本身以及制样方法的原因，被测样品或多或少总存在择优取向，从而导致峰强比不会完全一致。因此，物相检索时峰强比仅可作为参考。例如加工态的金属样品、黏土矿物样品、一些薄膜样品、定向生长的样品，某些衍射峰是不会出现的。

(3) 检索出来的物相包含的元素在样品中必须存在。如果在检索时没有限定样品的元素，那么检索出的物相是"结构相似"的物相，且很多与实测样品的物相相差甚远。假设检索出一个 FeO 相，但样品中根本不可能存在 Fe 元素，则即使其他条件完全吻合，也不能确定样品中存在 FeO 相。此时可考虑样品中存在与 FeO 晶体结构大体相同的某相。换句话说，X 射线衍射物相检索是一种"结构检索"而不是"元素分析"。

2. 物相检索的条件设置

首先，用工具" "或者菜单"File"→"Patterns..."导入一个图谱，如图 3-17 所示，对该图谱不进行任何处理(一般不需要平滑和扣除背景)，以保持数据的真实性。然后，右击"S/M"按钮，打开物相检索条件设置对话框，如图 3-18 所示。

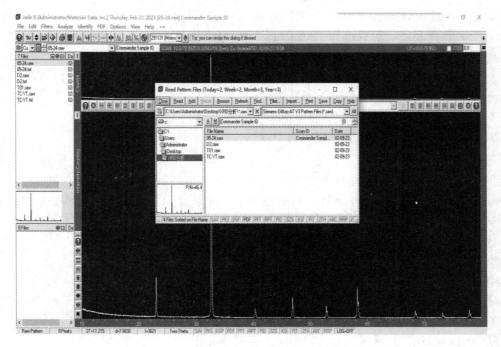

图 3-17 导入图谱

图 3-18 物相检索条件设置对话框

接下来介绍物相检索条件设置的具体内容。

1) 检索子库

在图 3-18 所示的对话框中，左侧为 PDF 子数据库选择框。

对于矿物样品，一般只选择"Minerals"和"ICSD Minerals"子数据库。

对于有机物样品，应当只选择"Organics"子数据库。

对于一般样品，在选择"Minerals"和"ICSD Minerals"子数据库的同时，还应当加上"Inorganics"和"ICSD Patterns"子数据库。

对于合金样品，还需要加上"Metallics"子数据库。

对于其他样品，也应当选择相应的子数据库。

2) 元素限定

图 3-18 所示对话框的右侧中列出了多个过滤器(Filters)。其中最重要的是"Use Chemistry Filter"选项，选中该项，将弹出一个"元素周期表"对话框，如图 3-19 所示。图中部分功能介绍如下：

① Exclude All：排除所有元素，即不选择任何元素。

② Light Elements：选择所有轻元素。

③ Common Elements：选择常见元素。

④ Possible All：选择所有元素。

在元素限定时，Jade 有三种选择：

① Impossible，表示被检索的物相中不存在该元素，用蓝色字体标记；

② Possible，表示被检索的物相中可能存在该元素，也可能不存在该元素；

③ Required Elements，表示被检索的物相中一定存在该元素，用绿色背景标记。

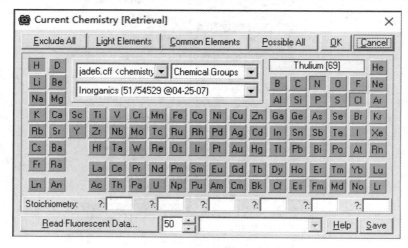

图 3-19 "元素周期表"对话框

有些情况下，虽然材料中不含非金属元素 O、N、C、Cl 等，但由于样品制备过程中可能被氧化或氯化，当多次尝试后尚不能确定物相时，应当考虑加入这些元素，考虑金属盐、酸、碱的存在。

在图 3-19 所示的对话框中，将样品可能存在的元素全部输入，单击"OK"，返回图 3-18

所示的对话框。

3) 检索的焦点限定

图 3-18 所示对话框的左下方有一个下拉列表，共有 3 种选项，即 S/M Focus on Major Phases 、S/M Focus on Minor Phases、S/M Focus on Trace Phases ，它们分别表示检索时主要着眼于主要相、次要相或微量相。

4) 其他过滤器

图 3-18 所示对话框右侧还有很多其他过滤器，例如：

① Exclude Duplicate Phase：排除重复的相。同一物相有很多张 PDF 卡片，如果找到了一张，其他卡片不显示。一般情况下 Exclude Duplicate Phase 不用勾选，除非重复相太多，在窗口中呈现不下其他相。

② Exclude Isotypical Phase：排除同类型的相，例如 $MnFe_2O_4$ 和 Fe_3O_4 是同类型的，如果找到其中一个，其他卡片不显示。一般不勾选 Exclude Isotypical Phase。

③ Exclude 'Deleted' Phase：排除被删除的相，否则那些被删除的卡片被显示出来。

这些过滤器选项要根据情况来选择，不同的选择会导致不同的检索结果。

3. 物相检索与匹配窗口

物相检索与匹配窗口分为三块，如图 3-20 所示。

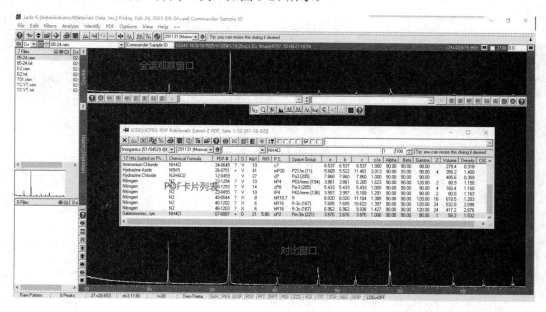

图 3-20 物相检索与匹配窗口

(1) 全谱观察窗口，可以观察全部 PDF 卡片的衍射图谱与测量图谱的匹配情况。

(2) 对比窗口，可以观察局部匹配的细节，通过窗口左边的按钮可调整窗口中图谱的范围和放大比例，以便观察得更加清楚。

(3) PDF 卡片列表，可以在窗口的最下面，也可以悬浮在窗口上，其显示项包括：物相名称、化学式、PDF 卡片号、J 值、d/I 值、RIR 值、空间群、晶体结构参数(a、b、c 值)、体积、密度等。

4. 判定物相

物相检索能将 PDF 卡片库中符合检索条件的 PDF 卡片列出来，但不能准确地确定样品中存在的物相。检索者需要自己进行物相判定。

如图 3-21 所示，如果列表中的某个 PDF 卡片的所有图谱都与样品的衍射图谱对应，而且强度也基本匹配，同时，物相化学成分也相符，则可选择这个物相。

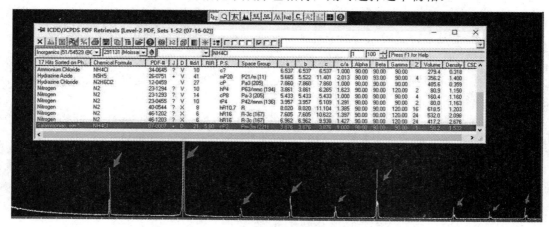

图 3-21   检索出的结果

在 PDF 卡片列表中，双击衍射峰强与物相化学成分相符的 PDF 卡片，则可以获得对应 PDF 卡片的详细信息，如图 3-22 所示。

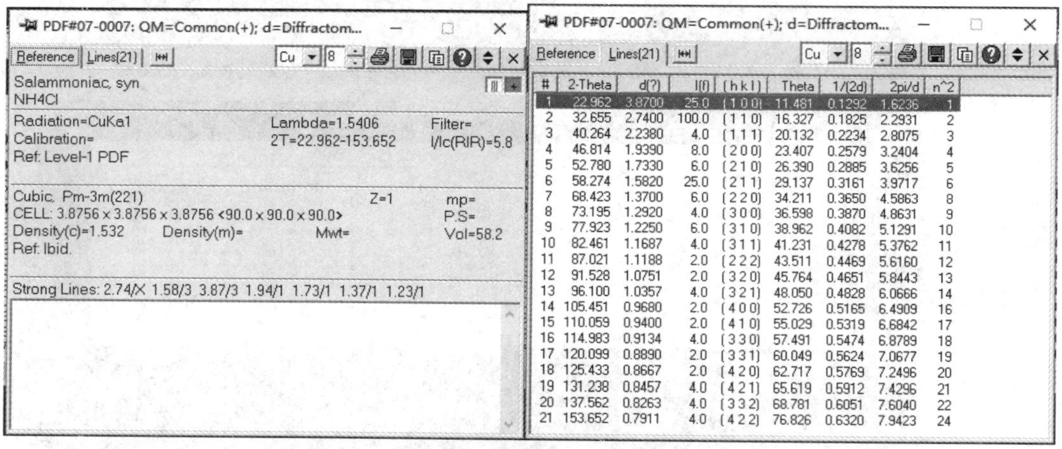

图 3-22   对应 PDF 卡片的详细信息

检索完成后，关闭这个窗口可返回到主窗口中。

当样品存在多个相时，很有可能一次检索不能全部检索出来。此时，需要改变检索条件再检索，如缩小 PDF 子数据库的范围，缩小元素的选择范围或者使用不同的元素组合，设定检索对象为微量相等。

需要说明的是，Jade 软件仅仅是根据检索者给出的检索条件来检索物相，当检索条件不同时，可能得到不同的检索结果。如何有技巧地设置和运用这些检索条件是正确和完全检索出物相的关键。

例 3-1   采用 Na_3PO_4、ZrO_2、SiO_2 作为原料，高温固相合成 $Na_3Zr_2Si_2PO_{12}$ 粉末，对粉

末进行 X 射线衍射分析后，请采用 Jade 软件分析是否已合成了该物质，合成的物质是否为纯相。

解　(1) 导入图谱。如图 3-23 所示，依次单击"File"→"Patterns"，在弹出的"Read Pattern Files"对话框中，选择相应的存储位置，单击"Read"按钮。

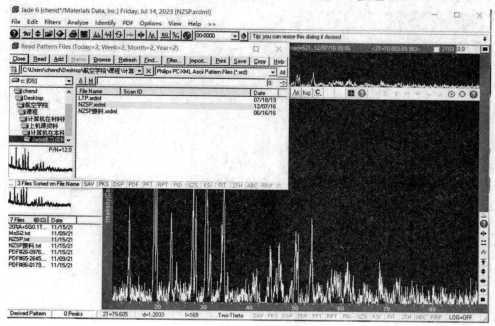

图 3-23　导入图谱

(2) 选定检索子数据库并限定检索元素。如图 3-24 所示，单击"S/M"按钮，弹出物相检索条件设置对话框，在此对话框中选择检索子数据库，并勾选"All SubFiles (No Deleted)"，即选择全库；接着在物相检索条件设置对话框中勾选"Use Chemistry Filter"选项，弹出元素周期表对话框，在该对话框中选择可能存在的元素，单击"OK"按钮。

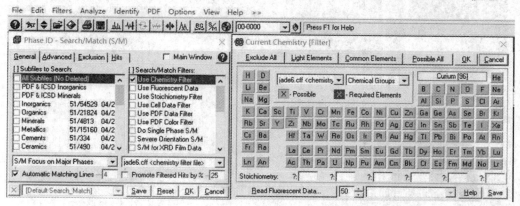

图 3-24　选定检索子数据库并限定检索元素

(3) 分析检索结果。如图 3-25 所示，检索结果按照 FOM 值从小到大排列，由图发现三强峰已吻合，说明已生成该物质，但仍有 28°和 31°处的杂质峰没有对应上，说明产生了杂质。

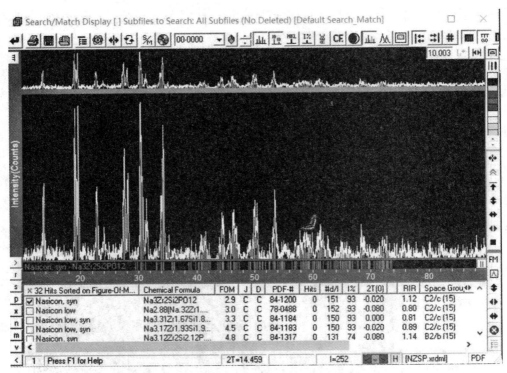

图 3-25　分析检索结果

(4) 检索杂质峰。如图 3-26 所示，选中两个未检索出来的杂质峰，进行单独检索，检索方式同步骤(2)。

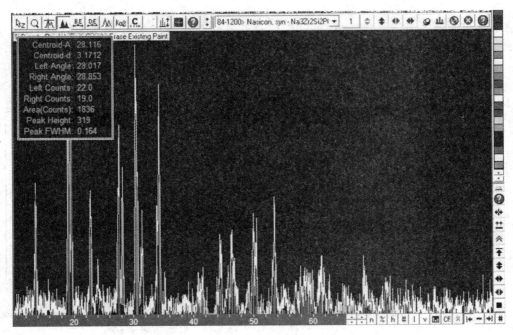

图 3-26　杂质峰

(5) 分析杂质峰。如图 3-27 所示，发现杂质峰为 ZrO_2。

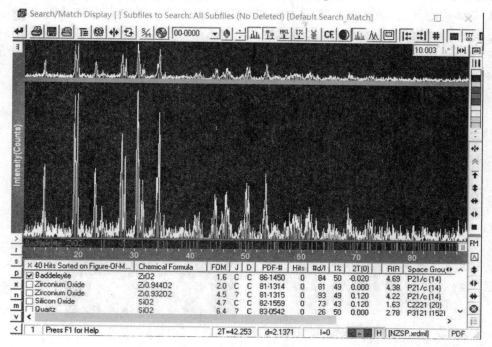

图 3-27　分析杂质峰

3.5　VESTA 软件在材料设计中的应用

近年来，人们对新材料需求的日益增长推动了材料设计的快速发展，采用软件进行晶体结构建模、材料性能计算，有效提高了材料性能预测的准确性。

本节主要介绍 VESTA 软件在晶体结构建模中的一些基本应用。

3.5.1　VESTA 软件概述

材料设计是指应用相关的信息与知识进行预测并指导人们合成具有预期性能的材料。材料设计的第一步便是晶体结构建模，晶体结构决定材料性能，晶体结构稍有不同，即可导致材料性能产生巨大差异。VESTA(Visualization for Electronic and Structural Analysis)是由日本国立科学博物馆的 Koichi MOMMA 和京都大学的 Fujio IZUMI 开发出的一款用于晶体结构和电子结构建模且可视化的专业软件。采用 VESTA 软件进行晶体结构建模，绘制的晶体结构图美观，结构易于识别，如图 3-28 所示。

VESTA 软件的界面如图 3-29 所示。该软件可以非常简单地实现晶体结构建模、结构信息查看、晶体结构参数调整、外观显示、图片输出、数据格式转换等一系列功能。

VESTA 软件的强项是可视化。VESTA 软件主要处理两类对象，一类是结构，一类是电荷。在结构方面，VESTA 软件可以读取我们熟知的 cif 文件，然后导出 DFT 计算所需的

POSCAR 文件，在 DFT 计算结束后，读取 DFT 计算的输出文件 CONTCAR(最后的结构)，对最后的结构进行简单的调整，就可获得大家经常在文献当中看到的晶体结构图。在电荷方面，VESTA 软件可以读取 DFT 计算输出的 CHGCAR 文件，对其进行类似的调整，就可以得到晶体中的电荷密度分布。此外，VESTA 软件还可以处理差分电荷密度和自旋密度等类似对象。

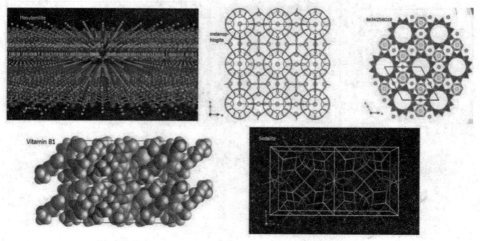

图 3-28　VESTA 软件绘制的晶体结构图

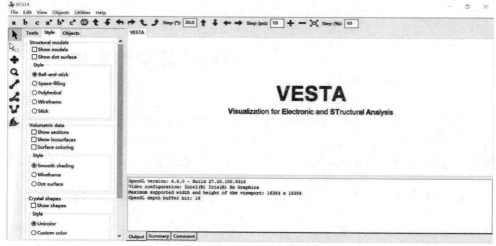

图 3-29　VESTA 软件的界面

3.5.2　VESTA 软件在晶体结构建模中的应用

1. 结构导入

VESTA 软件导入晶体结构有两种方法：第一种是直接读取 cif 文件(在 COD 数据库中下载 cif 文件)；第二种是手动输入晶体结构信息，包括空间群、晶格常数以及原子坐标。

例 3-2　在 VESTA 软件中导入 $LiCoO_2$ 的结构。

解　方法一：直接读取 $LiCoO_2$ 的 cif 文件。

(1) 检索 $LiCoO_2$ 的 cif 文件。在 COD 数据库检索 $LiCoO_2$ 的 cif 文件，如图 3-30 所示。

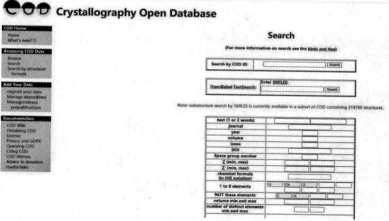

图 3-30　在 COD 数据库检索 $LiCoO_2$ 的 cif 文件

(2) 下载 $LiCoO_2$ 的 cif 文件。如图 3-31 所示，右击 "CIF"，并保存在相应位置。

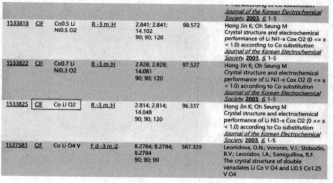

图 3-31　下载 $LiCoO_2$ 的 cif 文件

(3) 导入 $LiCoO_2$ 的 cif 文件。如图 3-32 所示，依次单击 "File" → "Open…"，打开存储位置对话框，选择 cif 文件所在位置，单击 "OK" 按钮。

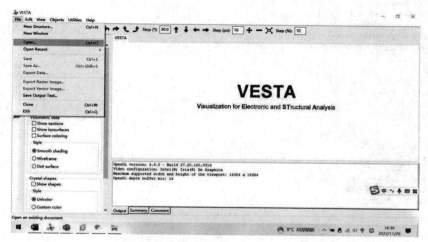

图 3-32　导入 $LiCoO_2$ 的 cif 文件

(4) 获得 $LiCoO_2$ 的晶体结构，如图 3-33 所示。

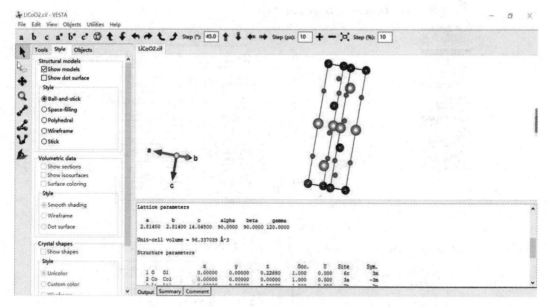

图 3-33 获得 $LiCoO_2$ 的晶体结构

方法二：手动输入 $LiCoO_2$ 的晶体结构信息。

当一种材料的 cif 文件难以查找时，可采用方法二导入晶体结构信息。在此之前，我们先了解一下 cif 文件包含的晶体结构信息。如图 3-34 所示，cif 文件包含的晶体结构信息有空间群、晶格常数和原子坐标。

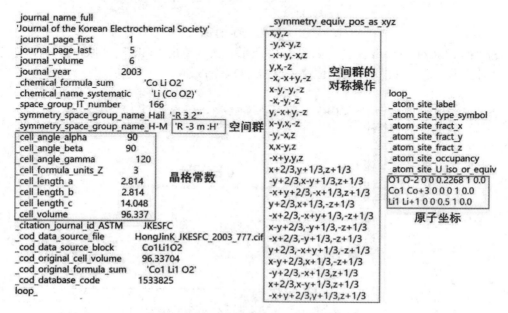

图 3-34 cif 文件包含的晶体结构信息

（1）新建结构。如图 3-35 所示，依次单击"File"→"New Structure…"。

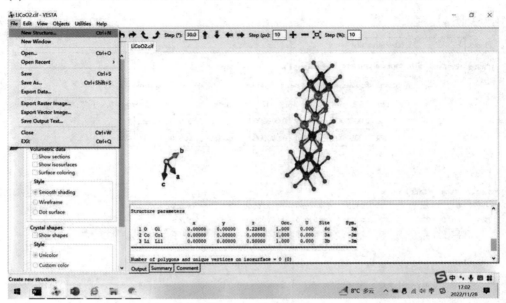

图 3-35　新建结构

（2）填写空间群和晶格常数信息，选择晶体结构为 Trigonal，空间群为 R-3m，填写晶格常数，如图 3-36 所示。

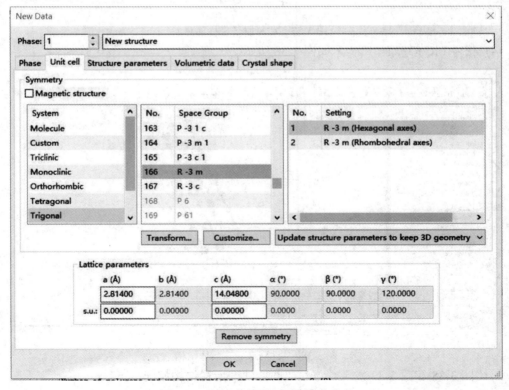

图 3-36　填写空间群和晶格常数信息

(3) 填写原子坐标信息，如图 3-37 所示。

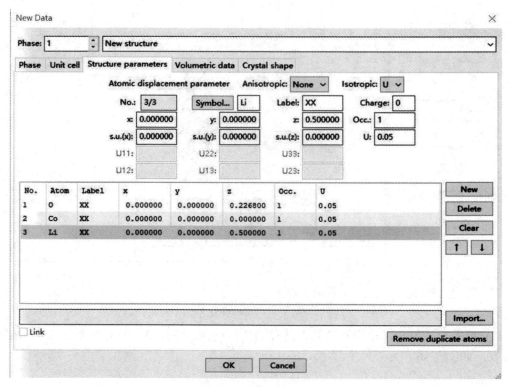

图 3-37   填写原子坐标信息

(4) 获得 $LiCoO_2$ 晶体结构，如图 3-38 所示。

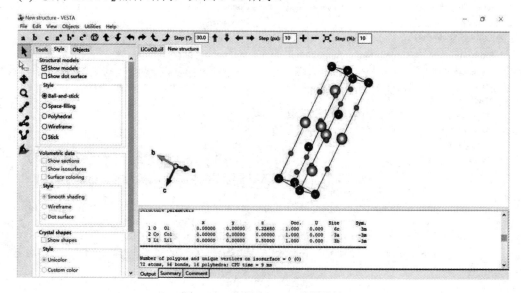

图 3-38   获得 $LiCoO_2$ 晶体结构

对比图 3-38 和图 3-33 发现，方法二与方法一所得结构相同。

2. 化学键设置

化学键设置涉及两点，一是选择成键原子，二是设置化学键的搜索范围。

例 3-3　设置 $LiCoO_2$ 中的化学键。

解　(1) 化学键初始设置。如图 3-39 所示，依次单击"Edit"→"Preferences…"，在弹出的化学键初始设置对话框中，勾选"Start-up search for bonds"选项。如果勾选了"Start-up search for bonds"选项，那么在 cif 文件加载的同时化学键就会直接显示出来，如果没有勾选，化学键就不会自动显示。

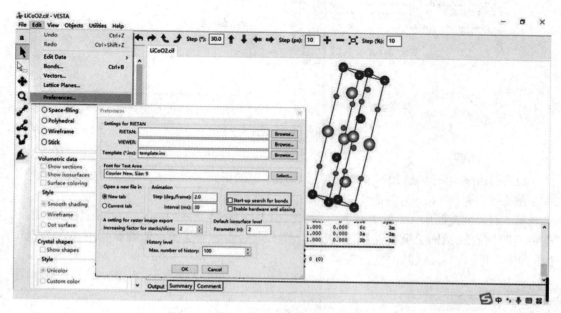

图 3-39　化学键初始设置

(2) 手动添加化学键，如图 3-40 所示。

首先，依次点击"Edit"→"Bonds…"，在弹出的化学键对话框中单击"New"，建立新的化学键。对于 $LiCoO_2$ 材料，只有 Co 和 O 之间会成键，所以只需新建一个化学键即可。

其次，在化学键对话框中设置搜索模式（"Search mode"）。其中，"Search A2 bonded to A1"表示以 A1 为中心原子，A2 和 A1 成键；"Search atoms bonded to A1"表示以 A1 为中心原子，任何原子都和 A1 成键；"Search molecules"表示搜索分子。对于 $LiCoO_2$ 材料，只有 Co 和 O 之间成键，选择"Search A2 bonded to A1"模式，并且在 A1 和 A2 处选择相应的元素。

接着，在化学键对话框中设置化学键的搜索范围，Min. length 一般都为 0，Max. length 不超过 3，即长度为 0～3 的 Co 和 O 原子间都会连上一根化学键。

最后，在化学键对话框中设置边界模式（"Boundary mode"）。其中，"Do not search atoms beyond the boundary"表示所有原子都在晶胞里面；"Search additional atoms if A1 is included in the boundary"表示只有 A1 原子在晶胞内；"Search additional atoms recursively if either A1 or A2 is visible"表示如果 A1 或 A2 原子可见，则递归搜索其他原子。这几种边界模式在文献中都有，所有原子都在晶胞里面更为常见。

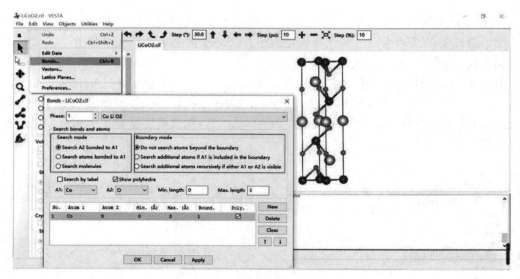

图 3-40　手动添加化学键

3. 结构调整

对晶体结构进行调整指对晶胞、原子和化学键的形式、显示、颜色和大小进行调整。

例 3-4　调整 $LiCoO_2$ 的晶体结构

解　(1) 调整晶胞。如图 3-41 所示，依次单击"Objects"→"Properties"→"General…"，在弹出的性质对话框中调整晶胞的线形(一般三维结构显示晶胞，低维结构不显示晶胞)，线的粗细、颜色，设置晶轴是否显示。

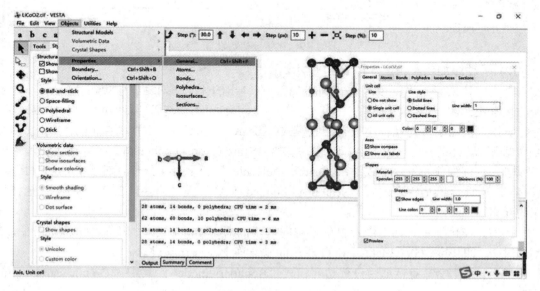

图 3-41　调整晶胞

(2) 调整原子。如图 3-42 所示，在性质对话框的"Atom"选项卡中调整原子的大小和半径。这里的原子半径并不反映真实的原子大小，只是一个模型。

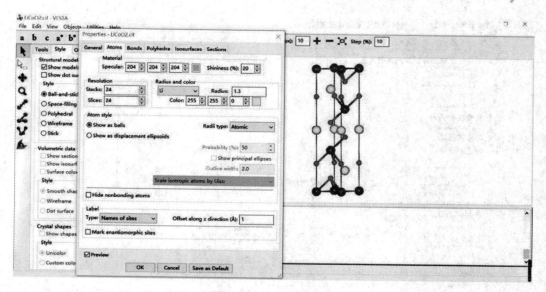

图 3-42　调整原子

（3）调整化学键。如图 3-43 所示，在性质对话框的"Bonds"选项卡中设置键的形式、颜色、粗细。

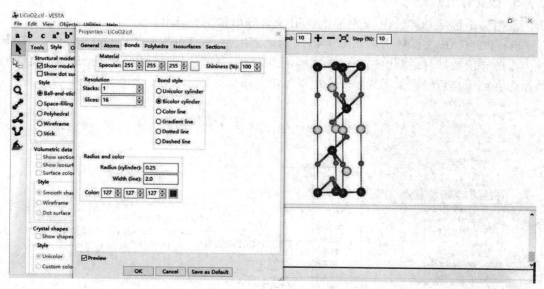

图 3-43　调整化学键

4. 结构测量和显示调整

结构测量包括测量两个原子间的键长、三个原子间的键角、四个原子构成的二面角。显示调整包括沿着 a、b、c 轴放置，沿着倒易基矢 a^*、b^*、c^* 放置，晶体绕着 x、y、z 轴旋转，晶体结构平移以及控制缩放。

图 3-44 展示了 VESTA 软件的结构测量和显示调整功能，在软件窗口的显示栏中可以看到测量结果。

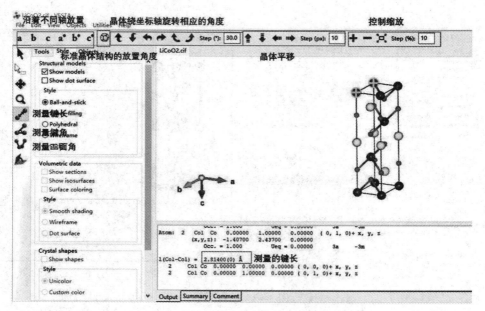

图 3-44　结构测量和显示调整功能

5. 数据导出

数据导出包括 POSCAR 文件导出、cif 文件导出和图片导出。

（1）POSCAR 文件导出。如图 3-45 所示，依次单击 "File" → "Export Date..."，接着在弹出的导出数据对话框中选择保存类型，这里保存类型选择 POSCAR。POSCAR 文件的数据内容可用直角坐标系形式呈现，也可以笛卡尔坐标形式呈现，如图 3-46 所示。

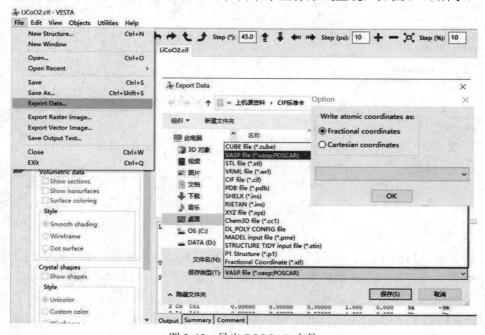

图 3-45　导出 POSCAR 文件

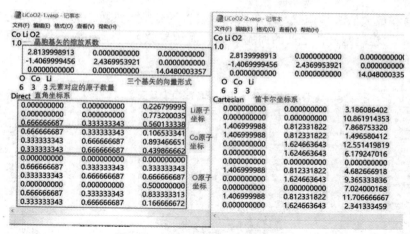

图 3-46 POSCAR 文件的数据内容

(2) cif 文件导出。与 POSCAR 文件的导出步骤相同，只在选择保存类型时，选择 cif 格式即可。

(3) 图片导出。在 File 菜单中选择 Export Raster Image 选项，然后在弹出的对话框中选择相应的图片存储格式即可。

6. 超胞构建与边界放大

1) 超胞构建

构建超胞的本质就是改变原胞的大小。如图 3-47 所示，依次单击 "Edit" → "Edit Data" → "Unit cell"，在弹出的单元对话框中单击 Transform，其中有一个旋转矩阵，如果仅仅是构建超胞，那么将 3 个主对角线上的数字放大即可。比如扩建一个 $2 \times 2 \times 1$ 的超胞，即将旋转矩阵对角线上的数字分别改为 2、2、1 即可。

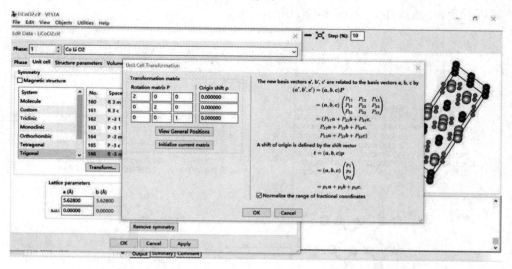

图 3-47 超胞构建

2) 边界放大

如图 3-48 所示，依次单击 "Style" → "Boundary..."，在弹出的边界对话框中对 x、y、

z 轴的最小值和最大值进行调整，这个值可以设置为分数、负数、整数等。和之前构建超胞的操作不同，构建超胞是使之前的原胞放大，而边界放大，原胞并未放大，只是在原胞外面增加一些原子。

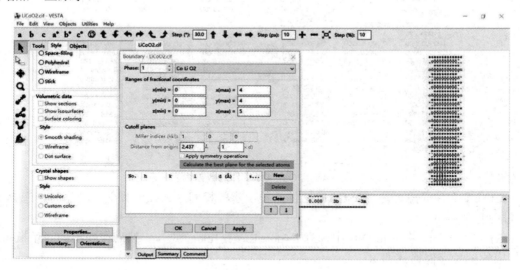

图 3-48　边界扩大

7. 缺陷构建

缺陷构建包括空位和间隙的构建。

例 3-5　分别在晶体 Si 中构建一个空位和间隙。

解　(1) 构建空位。修改晶体 Si 的 POSCAR 文件(见图 3-49(a))，将原子数减少一个，并相应减少一个原子坐标(见图 3-49(b))，然后在 VESTA 软件中打开更新后的 POSCAR 文件，即可看到相应的空位，如图 3-49(c)所示。

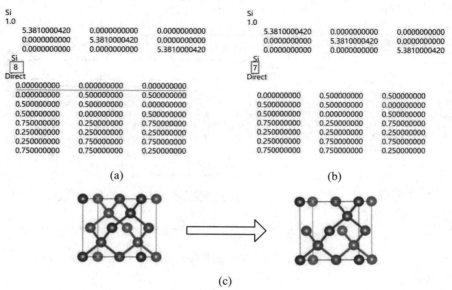

图 3-49　构建空位

(2) 构建间隙。修改晶体 Si 的 POSCAR 文件(见图 3-50(a)),将原子数增加一个,并相应增加一个原子坐标(见图 3-50(b)),然后在 VESTA 软件中打开更新后的 POSCAR 文件,即可看到相应的间隙,如图 3-50(c)所示。

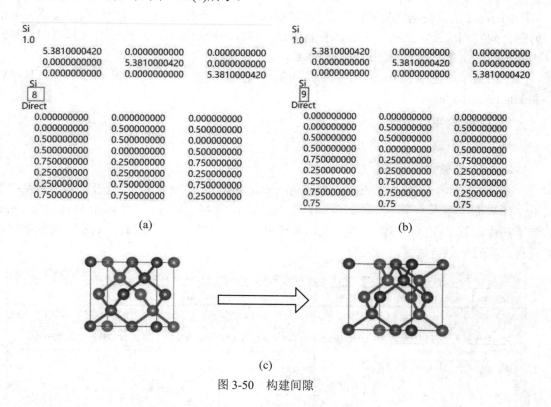

图 3-50　构建间隙

3.6　其他材料设计与结构分析软件

除了前面详述的 Jade 软件和 VESTA 软件之外,还有许多用于材料设计和结构分析的软件。本节主要概述基于 Rietveld 法的结构精修软件、Thermal-calc 相图计算软件、XPS 分析软件以及 Materials Studio 材料设计软件。

3.6.1　基于 Rietveld 法的结构精修软件

用单晶体衍射来测定晶体结构,首要的条件是要有一个尺寸为 0.3 mm 左右且结晶质量高的单晶体,该单晶体不能存在孪晶或其他严重缺陷。但在许多情况下要得到这样的一小粒单晶体并不容易,生物大分子本身不易结晶,一些简单化合物,如盐类、化合物、固相反应产物等也很难得到那么一小粒单晶体。近年来,一些具有特定性能的新材料,如纳米材料、复相催化剂、复合材料等,其特性只能在粉末状态或混合状态才能显现,不能全用大单晶结构数据来表征,因而人们希望用粉末衍射来测定晶体结构并研究晶体中的微结构。

Rietveld 法正是在这种情况下提出的,即一种由中子粉末衍射图阶梯扫描测得的峰形强度数据对晶体结构进行修正的方法。该方法克服了在结构修正中复杂衍射线内信息丢失的缺点,使采用粉末衍射来测定晶体结构成为可能。

Rietveld 法是在给定初始结构模型和参数的情况下,利用一定的峰形函数来计算多晶衍射谱,同时利用最小二乘法不断调整晶体结构参数和峰形参数,从而使得计算谱图与实验谱图相匹配,据此得到修正后的结构参数。

下面简单概述基于 Rietveld 法的结构精修软件,包括 Jade、CSAS、FullProf、TOPAS 和 High Score Plus。

1. Jade 软件

Jade 软件在 3.4.1 节已介绍,此处不再赘述。

2. GSAS 软件

GSAS 软件全称为 General Structure Analysis System,中文名字为"综合结构分析系统",其工作界面如图 3-51 所示。它不仅可以在 Windows 系统中运行,还能够在 Mac 以及 Linux 等系统中运行。GSAS 不仅可以用来单独精修常规 X 射线、中子衍射、同步辐射的数据,还可以将它们联合起来进行精修。

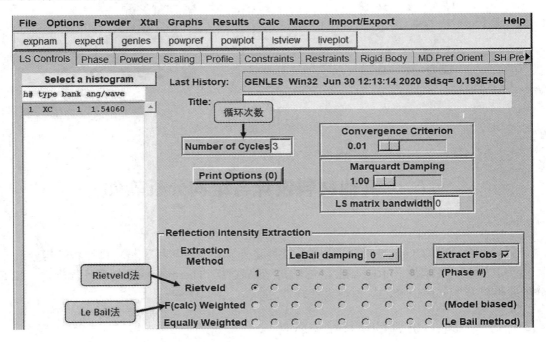

图 3-51　GSAS 软件工作界面

3. FullProf 软件

FullProf 是由 WinPLOTR、EdPCR、Gfourier 等程序组成的一组晶体学软件,适用于 Windows、Linux 和 Mac OS 系统,主要用于 X 射线粉末衍射精修,其工作界面如图 3-52 所示。

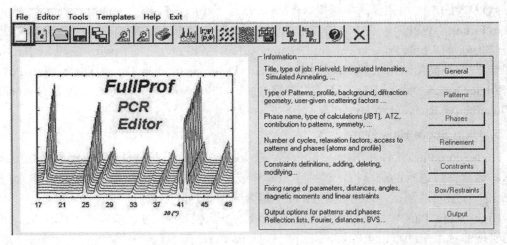

图 3-52　FullProf 软件工作界面

4. TOPAS 软件

全谱分析软件 Total Pattern Solution (TOPAS) 是德国 Bruker 公司发布的用于对 X 射线衍射谱线和对样品晶体结构进行高级分析的商业软件，其工作界面如图 3-53 所示。不同于一般的 Search/Match 软件，如 EVA、Jade、 X'pert HighScore、Search Match 等，TOPAS 的主要目的是运用长期以来关于 X 射线粉末衍射的主要分析方法和研究成果，通过调整实验条件参数、样品参数、X 射线源参数、仪器参数等，采用非线性最小二乘法，将各个参数卷积计算出的 X 射线谱线跟实验测得的谱线进行拟合，将拟合收敛后的各参数作为该实验条件下的实际参数。

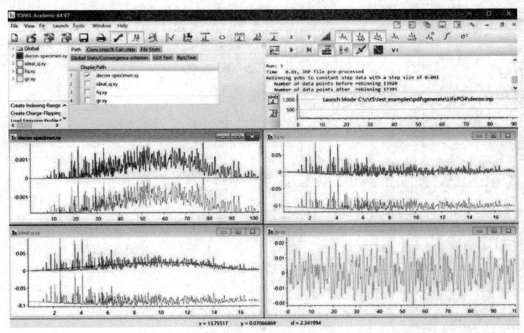

图 3-53　TOPAS 软件工作界面

TOPAS 的主要功能包括单峰拟合(Single Line Fitting，SLF)、全谱拟合(Whole Powder Pattern Fitting，WPPF)、晶体结构指标化(Indexing，迭代最小二乘法 LSI、LP-Search 法)、全谱结构分解(Whole Powder Pattern Decomposition，WPPD，包括 Pawley 法和 Le Bail 法)、未知粉末/单晶晶体结构求解(Ab-Initio Structure Determination in Direct Space from Powder and Single Crystal Data)、Rietveld 结构精修(Rietveld Structure Refinement)、定量 Rietveld 分析(Quantitative Rietveld Analysis)等。

5. High Score Plus 软件

High Score Plus 软件和 Jade 软件一样，是 XRD 的一个分析软件，其工作界面如图 3-54 所示。该软件可进行晶胞精修，包括零点偏移或样品位移，也可在全谱(Le Bail 拟合)或索引峰上执行空间群测试，还可使用 Pawley 拟合来精修点阵参数。

High Score Plus 软件支持点阵和结构转换以及晶胞减少。加载此类结构数据时，可以自动实现非标准空间群设置的标准化。对称性 Explorer 工具包含所有 230 个标准空间群的晶体对称性、点群和劳埃群、反射条件以及特殊位置。其他数据包括 ICSD 结构数据库中使用的约 150 个非标准空间群。使用 3D 结构绘图功能，可以选择原子的颜色、多面体视图，以及移动、转动、滚动和缩放结构以获得最佳视图。

High Score Plus 软件在基于 Rietveld 法的精修方面有许多优势：其自动策略和批处理功能支持新手用户执行定量物相分析，包括测定非晶体成分；其精修控件可使用户全面了解涉及的参数、限制条件和约束条件；其范围检查和自动或手动约束确保了精修的稳定性和重现性；High Score Plus 软件支持福格特轮廓函数，可精确确定晶粒尺寸和微应变；High Score Plus 软件可使用 Le Bail 拟合，支持未知结构的物相拟合。

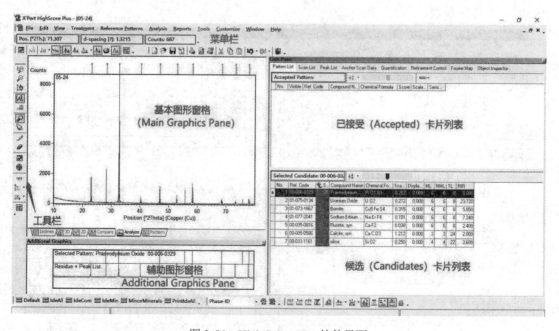

图 3-54   High Score Plus 软件界面

3.6.2　Thermo-calc 相图计算软件

Thermo-calc 相图计算软件由瑞典皇家工学院材料科学与工程系为主开发，包括了欧共体热化学科学组(SGTE)共同研制的物质和溶液数据库、热力学计算系统及热力学评估系统。Thermo-calc 软件有 Windows 版(TCW)和 DOS 版(TCC)两种版本，均包含有 SGTE 纯物质数据库、SGTE 溶液数据库、FEBASE 铁基合金数据库等多个数据库，还包括了 600 多个子程序模块。Thermo-calc 是由瑞典皇家工学院为进行热力学和动力学计算而专门开发的热力学相图计算软件，是各种热力学和相图计算的通用和柔性的软件包，建立在强大的 Gibbs 能最小化基础之上。Thermo-calc 软件可使用多种热力学数据库，特别是欧洲热力学数据科学组织(Scientific Group Thermodata Europe, SGTE)开发的数据库。

该软件经过几十年的完善发展，现已成为功能强大、结构较为完整的计算软件，是目前在世界上享有相当声誉且具有一定权威的计算软件。Thermo-calc 可进行热力学模拟计算，包括相图计算(二元、三元相图，等温相图，等压相图等，最多可达五个自由变量)；纯物质、化合物、液相和化学反应的热力学计算；Gibbs 自由能计算；平衡、绝热温度的计算；平衡相图、非平衡相图、超平衡相图的计算；燃烧、重熔、烧结、燃烧、腐蚀生成物的计算；稳态反应热力学计算；集团变分法模拟计算；气象沉积计算；薄膜、表面氧化层形成计算；Scheil-Gulliver 凝固过程模拟计算；卡诺循环的模拟；数据库的建立和完善等。该软件可以处理多组元系统，且通过热力学计算可查看多元合金体系中某一合金元素含量的变化对相图中不同相稳定性的影响等。

例 3-6　采用 Thermo-calc 软件计算 Fe-8％Cr-C 三元系垂直截面图。

解　(1) 选择数据库和元素。如图 3-55 所示，在 TCW MATERIAL 窗口中选择计算用的数据库 TER98，并选择 Cr、Fe 和 C 元素。

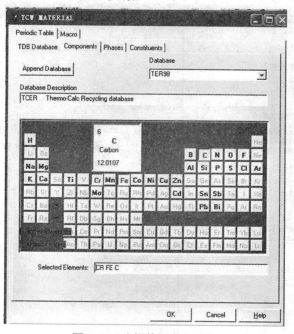

图 3-55　选择数据库和元素

(2) 确定温度和成分条件。如图 3-56 所示，温度 $T = 1673$ K，压强 $p = 100\,000$ Pa，选择 1 个摩尔，碳的质量分数 $W_C = 0.1\%$，铬的质量分数 $W_{Cr} = 8\%$，而后单击"Apply"。

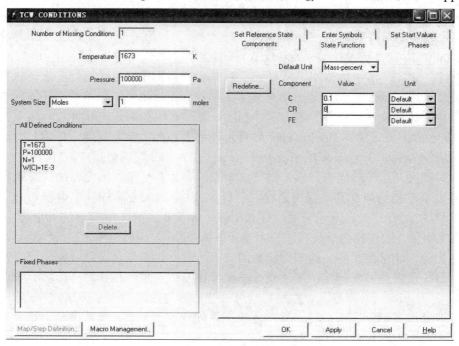

图 3-56　确定温度和成分条件

(3) 生成计算结果。从计算结果窗口(见图 3-57)中可以看到由铁素体(BCC-A2#1)和奥氏体(FCC-A1#1)组成的摩尔分数和各相成分以及相关的热力学数据。

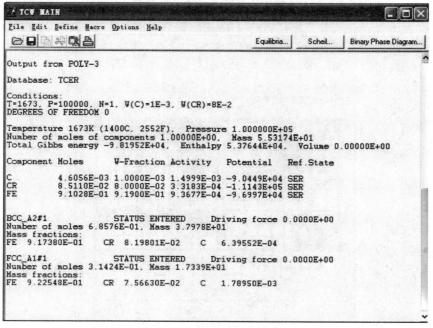

图 3-57　生成计算结果

(4) 定义所绘制相图的参数。依次单击"System"→"Map"→"Step"，弹出 TCW MAP/SETP DEFINITION 窗口，如图 3-58 所示。在该窗口中定义轴 1 为 x 轴，表示碳的质量分数 W_C(单位为%)，范围为 0～1；轴 2 为 y 轴，表示温度(单位为 K)，范围为 200～2500 K。

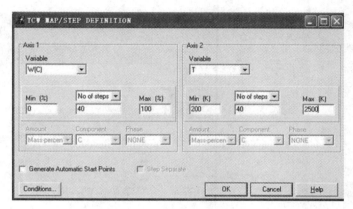

图 3-58　定义所绘制相图的参数

　　(5) 绘制相图。为了更清楚地了解相图中某个局部相图，可进行重定义选择。如欲得到碳的质量分数在 0～3%、温度在 500～1600 K 范围的相图，可单击"Redefine…"按钮，如图 3-59 所示，选 x 轴范围为 0～3，y 轴范围为 500～1600 K，并重新画相图。

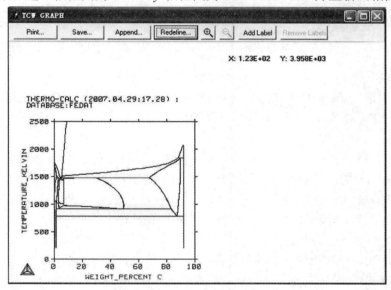

图 3-59　绘制相图

3.6.3　XPS 分析软件

　　X 射线光电子能谱仪(XPS)是进行物质表面分析最常用的设备，XPS 数据分析和处理是广大科技工作者难以攻克的难题。XPS 的数据处理软件有很多，比如 Avantage、XPS Peak Fit、Casa XPS 等。

1. Avantage 软件

Avantage 软件为美国 Thermo Fisher Scientific 公司自主研发的一款专门处理 XPS 数据的软件，其操作界面如图 3-60 所示。该软件具有全谱识别、谱峰比对&干扰识别、分峰拟合和数据导出等功能，还具有一个内置 Knowledge 数据库。

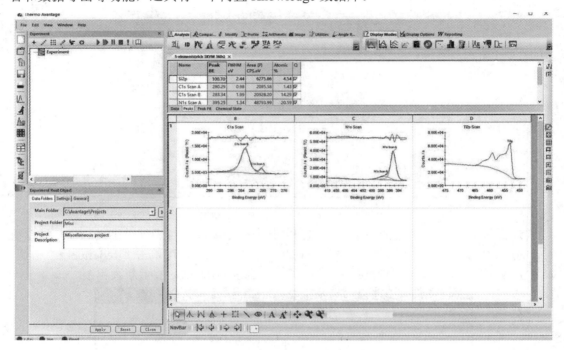

图 3-60　Avantage 软件操作界面

(1) 全谱识别(Survey ID)功能：快速自动定性分析样品表面含有哪些元素，辅助评估样品表面情况。XPS 测试时，通常会采集样品的全谱图，单击 Survey ID 功能图标，即可一键完成全谱定性分析，操作简便。

(2) 谱峰比对&干扰识别(Manual ID)功能：快速比对出元素各种类型峰(主/次光电子峰、俄歇峰)以及快速识别出谱峰干扰。使用软件中 Survey ID 功能对样品进行定性识别时，软件默认标注的都是元素主峰(当然，也可以在系统参数中进行设置，使其他的峰也标注出来)。如果想进一步了解谱图中一些未标注或者异常峰是什么类型的峰，可用 Manual ID 功能快速进行比对，通过比对可以清晰判断谱图不同结合能对应谱峰的类型。

Manual ID 功能还可以辅助快速判断谱峰干扰，这个在数据分析时尤为重要。当样品表面含多种元素，由于样品成分复杂，测试的 XPS 数据经常会存在谱峰干扰。如果不能识别出这些干扰，就会影响对 XPS 数据分析的准确性，甚至会对样品分析造成困扰。软件将各元素 XPS 测试产生的各类型谱峰都集成到了 Manual ID 功能中。在判断干扰时，不需要记住各种干扰，点击图标即可辅助进行快速判断。

(3) 分峰拟合(Peak Fitting)功能：快速将元素不同化学态分开。XPS 测试可以得到样品表面元素化学态及含量信息。为分析元素化学态及含量信息，不可避免地要对 XPS 数据进行分峰拟合处理。对 XPS 数据进行分峰拟合时，如果不遵循分峰拟合的逻辑和原则，就会增大数据分析时的主观性和随意性，影响分析的准确性。

Avantage 软件作为一款专业的 XPS 数据分析软件,将分峰拟合的内核逻辑和原则都集成到了分峰拟合功能里面。使用时,不用考虑拟合参数该如何设置,点击 Peak Fitting 图标即可快速完成对 XPS 数据的分峰拟合,操作简单方便。

　　(4) 数据导出:将数据分析结果导出。为了满足数据导出的不同需求,Avantage 软件能将 XPS 数据以 Excel 表格、Word 文档、图片等不同方式进行导出。

　　此外,Avantage 软件中内置了一个 XPS 数据分析参考数据库(XPS Knowledge)。该数据库中集成了大部分元素的 XPS 数据,信息丰富,随用随点,可帮助人们了解不同元素的 XPS 信息,进而完成数据分析。

2. XPS Peak Fit 软件

　　XPS Peak Fit 官方版是一款非常优秀的化学处理软件,其工作界面如图 3-61 所示。XPS Peak Fit 官方版界面简洁,功能实用,能够分析物质表面的化学组分及状态分析,分析表面光电子能谱,自动生成参数,使用起来简单方便。

　　图 3-61 所示为 XPS Peak Fit 软件界面。XPS Peak Fit 软件可以实现打开数据、设置基线、添加峰、导出数据等操作,也可查看各个峰的具体参数,还可保存或打开 xps 格式的数据,单击"Optimise All"可以实现拟合功能。

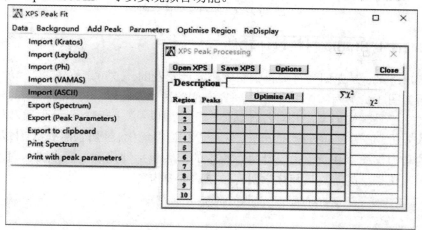

图 3-61　XPS Peak Fit 软件界面

XPS Peak Fit 软件的主要功能包括:

(1) 转换为峰值拟合程序;

(2) 组合 2p3/2 和 2p1/2 两个峰,同时拟合不同的 XPS 区域;

(3) 参数加载;

(4) 添加并设置峰值;

(5) 通过光谱的方式显示峰值拟合的数据;

(6) 对拟合完毕的光谱图像进行打印;

(7) 提供多种数据处理方式;

(8) 提供新的添加牛顿的优化方法。

3. Casa XPS 软件

Casa XPS 软件界面如图 3-62 所示,其功能与 Avantage、XPS Peak Fit 软件相似。

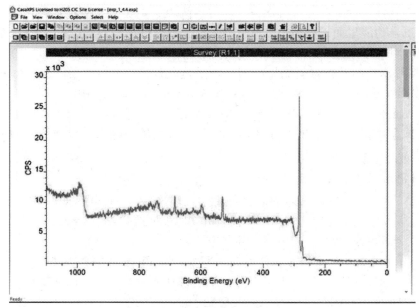

图 3-62   Casa XPS 软件界面

3.6.4   Materials Studio 材料设计软件

Materials Studio 是专门为材料科学领域研究者开发的一款可运行在 PC 上的模拟软件，其操作界面如图 3-63 所示。它可以帮助研究者们解决当今化学、材料工业中的一系列重要问题，如建立三维结构模型，并对各种晶体、无定型以及高分子材料的性质及相关生长过程进行深入分析。运用 Materials Studio 软件可进行构型优化、性质预测和 X 射线衍射分析，以及复杂的动力学模拟和量子力学计算，模拟的内容包括催化剂、聚合物、固体及表面、晶体与衍射、化学反应等材料和化学研究领域的主要内容。

图 3-63   Materials Studio 操作界面

Materials Studio 中的模块简介如下：

(1) Materials Visualizer 是 Materials Studio 产品系列的核心模块，提供了搭建分子、晶体及高分子材料结构模型所需要的所有工具，可以操作、观察及分析结构模型，处理图表、表格或文本等形式的数据，提供了软件的基本环境和分析工具且支持 Materials Studio 的其他产品。

(2) Discover 是 Materials Studio 的分子力学计算引擎，运用多种分子力学和动力学方法，以推导的力场作为基础，可准确计算最低能量构型、分子体系的结构和动力学轨迹等。

(3) COMPASS 支持对凝聚态材料进行力场的原子水平模拟，可以在很大的温度、压力范围内精确地预测孤立体系或凝聚态体系中各种分子的结构、构象、振动以及热物理性质。

(4) Amorphous Cell 允许对复杂的无定型系统建立有代表性的模型，并对其性质进行预测，可以计算内聚能密度(CED)、状态方程行为、链堆砌以及局部链运动等。

(5) Reflex 可以模拟晶体材料的 X 射线、中子以及电子等多种粉末衍射图谱，以帮助人们确定晶体的结构，解析衍射数据并用于验证计算和实验结果。

(6) Reflex Plus 是对 Reflex 的完善和补充，在 Reflex 标准功能基础上加入了已被广泛验证的 Powder Solve 技术，可提供一套从高质量的粉末衍射数据确定晶体结构的完整工具。

(7) Equilibria 可计算烃类化合物单组分体系或多组分混合物的相图，可同时得到溶解度作为温度、压力和浓度的函数，还可计算单组分体系的 virial 系数，适用于石油及天然气加工、石油炼制、气体处理、聚烯烃反应器、橡胶等领域。

(8) DMol3 是独特的密度泛函(DFT)量子力学程序，是唯一可以模拟气相、溶液、表面及固体等反应过程及其性质的商业化量子力学程序，应用于化学、材料、化工、固体物理等许多领域，可用于研究均相催化、多相催化、分子反应、分子结构等，也可预测溶解度、蒸气压、配分函数、溶解热、混合热等性质。

(9) CASTEP 是先进的量子力学程序，广泛应用于陶瓷、半导体、金属等多种材料，可研究晶体材料的性质、表面和表面重构的性质、表面化学、电子结构、晶体的光学性质、点缺陷性质、扩展缺陷、体系的三维电荷密度及波函数等。

第 4 章

信息技术在材料科学数学建模 与模拟计算中的应用

现代科学技术发展的一个重要特征是各门科学技术与数学的结合越来越紧密。数学的应用使科学技术日益精确化、定量化，科学的数学化已经成为当代科学发展的一个重要趋势。数学建模是一种具有创新性的科学方法，信息技术的发展为数学模型的建立和求解提供了新的舞台，极大地推动了数学向其他科学技术的渗透。材料科学作为 21 世纪重要的应用科学之一同样离不开数学，通过建立适当的数学模型对实际问题进行模拟计算，已逐渐产生一门新的边缘学科——计算材料学，使得材料研究真正脱离了传统的试错法(Trial or Error)研究，提高了研究和生产的效率，同时降低了成本。本章讲解数学模型的基本知识及材料科学中的数学建模方法与实例，主要讲述数学模型的两种数值分析方法——有限差分法和有限元法，演示材料科学中常用的 ANSYS 软件和 MATLAB 软件的模拟计算实例，并介绍材料成型过程中的三种模拟计算软件。

4.1 数学模型的建立

材料科学中的实际问题均可以抽象成数学模型，求解数学模型实际上就是模拟仿真的过程。欲采用软件进行模拟计算，需要先了解数学模型的建立。本节主要讲述数学模型的定义、分类及其涉及的一些概念和建立方法。

4.1.1 数学模型的定义

数学模型即反映某一类现象客观规律的数学公式，可以描述为：对于某一真实过程，为了一个特定目的，根据特有的内在规律，做出一些必要的简化假设，运用适当的数学工具得到的一个数学结构。运用数学模型再现一个系统、过程或一部分现象，以研究其原理、规律性及控制方法的过程称为数学模拟。

数学模型源于实践，却不是原型的简单复制，而是一种更高层次的抽象。它能够解释特定事物的各种显示形态，或者预测其将来的形态，或者能为控制某一事物的发展提供最优化策略，它的最终目标是解决实际问题。

数学模型的作用及优越性如下：

(1) 有助于人们深刻了解过程的性质和过程变量间的相互关系；

(2) 探索改变工艺操作参数的效果，为工艺优化提供手段；

(3) 探讨设备参数对生产的影响，为改进设备提供依据；

(4) 实现生产过程判断和过程自动控制。

4.1.2　数学模型的分类

数学模型的分类方法有很多种，下面介绍两种分类方法。

1. 按照模型的经验成分分类

(1) 机理模型。机理模型是依据基本定律推导得到的模型，它含有最少的臆测或经验处理成分。例如，热传导问题、电磁场计算、层流过程等，这类模型多以偏微分方程形式出现，与相应边界条件一起用数值法求解。由于机理模型要求严格的理论根据，因而其应用范围受到限制。

(2) 半经验模型。半经验模型是主要依据物理定律建立的模型。在这种模型中，由于缺少某些数据或模拟过程过于复杂而难于求解，需要提出一些经验假设。实际应用的大量数学模型均属于这一类。

(3) 经验模型。经验模型是以对某一具体系统的考察结果而不是以基本理论为基础的。这种模型虽然不能反映过程内部的本质与特征，但作为一种变通的研究手段，对过程的自动控制往往有效。

2. 按照模型的表现特性分类

(1) 确定性模型和随机模型。它们的区别取决于是否考虑随机因素的影响。

(2) 静态模型和动态模型。它们的区别取决于是否考虑时间因素引起的变化。

(3) 线性模型和非线性模型。它们的区别取决于模型的基本关系，如微分方程是否线性。

(4) 离散模型和连续模型。它们的区别取决于模型中的变量是离散还是连续。

虽然从本质上讲大多数问题是随机的、动态的、非线性的，但是由于确定的、静态的、线性的模拟容易处理，并且往往可以作为初步的近似来解决问题，所以建立数学模型时常先考虑确定性、静态、线性模型。连续模型便于引用微积分方法求解析解以进行理论分析，离散模型便于在计算机上进行数值计算。

4.1.3　其他概念

1. 控制方程

描述任何物理现象时必须要有与未知物理量相同数量的独立方程式，才能唯一地决定所描述的过程，这些方程式就是所谓的控制方程式。

2. 边界条件和初始条件

要求得微分方程的特解，除必须具备控制方程外，还应有一定数量的边界条件和初始条件方程。边界条件的数目由方程中变量的导数阶次和个数共同决定，每个 n 阶导数都需要 n 个边界条件。

3. 控制体与坐标系

控制体是指在建立衡算方程时所取体系内的衡算单元(对象)。控制体的取法和大小应视具体过程或体系的特点和规模而定。当取整个体系的外形作为控制体时,得到的是宏观的总衡算方程,它无法分析内部变量的分布情况,只能分析体系整体的宏观衡算。当取保持体系特点的微元作为控制体时,将得到常微分或偏微分衡算方程,它可以描述体系内部的变量分布。因此,取微元体作为控制体更为常见。

4.1.4　常用的数学模型建立方法及实例

1. 理论分析法

理论分析法是指应用自然科学中的定理和定律,对被研究系统的有关因素进行分析、演绎、归纳,从而建立系统的数学模型。理论分析法是人们在一切科学研究中广泛使用的方法。在工艺比较成熟、对机理比较了解时,可采用此法。

例 4-1　渗碳处理可以使渗碳介质中分解出的活性炭原子渗入钢件表层,从而获得表层高碳,而心部仍保持原有成分;再经过淬火和低温回火,可使工件的表面层具有高硬度和耐磨性,而工件的中心部分仍然保持低碳钢的韧性和塑性。在渗碳工艺过程中,通过平衡理论可得出控制参量与炉气碳势之间的理论关系式,模型假设钢在炉气中发生如下反应:

$$C_{Fe} + CO_2 \longrightarrow 2CO \tag{4-1}$$

式中,C_{Fe} 为钢中的碳。

可求出平衡常数 K_2 为

$$K_2 = \frac{p^2(CO)}{p(CO_2)a_C} \tag{4-2}$$

式中,a_C 为碳在奥氏体中的活度,$a_C = \omega_C / \omega_{C(A)}$,$\omega_{C(A)}$ 为奥氏体中的饱和碳含量,ω_C 为奥氏体中的实际碳含量;$p(CO)$ 和 $p(CO_2)$ 分别为平衡时 CO 和 CO_2 的分压。

$$\lg \omega_C = \lg \frac{p^2(CO)}{p(CO_2)} - \lg K_2 \tag{4-3}$$

将 $\omega_{C(A)}$ 和平衡常数(K_2)的计算式代入式(4-3),可求得碳势与炉气 CO、CO_2 含量及温度之间的关系式。在理论分析的基础上,根据实验数据进行修正,可得出实用的碳势控制数学模型。

下面介绍单参数碳势控制数学模型的建立:甲醇加煤油气氛渗碳中,炉气碳势与 CO_2 含量的关系,实际数据见表 4-1。

表 4-1　甲醇加煤油气氛渗碳(930℃)

序号	$\phi(CO_2)/\%$	炉气碳势/%	序号	$\phi(CO_2)/\%$	炉气碳势/%
1	0.81	0.63	4	0.38	0.85
2	0.62	0.72	5	0.31	0.95
3	0.51	0.78	6	0.21	1.11

由前面炉气的化学反应得知:

$$K_2 = \frac{p^2(CO)}{p(CO_2)a_C} = p\frac{\phi^2(CO)}{\phi(CO_2)a_C} \tag{4-4}$$

式中，p 为总压，设 $p = 1$ atm(1 atm $= 101.325$ kPa)；$p(CO)$ 和 $p(CO_2)$ 分别为 CO、CO_2 气体的分压；$\phi(CO)$、$\phi(CO_2)$ 分别为 CO、CO_2 气体的体积分数。

$$a_C = \frac{1}{K_2} \times \frac{\phi^2(CO)}{\phi(CO_2)} \tag{4-5}$$

又

$$a_C = \frac{C_C}{C_{C(A)}} \tag{4-6}$$

式中，C_C 表示平衡碳浓度，即炉气碳势；$C_{C(A)}$ 表示加热温度 T 时奥氏体中的饱和碳浓度。

同样，可得

$$C_C = \frac{C_{C(A)}\phi^2(CO)}{K_2\phi(CO_2)} \tag{4-7}$$

在温度一定时，$C_{C(A)}$ 和 K_2 均为常数。若不考虑 CO 及其他因素的影响，将 $\phi(CO)$ 等视为常数，则可得出

$$C_C = A\frac{1}{\phi(CO_2)} \tag{4-8}$$

式中，A 为常数。

对式(4-8)取对数，得

$$\lg C_C = \lg A - b\lg\phi(CO_2) \tag{4-9}$$

设 $\lg C_C = y$，$\lg A = a$，$\lg\phi(CO_2) = x$，系数为 b，可得

$$y = a - bx \tag{4-10}$$

利用表 4-1 中的实验数据进行回归，求出回归方程为 $y = 0.02278 - 0.3874x$，即

$$C_C = \frac{0.5918}{0.3874\phi(CO_2)} \tag{4-11}$$

式(4-11)即为碳势控制的单参数数学模型。

2. 数值模拟法

已知模型的结构及性质，但其变量描述及求解过程都相当麻烦，这时另一种系统的结构和性质与前者相同，而且构造出的模型也类似，就可以把后一种模型看成是原来模型的模拟，对后一种模型通过分析或试验来求得其结果。

例如，研究钢铁材料中裂纹尖端在外载荷作用下的应力、应变分布时，虽可以通过弹塑性力学及断裂力学知识进行分析计算，但求解过程非常麻烦。此时可以借助光测试验力学来完成分析。首先，根据一定比例，采用模具将环氧树脂制成具有同样结构的模型，并根据钢铁材料中的裂纹形式在环氧树脂模型中加工出裂纹。随后，将环氧树脂模型放入恒温箱内，在冻结应力的温度下对环氧树脂模型进行加载，并在载荷不变的条件下将其缓缓

冷却至室温卸载。接下来，将已冻结应力的环氧树脂模型放在平面偏振光场或圆偏振光场下观察，环氧树脂模型中出现一定分布的条纹，这些条纹反映了模型在受载时的应力、应变情况。然后，用照相法将条纹记录下来并确定条纹级数，再根据条纹级数计算应力。最后，根据相似原理、材料等因素确定一定的比例系数，将计算出的应力换算成钢铁材料中的应力，从而获得裂纹尖端的应力、应变分布。

以上是用试验模型来模拟理论模型，也可用相对简单的理论模型来模拟、分析较复杂的理论模型，还可用可求解的理论模型来分析尚不可求解的理论模型。

例 4-2　经试验获得低碳钢的屈服点 σ_s 与晶粒直径 d 的对应关系，如表 4-2 所示，用最小二乘法建立起 d 与 σ_s 之间关系的数学模型(霍尔-佩奇公式)。

表 4-2　低碳钢屈服点与晶粒直径的对应关系

$d/\mu m$	400	50	10	5	2
σ_s/kPa	86	121	180	242 ·	345

解　以 $d^{-1/2}$ 作为 X 轴，σ_s 作为 Y 轴，取 $Y = a + bX$，为一直线。设试验数据点为 (X_1, Y_1)，一般来说，直线并不通过其中任一试验数据点，因为每个点均有偶然误差 e_i，即

$$e_i = a + bX_i - Y_i \tag{4-12}$$

所有试验数据点的误差平方和为

$$\sum_{i=1}^{5}(e_i^2) = (a+bX_1-Y_1)^2 + (a+bX_2-Y_2)^2 + (a+bX_3-Y_3)^2 + (a+bX_4-Y_4)^2 + (a+bX_5-Y_5)^2 \tag{4-13}$$

按照最小二乘法原理，误差平方和最小的直线为最佳直线，求 $\sum_{i=1}^{5} e_i^2$ 最小值的条件是

$$\frac{\partial \sum_{i=1}^{5} e_i^2}{\partial a} = 0 \quad 及 \quad \frac{\partial \sum_{i=1}^{5} e_i^2}{\partial b} = 0 \tag{4-14}$$

得出

$$\begin{cases} \sum_{i=1}^{5} Y_i = \sum_{i=1}^{5} a + b\sum_{i=1}^{5} X_i \\ \sum_{i=1}^{5} X_i Y_i = a\sum_{i=1}^{5} X_i + b\sum_{i=1}^{5} X_i^2 \end{cases} \tag{4-15}$$

将计算结果代入式(4-15)，联立解得

$$\begin{cases} a = \dfrac{1}{5}\left(\sum_{i=1}^{5} Y_i - b\sum_{i=1}^{5} X_i\right) = \dfrac{1}{5}(974 - 393.69 \times 1.66) = 64.09 \\ b = \dfrac{\sum_{i=1}^{5} X_i Y_i - \dfrac{1}{5} a\sum_{i=1}^{5} X_i \sum_{i=1}^{5} Y_i}{\sum_{i=1}^{5} X_i^2 - \dfrac{1}{5}\left(\sum_{i=1}^{5} X_i\right)^2} = \dfrac{430.209 - \dfrac{1}{5} \times 1.66 \times 974}{0.8225 - \dfrac{1}{5} \times 1.66^2} = 393.69 \end{cases} \tag{4-16}$$

取 $a = \sigma_0$，$b = K$，得到公式：

$$\sigma = \sigma_0 = Kd^{\frac{1}{2}} = 64.09 + 393.69d^{\frac{1}{2}} \tag{4-17}$$

这是典型的霍尔-佩奇公式。

3. 类比分析法

如果两个系统可以用同一形式的数学模型来描述，则这两个系统就可以互相类比。类比分析法是根据两个(或两类)系统某些属性或关系的相似性，去猜想两者的其他属性或关系也可能相似的一种方法。

例如，在聚合物的结晶过程中，结晶度随时间的延续不断增加，最后趋于该结晶条件下的极限结晶度，现期望在理论上描述这一动力学过程(即推导 Avrami 方程)。聚合物的结晶过程包括成核和晶体生长两个阶段，这和下雨时雨滴落在水面上生成一个个圆形水波并向外扩展的情形相类似，因此可以通过水波扩散模型来推导聚合物结晶时结晶度与时间的关系。

4. 数据分析法

当系统的结构性质不太清楚，无法从理论分析中得到系统规律，也不便于采用类比分析法，但有若干能表征系统规律、描述系统状态的数据可以利用时，便可通过这些数据建立系统模型。数据分析法是处理这类问题的有力工具。

4.2　数学模型的求解方法

对于大多数材料科学中的工程技术问题，因为物体的几何形状比较复杂或某些特征是非线性的，解析解无法求出，所以常采用数值法求解，这就要求在求解过程中采用高性能的计算机(硬件条件)和恰当的数值解法。本节主要介绍数值求解的过程以及两种典型的数值求解方法。

4.2.1　数值求解过程

数值求解过程通常由前处理、数值计算和后处理三部分组成，如图 4-1 所示。

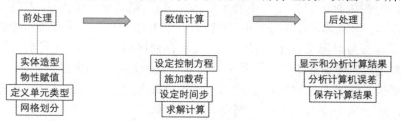

图 4-1　数值求解过程

1. 前处理

(1) 实体造型：将研究问题的几何形状输入计算机中。

(2) 物性赋值：将研究问题中涉及的各项物理参数(力学参数、热力学参数、流动参数、电磁参数等)输入计算机中。

(3) 定义单元类型：根据研究问题的特性将其定义为实体、梁、壳、板等单元类型。

(4) 网格划分：将连续的实体进行离散化，形成结点和单元。

2. 数值计算

(1) 设定控制方程：选择合理的模块，即确定求解方程。

(2) 施加载荷：定义边界条件、初始条件。

(3) 设定时间步长：对于瞬态问题要设定时间步长。

(4) 求解计算：软件按照选定的数值计算方法进行求解。

3. 后处理

(1) 显示和分析计算结果：图形显示体系的应力场、温度场、速度场、位移场、应变场等，列表显示结点和单元的相关数据。

(2) 分析计算机误差：分析收敛结果。

(3) 保存计算结果：直接以图片形式保存最终计算结果，或者保存整个运算过程。

4.2.2 有限差分法

有限差分法(Finite Differential Method，FDM)是数值求解微分问题的一种重要工具，是基于差分原理的一种数值计算法。其实质是以有限差分代替无限微分、以差分代数方程代替微分方程、以数值计算代替数学推导的过程，从而将连续函数离散化，以有限的、离散的数值代替连续的函数分布。

很早就有人在此方面做了一些基础性的工作，到了 1910 年，L.E.Richardson 在一篇论文中论述了 Laplace 方程、重调和方程等的迭代解法，为偏微分方程的数值分析奠定了基础。但是在电子计算机问世前，研究重点在于确定有限差分解的存在性和收敛性。这些工作成为后来实际应用有限差分法的指南。20 世纪 40 年代后半期随着电子计算机的出现，有限差分法得到了迅速的发展，在很多领域(如传热分析、流动分析、扩散分析等)都取得了显著的成就，对国民经济及人类生活产生了重要影响，积极地推动了社会的进步。

有限差分法在材料成形领域的应用较为普遍，与有限元法一起成为材料成形计算机模拟技术的主要两种数值分析方法。目前材料加工中的传热分析(如铸造成形过程的传热凝固、塑性成形中的传热、焊接成形中的热量传递等)、流动分析(如铸件充型过程，焊接熔池的产生、移动，激光熔覆中的动量传递等)都可以用有限差分法进行模拟分析。特别在流动场分析方面，与有限元法相比，有限差分法具有独特的优势，因此目前流体力学数值分析绝大多数采用的都是有限差分法。另外，一向被认为是有限差分法的弱项——应力分析，目前也取得了长足进步。在材料加工领域一些基于有限差分法的应力分析软件纷纷推出，使得流动、传热、应力均可采用有限差分法进行计算。

有限差分法解题的基本步骤如下：

(1) 建立微分方程。根据问题的性质选择计算区域，建立微分方程式，写出初始条件和边界条件。

(2) 构建差分格式。首先对求解区域进行离散化，确定计算结点，选择网格布局、差分形式和步长；然后以有限差分代替无限微分，以差商代替微商，以差分方程代替微分方程及边界条件。

(3) 求解差分方程。差分方程通常是一组方程数目较多的线性代数方程组，其求解方法主要有两种：精确法和近似法。其中精确法又称直接法，主要包括矩阵法、Gauss 消元法及主元素消元法等；近似法又称间接法，以迭代法为主，主要包括直接迭代法、间接迭代法以及超松弛迭代法。

(4) 精度分析和检验。对所得到的数值解进行精度与收敛性的分析和检验。

例 4-3　设有一炉墙，厚度为 δ，炉墙的内壁温度 $T_0 = 900℃$，外壁温度 $T_m = 100℃$，求炉墙沿厚度方向上的温度分布。

这是一个一维稳态热传导问题，其边界条件为 $T_0 = 900℃$、$T_m = 100℃$，可以用有限差分法求得沿炉墙厚度方向上的若干个结点的温度值。

解　(1) 建立微分方程。根据热力学知识，可列出常物性、一维、稳态热传导的微分方程为

$$\frac{d^2T}{dx^2} = 0 \tag{4-18}$$

(2) 构建差分格式。首先确定计算区域并将其离散化。对于稳态热传导问题，只需将空间离散化。如图 4-2 所示，把需求解的空间区域 $0 \sim \delta$ 以某一定间距划分为 m 等份，这些等分线称为网格线。以每一网格线为中心，取宽度为 Δx 组成一系列的子区间，称为单元体（图中阴影部分）。单元体的中心点称为结点，结点依次标记为 0，1，$\cdots$，m。在计算过程中，将结点的温度作为单元体的平均温度，如将结点 i 的温度作为单元体 i 的平均温度，记为 T_i；边界结点的温度则为半个单元体的平均温度，记为 T_0 和 T_m。在此计算区域内构建差分格式。

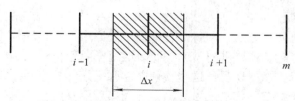

图 4-2　计算区域的离散化

根据泰勒级数式，求出中心差商的误差为

$$\frac{f(x+\Delta x) - f(x-\Delta x)}{2\Delta x} - \frac{dy}{dx} = \frac{(\Delta x)^2}{3!}\frac{d^3y}{dx^3} + K + \frac{(\Delta x)^{n-1}}{n!}\frac{d^ny}{dx^n} + K = O(\Delta x) \tag{4-19}$$

根据式(4-19)可得

$$\frac{d^2T}{dx^2} \approx \frac{T(x+\Delta x) - 2T(x) + T(x-\Delta x)}{(\Delta x)^2} = \frac{T_{i+1} - 2T_i + T_{i-1}}{(\Delta x)^2} = 0 \tag{4-20}$$

当 $m = 4$ 时，建立如下差分方程：

$T = 900$

$T_2 - 2T_1 + T_0 = 0$

$T_3 - 2T_2 + T_1 = 0$

$T_4 - 2T_3 + T_2 = 0$

$T_4 = 100$

(3) 求解差分方程。利用 Gauss 消元法可解出上述线性方程组，得到炉墙特定点的温度分布，见表 4-3。

表 4-3　炉墙的温度分布

厚度	0	$\delta/4$	$\delta/2$	$3\delta/4$	δ
温度 $T/℃$	900	700	500	300	100

(4) 求解结果分析与检验。根据热力学知识可知，炉墙的温度分布应与其厚度呈线性变化关系。同时，代入解析解条件：$T = -\dfrac{800}{\delta}x + 900$，再将 $x = \dfrac{\delta}{4}$、$x = \dfrac{\delta}{2}$、$x = \dfrac{3\delta}{4}$ 分别代入后可得到相应的温度为 700℃、500℃和 300℃，这与表 4-2 中的计算结果是一致的。

4.2.3　有限元法

有限元法(Finite Element Method，FEM)也称为有限单元法或有限元素法，其基本思想是将求解区域离散为有限个且按一定方式相互连接在一起的单元的组合体。它是随着电子计算机的发展而迅速发展起来的一种现代计算方法。首先把物理结构分割成不同大小、不同类型的区域，即单元。其次推导出每一个单元的作用力方程，组成整个物理结构的系统方程，最后求解该系统方程，就是有限元法。简单地说，有限元法是一种离散化的数值方法。离散后的单元与单元间通过结点相联系，所有力和位移都通过结点进行计算。对每个单元选取适当的插值函数，使得该函数在子域内部、子域分界面上(内部边界)以及子域与外界分界面(外部边界)上都满足一定的条件，然后把所有单元的方程组合起来，就得到了整个物理结构的方程，最后求解该方程，就可以得到整个物理结构的近似解。

有限元法是 20 世纪 50 年代在连续体力学领域——飞机结构的静力和动力特性分析中应用的一种有效的数值分析方法。同时，有限元法的通用计算程序作为有限元研究的一个重要组成部分，也随着电子计算机的飞速发展而迅速发展起来。在 20 世纪 70 年代初期，大型通用的有限元分析软件出现了，这些软件功能强大、计算可靠、工作效率高，逐步成为结构分析中强有力的工具。二十多年来，很多通用程序系统被相继开发出来，其应用领域也从结构分析领域扩展到各种物理场的分析，从线性分析扩展到非线性分析，从单一场的分析扩展到若干个耦合场的分析。在目前应用广泛的通用有限元分析程序中，美国 ANSYS 公司研制开发的大型通用有限元程序 ANSYS 是一个适用于计算机平台的大型有限元分析系统，功能强大。ANSYS 在开发初期应用于电力工业，现在已经广泛应用于航空、航天、电子、汽车、土木工程等领域，能够满足多个行业有限元分析的需要。

阅读材料：从语境的视角分析有限元法产生的动因

从外部语境看，有限元法的产生主要是由于工程学的推动。20 世纪以来，大型民用设施的建设和军事设施的研发给科学技术的发展带来了一系列难题。首先，伴随着生产力的发展，在设计一些大型工程项目时，要用到新的工程学理论。比如，虽然我们知道棒、梁、柱等简单组件在某些受力情况下的行为，但是当大量的组件组成结构复杂的桥梁和其他建筑物时，组件之间的受力关系就相当复杂，远超出我们的分析能力；还有大型水坝建设中的应力计算问题也是当时的工程学理论不能解决的。其次，在第二次世界大战中，战争双方为了军事斗争的需要，都十分重视军事设施的研发。这中间也产生了一些难题，比如下文提到的战斗机的机翼设计问题。上面的三个例子可分为两类：第一类，如何将简单的单元组成复杂的系统，第一个例子属于此类；第二类，如何将复杂的系统拆分成简单的单元，第二、第三个例子属于此类。这两类问题均需要运用有限元法的理论来解决。

从内部语境看，有限元法的产生是为了解决黎兹-伽略金(Ritz-Galerkin)方法在应用中遇到的困难。根据极小位能原理，在求解某些微分方程时，可以求使微分方程相应的泛函达到极小值的函数，这个函数就是微分方程的解。实际应用此原理的困难在于如何使泛函在无穷维空间上达到极小值。1909 年，Ritz 发表了一篇文章，在其中他用有穷维空间近似代替无穷维空间，通过在有穷维空间中选取一组基函数，用基函数与未知参量的组合来表示微分方程的解，然后用极小位能原理求出未知参量，进而求解微分方程。这样得出的解在所选的有限维空间中是对真实解的最佳逼近。1915 年，Galerkin 给出了在本质上完全一样的计算方法，不同的是他的理论基础是虚功原理。由于虚功原理比极小位能原理限制条件少，因此 Galerkin 方法比 Ritz 方法的应用范围广。后来人们把他们的方法合称为黎兹-伽略金方法。

1. 有限元法的常用术语

(1) 单元。有限元模型中每一个小的块体称为一个单元。根据其形状的不同，可以将单元划分为以下几种类型：线段单元、三角形单元、四边形单元、四面体单元和六面体单元等。由于单元是构成有限元模型的基础，因此单元类型对于有限元分析至关重要。一个有限元软件提供的单元种类越多，该程序功能就越强大。

(2) 结点。用于确定单元形状、表述单元特征及连接相邻单元的点称为结点。结点是有限元模型中的最小构成元素。多个单元可以共用一个结点，结点起连接单元和传递数据的作用。

(3) 荷载。工程结构受到外部施加的力或力矩称为荷载，包括集中力、力矩及分布力等。在不同的学科中，荷载的含义有所差别。在通常的结构分析过程中，荷载为力、位移等；在温度场分析过程中，荷载是指温度；而在电磁场分析过程中，荷载是指结构所受的电场和磁场作用。

(4) 边界条件。边界条件是指结构在边界上所受到的外加约束。在有限元分析过程中，设定正确的边界条件是获得正确的分析结果和较高的分析精度的关键。

(5) 初始条件。初始条件是结构响应前所施加的初始速度、初始温度及预应力等。

2. 有限元分析的基本步骤

(1) 建立求解域并将其离散化为有限单元，即将连续体问题分解成结点和单元等个体问题；

(2) 假设代表单元物理行为的形函数，即假设代表单元解的近似连续函数；

(3) 建立单元方程；

(4) 构造单元整体刚度矩阵；

(5) 设定边界条件、初始条件和荷载；

(6) 求解线性或非线性微分方程组，得到结点求解结果及其他重要信息。

以上过程也可概括为网格划分、单元分析和整体分析三大基本步骤。

3. 有限元分析的步骤说明

(1) 网格划分。有限元法的基础是用有限个单元体的集合来代替原有的连续体，因此首先要对连续体进行必要的简化，再将连续体划分为有限个单元组成的离散体。单元之间通过单元结点相连接。由单元、结点、结点连线构成的集合称为网格。通常把三维实体划分成四面体单元或六面体单元的网格，如图 4-3～图 4-6 所示；把平面划分成三角形单元或四边形单元的网格，如图 4-7 和图 4-8 所示。

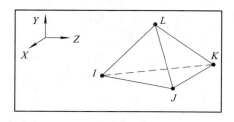

图 4-3　四面体单元

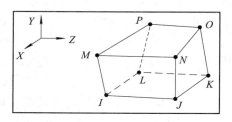

图 4-4　六面体单元

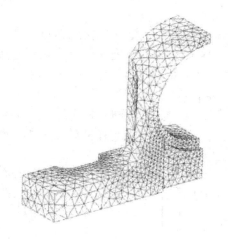

图 4-5　三维实体的四面体单元划分

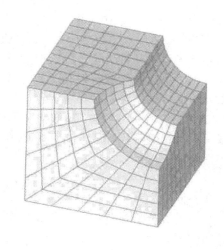

图 4-6　三维实体的六面体单元划分

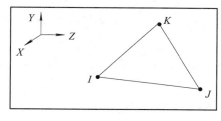

图 4-7　三角形单元

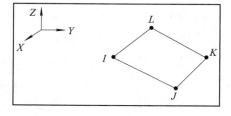

图 4-8　四边形单元

(2) 单元分析。对于弹性力学问题，单元分析就是建立各个单元的结点位移和结点力之间的关系式。将单元的结点位移作为基本变量进行单元分析时，首先要为单元内部的位移确定一个近似表达式，然后计算单元的应变、应力，再建立单元中结点力与结点位移的关系式。

　　平面问题的三角形单元划分和四边形单元划分分别如图 4-9 和图 4-10 所示。这里以平面问题的三角形三结点单元为例进行单元分析。如图 4-11 所示，单元有三个结点 I、J、M，每个结点有两个位移 u、v 和两个结点力 U、V。

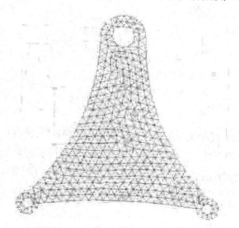

图 4-9　平面问题的三角形单元划分

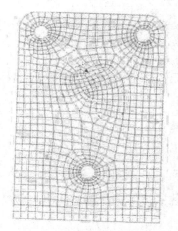

图 4-10　平面问题的四边形单元划分

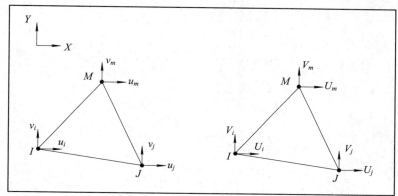

图 4-11　三角形三结点单元

单元的所有结点位移、结点力可以表示为结点位移向量(Vector)，即

　　结点位移：

$$\{\delta\}^e = \begin{Bmatrix} u_i \\ v_i \\ u_j \\ v_j \\ u_m \\ v_m \end{Bmatrix}$$

　　结点力：

$$\{F\}^e = \begin{Bmatrix} U_i \\ V_i \\ U_j \\ V_j \\ U_m \\ V_m \end{Bmatrix}$$

单元的结点位移 $\{\delta\}^e$ 和结点力 $\{F\}^e$ 之间的关系用张量(Tensor)K 来表示：

$$\{F\}^e = K\{\delta\}^e$$

（3）整体分析。对由各个单元组成的整体进行分析，从而建立结点外荷载与结点位移之间的关系，以解出结点位移，这个过程称为整体分析。再以弹性力学的平面问题为例，如图 4-12 所示，边界结点 i 受到集中力 P_x^i、P_y^i 的作用，由于结点 i 是三个单元的结合点，因此要将这三个单元在同一结点上的结点力汇集在一起建立平衡方程。

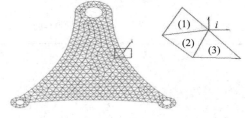

图 4-12　整体分析

结点 i 的结点力为

$$\begin{cases} U_i^{(1)} + U_i^{(2)} + U_i^{(3)} = \sum_e U_i^e \\ V_i^{(1)} + V_i^{(2)} + V_i^{(3)} = \sum_e V_i^e \end{cases}$$

结点 i 的平衡方程为

$$\begin{cases} \sum_e U_i^e = P_x^i \\ \sum_e V_i^e = P_y^i \end{cases}$$

例 4-4　受自重作用的等截面直杆如图 4-13 所示，杆的长度为 L，截面积为 A，弹性模量为 E，单位长度的重量为 q，杆的内力为 N。试求：杆的位移分布、杆的应变和应力。

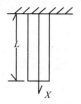

图 4-13　受自重作用的等截面直杆

已知杆的内力为

$$N(x) = q(L - x)$$

将杆的位移看作一个微元，其位移分布为

$$\mathrm{d}u(x) = \frac{N(x)\mathrm{d}x}{EA} = \frac{q(L-x)\mathrm{d}x}{EA}$$

对二式进行积分，则获得杆的位移分布为

$$u(x) = \int_0^x \frac{N(x)\mathrm{d}x}{EA} = \frac{q}{EA}\left(Lx - \frac{x^2}{2}\right)$$

杆的应变为

$$\varepsilon_x = \frac{\mathrm{d}u}{\mathrm{d}x} = \frac{q}{EA}(L-x)$$

杆的应力为

$$\sigma_x = E\varepsilon_x = \frac{q}{A}(L-x)$$

解　（1）如图 4-14 和图 4-15 所示，将直杆划分成 n 个有限段，有限段之间通过一个铰接点连接。两段之间的铰接点称为结点，每个有限段称为单元。其中第 i 个单元的长度为 L_i，包含第 i 个和第 $i+1$ 个结点。用单元结点位移表示单元内部位移，第 i 个单元的位移用所包含的结点位移来表示。

$$u(x) = u_i + \frac{u_{i+1} - u_i}{L_i}(x - x_i) \tag{4-21}$$

式中，u_i 为第 i 个结点的位移；x_i 为第 i 个结点的坐标。第 i 个单元的应变为 ε_i，应力为 σ_i，内力为 N_i，则有

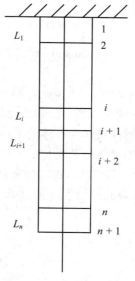

图 4-14　离散后的直杆

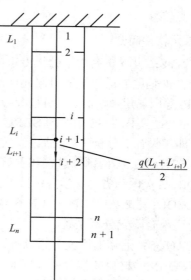

图 4-15　集中单元重量

$$\varepsilon_i = \frac{\mathrm{d}u}{\mathrm{d}x} = \frac{u_{i+1} - u_i}{L_i}$$

$$\sigma_i = E\varepsilon_i = \frac{E(u_{i+1} - u_i)}{L_i}$$

$$N_i = A\sigma_i = \frac{EA(u_{i+1} - u_i)}{L_i}$$

（2）把外荷载集中到结点上，把第 i 个单元和第 $i+1$ 个单元重量的一半 $q(L_i+L_{i+1})/2$ 集中到第 $i+1$ 个结点上。

（3）对于第 $i+1$ 个结点，由力的平衡方程可得

$$N_i - N_{i+1} = \frac{q(L_i + L_{i+1})}{2} \tag{4-22}$$

令 $\lambda_i = \dfrac{L_i}{L_{i+1}}$，并代入式(4-22)得

$$-u + (1 + \lambda_i)u_{i+1} - \lambda_i u_{i+2} = \frac{q}{2EA}\left(1 + \frac{1}{\lambda_i}\right)L_i^2 \tag{4-23}$$

根据约束条件，$u_i = 0$。

对于第 $n + 1$ 个结点：

$$N_m = \frac{qL_n}{2}$$

$$-u_n + u_{n+1} = \frac{qL_n^2}{2EA}$$

建立所有结点的力平衡方程，可以得到由 $n + 1$ 个方程构成的方程组，从而解出 $n + 1$ 个未知的结点位移。

4. 有限元软件简介

(1) ANSYS：世界著名力学分析专家、匹兹堡大学教授 J. Swanson 开发的大型通用有限元分析软件，是世界最权威的有限元产品。

(2) SAP：美国加州大学伯克利分校 M. J. Wilson 教授开发的线性静、动力学结构分析程序。

(3) I-DEAS：美国 UGS 子公司 SDRC 公司开发的机械通用软件，是集成化的设计工程分析系统，即集设计、分析、数控加工、塑料模具设计和测试数据为一体的工作站用软件。

(4) NASTRAN：美国国家航空和宇航局(NASA)开发的结构分析程序。

(5) ADINA：美国麻省理工学院机械工程系开发的自动动态增量非线性分析有限元程序。

(6) ALGOR：美国 ALGOR 公司在 SAP5 和 ADINA 有限元分析程序的基础上针对微机平台开发的通用有限元分析系统。

(7) ABAQUS：通用有限元分析软件。

(8) DEFORM：材料成型分析专用非线性有限元软件。

(9) AutoForm：薄板成形模拟软件。

(10) DynaForm：板料冲压成型模拟软件。

4.3　典型物理场的计算

材料科学的科研和实际生产涉及的物理、化学和力学现象十分复杂，是一个多学科交叉、融合的研究和应用领域。例如，在液态金属成形过程中，涉及液态金属的流动和包含了相变及结晶的凝固现象；在固态金属的塑性成形中，金属在发生大塑性变形的同时，伴随着组织性能的变化，有时也涉及相变和再结晶现象。此外，材料科学中还存在大量的物理场及其相互之间的耦合。这些物理场的基本规律可以用一组微分方程来描述。本节主要介绍材料科学中两种典型的物理场——应力场和温度场的计算。

4.3.1　应力场模型与计算

1. 弹性力学基础

1) 应力

材料在外力的作用下，其尺寸和几何形状会发生改变，在产生变形的同时，材料内部各部分之间会产生附加内力，简称内力。截面上某点处的应力，即该点处分布内力的集度，反映了截面上该点内力的大小和方向。一点处的应力可以看作是该点位置坐标及所取截面方位的函数。

由于应力属于矢量，在进行应力分析时，为了简化问题，可将应力分解成两个分量，一个分量沿着截面的法线方向，称为正应力，用 σ 表示；另一个分量沿着截面的切线方向，用 τ 表示，称为切应力。

为描述弹性材料中一点 P 处的应力状态，围绕 P 点取出一个棱长为 $\mathrm{d}x$、$\mathrm{d}y$、$\mathrm{d}z$ 的微单元体，由于 $\mathrm{d}x$、$\mathrm{d}y$、$\mathrm{d}z$ 趋向于无限小，这个单元体可等同于要考察的 P 点，因此研究单元体各个截面上的应力，也就等于研究 P 点的应力状态，如图 4-16 所示。

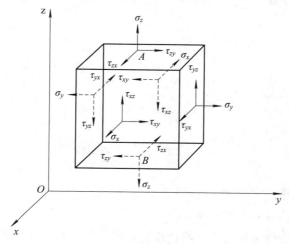

图 4-16　应力分量

图 4-16 中将每个面上的全应力分解为三个应力分量,即一个正应力分量和两个相互垂直的切应力分量。其中正应力分量 σ 的下标 x、y、z 分别表示正应力作用方向平行于哪个坐标轴;而切应力分量 τ 的下标有两个,第一个下标表示此应力作用平面垂直于哪个坐标轴,第二个下标表示此应力作用方向平行于哪个坐标轴。对于图 4-16 中微单元体的各个截面,如果其外法线方向和坐标轴正向相同,则称这个截面为正面;如果截面的外法线方向和坐标轴正向相反,则称这个截面为负面。按照这种约定的表示法,图 4-16 中给出的各应力分量均为正方向。

若已知材料任意一点 P 处的六个独立的应力分量,则能够唯一确定材料任意一点处的应力状态,可用有限元法表示为

$$\boldsymbol{\sigma}=\begin{bmatrix} \sigma_x & \sigma_y & \sigma_z & \tau_{xy} & \tau_{yz} & \tau_{zx} \end{bmatrix}^{\mathrm{T}} \tag{4-24}$$

其中符号 T 表示转置。

2) 应变

描述物体受力发生变形后相对位移的力学量称为应变。物体内任意一点的应变分为正应变和切应变,由六个应变分量表示,分别是 ε_x、ε_y、ε_z、γ_{xy}、γ_{yz}、γ_{zx}。其中 ε_x、ε_y、ε_z 是正应变,其余三个分量 γ_{xy}、γ_{yz}、γ_{zx} 是切应变。正应变是指平行六面体各边的单位长度的相对伸缩;切应变是指平行六面体各边之间直角的改变,以弧度表示。对于正应变,伸长时为正,缩短时为负;对于切应变,两个沿坐标轴正方向的线段组成的直角变小时为正,变大时为负,用有限元法表示为

$$\boldsymbol{\varepsilon}=\begin{bmatrix} \varepsilon_x & \varepsilon_y & \varepsilon_z & \gamma_{xy} & \gamma_{yz} & \gamma_{zx} \end{bmatrix}^{\mathrm{T}} \tag{4-25}$$

3) 平衡方程(应力体积力关系方程)

物体内任意一点处的应力状态由图 4-16 中所示的微单元体上的应力分量确定,设单位体的体积力 f 在三个坐标轴方向上的分量分别为 f_x、f_y、f_z,当微单元处于平衡状态时,有 $\sum f=0$,即 $\sum f_x=0$、$\sum f_y=0$、$\sum f_z=0$,因此得到三维情况下对于物体内任意一点,有:

$$\begin{cases} \dfrac{\partial \sigma_x}{\partial x}+\dfrac{\partial \tau_{yx}}{\partial y}+\dfrac{\partial \tau_{zx}}{\partial z}+f_x=0 \\[2mm] \dfrac{\partial \tau_{xy}}{\partial x}+\dfrac{\partial \sigma_y}{\partial y}+\dfrac{\partial \tau_{zy}}{\partial z}+f_y=0 \\[2mm] \dfrac{\partial \tau_{xz}}{\partial x}+\dfrac{\partial \tau_{yz}}{\partial y}+\dfrac{\partial \sigma_z}{\partial z}+f_z=0 \end{cases} \tag{4-26}$$

式(4-26)即满足力平衡的三个方程,称为平衡方程。

4) 几何方程(应变–位移关系方程)

如前所述,应变是描述相对位移的物理量,应变与位移是相互联系的,几何方程描述了应变和位移之间的关系。当沿 x、y、z 方向的位移分别为 u、v、w 时,有

$$\begin{cases} \varepsilon_x = \dfrac{\partial u}{\partial x} \\[2mm] \varepsilon_y = \dfrac{\partial v}{\partial y} \\[2mm] \varepsilon_z = \dfrac{\partial w}{\partial z} \\[2mm] \gamma_{xy} = \gamma_{yz} = \dfrac{\partial u}{\partial y} + \dfrac{\partial v}{\partial x} \\[2mm] \gamma_{yz} = \gamma_{zx} = \dfrac{\partial v}{\partial z} + \dfrac{\partial w}{\partial y} \\[2mm] \gamma_{xz} = \gamma_{zx} = \dfrac{\partial u}{\partial z} + \dfrac{\partial w}{\partial x} \end{cases} \tag{4-27}$$

式(4-27)即为几何方程，也称为 Cauchy 方程，表明了应变分量与位移分量之间的关系。可以看出若已知弹性体的位移分布，就可以求得相应的应变分布。几何方程用张量形式可表示为

$$\varepsilon_{i,j} = \frac{1}{2}(u_{i,j} + u_{j,i}) \quad (i,j = x,y,z) \tag{4-28}$$

4) 物理方程(应力-应变关系方程)

弹性体的应力-应变关系可用 Hooke 定律描述。在三维情况下，弹性体内任意一点独立的应力分量有六个，其应力-应变关系可以由广义 Hooke 定律表示为

$$\begin{cases} \varepsilon_x = \dfrac{1}{E}\big[\sigma_x - \nu(\sigma_y + \sigma_z)\big], \quad \gamma_{xy} = \dfrac{\tau_{xy}}{G} \\[2mm] \varepsilon_y = \dfrac{1}{E}\big[\sigma_y - \nu(\sigma_z + \sigma_x)\big], \quad \gamma_{yz} = \dfrac{\tau_{yz}}{G} \\[2mm] \varepsilon_z = \dfrac{1}{E}\big[\sigma_z - \nu(\sigma_x + \sigma_y)\big], \quad \gamma_{zx} = \dfrac{\tau_{zx}}{G} \end{cases} \tag{4-29}$$

式中，E 为弹性模量，ν 为泊松比，$G = \dfrac{E}{2(1-\nu)}$。式(4-28)用张量表示可写为

$$\varepsilon_{i,j} = \frac{1-\nu}{E}\sigma_{ij} - \frac{\nu}{E}\sigma_{kk}\delta_{ij}$$

2. 应力场的有限元计算

材料科学中最简单的力学问题是弹性力学问题。弹性力学分析是其他力学分析(如弹塑性分析、黏弹性分析、热弹性分析)的基础。因此，这里以弹性力学静力分析为例，讨论如何利用有限元法求解应力场问题。

1) 求解域的离散化

用有限元法首先将求解域分解成有限个单元。三角形单元的计算格式简单，对复杂的边界有较强的适应能力，所以这里采用三角形单元来对平面域 D 进行划分。单元的划分方法与热传导问题的求解相似。

2) 单元的位移函数与插值函数

每个三角形单元有两个位移分量，如图 4-17 所示。每个结点的位移可以用向量形式表示为

$$\delta = \begin{Bmatrix} u_i \\ v_i \end{Bmatrix} [i, \ j, \ m]$$

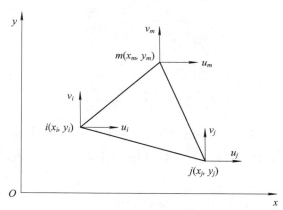

图 4-17   三结点的三角形单元

当单元 e 足够小时，单元内的位移可以认为是随 x、y 线性变化的，这样就可以用线性插值函数来构造在单元 e 内任一点上的位移值。一般采用多项式作为插值函数。

单元内各点的位移分量是坐标 x、y 的函数，这种函数称为位移函数。三结点的三角形单元位移函数采用一次多项式表示，即

$$\begin{cases} u = k_1 + k_2 x + k_3 y \\ v = k_4 + k_5 x + k_6 y \end{cases} \tag{4-30}$$

式中，k_1、k_2、k_3、k_4、k_5、k_6 是待定系数。将三个结点的坐标代入式(4-30)，有

$$\begin{cases} u_i = k_1 + k_2 x_i + k_3 y_i \\ u_j = k_1 + k_2 x_j + k_3 y_j \\ u_m = k_1 + k_2 x_m + k_3 y_m \end{cases} \tag{4-31a}$$

$$\begin{cases} v_i = k_4 + k_5 x_i + k_6 y_i \\ v_j = k_4 + k_5 x_j + k_6 y_j \\ v_m = k_4 + k_5 x_m + k_6 y_m \end{cases} \tag{4-31b}$$

这两个方程组的系数行列式均为

$$D = \begin{vmatrix} 1 & x_i & y_i \\ 1 & x_j & y_j \\ 1 & x_m & y_m \end{vmatrix} = 2A$$

式中，A 为三角形单元的面积。

根据方程组式(4-31)可求得待定系数 k_1、k_2、k_3、k_4、k_5、k_6 的值。

根据关系(轮换下标，如 $i \to j$，$j \to m$，$m \to i$，可得到 a_j、b_j、c_j、a_m、b_m、c_m)：

$$a_i = \begin{vmatrix} x_i & y_i \\ x_m & y_m \end{vmatrix} = x_i y_m - x_m y_i$$

$$b_i = -\begin{vmatrix} 1 & y_i \\ 1 & y_m \end{vmatrix} = y_i - y_m$$

$$c_i = -\begin{vmatrix} 1 & x_j \\ 1 & x_m \end{vmatrix} = -x_j + x_m$$

可将位移函数表示成结点位移的函数：

$$\begin{cases} u = N_i u_i + N_j u_j + N_m u_m \\ v = N_i v_i + N_j v_j + N_m v_m \end{cases} \tag{4-32}$$

式中：

$$N_i = \frac{1}{2A}(a_i + b_i x + c_i y)$$

$$N_j = \frac{1}{2A}(a_j + b_j x + c_j y) \tag{4-33}$$

$$N_m = \frac{1}{2A}(a_m + b_m x + c_m y)$$

N_i、N_j、N_m 称为单元的插值函数或形函数，它是坐标 x、y 的一次函数。a_i、b_i、c_i、a_j、b_j、c_j、a_m、b_m、c_m 是常数，与三角形单元的三个结点坐标有关。将式(4-32)写成矩阵形式为

$$\boldsymbol{\delta} = \begin{Bmatrix} u \\ v \end{Bmatrix} = \begin{bmatrix} N_i & 0 & N_j & 0 & N_m & 0 \\ 0 & N_i & 0 & N_j & 0 & N_m \end{bmatrix} \begin{Bmatrix} u_i \\ v_i \\ u_j \\ v_j \\ u_m \\ v_m \end{Bmatrix}$$

3) 应变矩阵和应力矩阵

确定了每个单元的位移后，便可以利用几何方程和物理方程求出单元的应变和应力。对于平面应变问题，用矩阵形式可表示为

$$\begin{Bmatrix} \varepsilon_x \\ \varepsilon_y \\ \gamma_{xy} \end{Bmatrix} = \frac{1}{2A} \begin{bmatrix} b_i & 0 & b_j & 0 & b_m & 0 \\ 0 & c_i & 0 & c_j & 0 & c_m \\ c_i & b_i & c_j & b_j & c_m & b_m \end{bmatrix} \begin{Bmatrix} u_i \\ v_i \\ u_j \\ v_j \\ u_m \\ v_m \end{Bmatrix} \tag{4-34}$$

令

$$\boldsymbol{\varepsilon} = \begin{Bmatrix} \varepsilon_x \\ \varepsilon_y \\ \gamma_{xy} \end{Bmatrix}, \quad \boldsymbol{B} = \frac{1}{2A} \begin{bmatrix} b_i & 0 & b_j & 0 & b_m & 0 \\ 0 & c_i & 0 & c_j & 0 & c_m \\ c_i & b_i & c_j & b_j & c_m & b_m \end{bmatrix}, \quad \boldsymbol{U} = \begin{Bmatrix} u_i \\ v_i \\ u_j \\ v_j \\ u_m \\ v_m \end{Bmatrix}$$

则式(4-34)简记为：$\boldsymbol{\varepsilon} = \boldsymbol{BU}$。

4) 利用最小位能原理建立有限元方程

在固体力学问题中，建立有限元方程最常用的方法是最小位能方法。当外部荷载作用于物体时，物体将产生变形，在变形过程中，外力所做的功将储存在物体内，这一能量成为应变能。对于双轴荷载下的材料，其应变能 Γ 可以表示为

$$\Gamma^e = \frac{1}{2} \int_v (\sigma_x \varepsilon_x + \sigma_y \varepsilon_y + \tau_{xy} \gamma_{xy}) \, \mathrm{d}V$$

根据 Hooke 定律及式(4-33)的结论，再对结点位移求微分，可得到刚度矩阵为

$$\boldsymbol{K}^e = \int_v \boldsymbol{B}^{\mathrm{T}} \boldsymbol{v} \boldsymbol{B} \mathrm{d}V = V \boldsymbol{B}^{\mathrm{T}} \boldsymbol{v} \boldsymbol{B} \tag{4-35}$$

式中 V 代表单元体积。

5) 总体合成

总体刚度矩阵是由单元刚度矩阵合成的，其方法与温度场问题中热传导矩阵的合成完全一样。但在应力计算中位移由其 x、y 两个方向的分量合成，因此刚度矩阵为 $2n \times 2n$ 的对称方阵，即

$$\boldsymbol{K}^G = \sum_{e=1}^{N_e} \boldsymbol{K}^e$$

式中 N_E 为单元数。

同样，总体荷载矩阵也用相同的方法合成，即

$$\boldsymbol{R}^G = \sum_{e=1}^{N_e} \boldsymbol{R}^e \tag{4-36}$$

这样就得到了整个弹性体结点力和结点位移之间的关系式：

$$\boldsymbol{K}^G \delta = \boldsymbol{R}^G \tag{4-37}$$

4.3.2 温度场模型与计算

材料科学与工程的许多工艺过程是与加热、冷却等传热过程密切相关的。在各种材料的加工、成形过程中都会遇到与温度场有关的问题，如金属材料的热加工、高分子材料的

成形以及陶瓷材料的烧结等。这些温度场分析对材料工艺、相变过程和机理的研究，工艺质量的提高，工艺过程的控制，节能以及新技术的开发和应用非常重要，但这些温度场分析常伴着相变潜热释放、复杂的边界条件，很难得到其解析解，只能借助计算机采用各种数值计算方法进行求解。因此，应用信息技术解决传热问题成为材料科学与工程技术发展中的重要课题。

传热学是研究热量传递规律的科学，广泛地应用在材料科学与工程的各个领域。例如，在材料热加工中，工件的加热、冷却、熔化和凝固都与热量传递息息相关。因此，传热学在材料科学与工程中有着特殊的重要性。

1. 温度场的基本知识

1) 导热(热传导)

物体各部分之间不发生相对位移时，依靠分子、原子及自由电子等微观粒子的热运动而产生的热量传递称为导热，如固体与固体之间及固体内部的热量传递。下面从微观角度分析气体、液体、导电固体与非金属固体的导热机理。

(1) 气体中的导热是气体分子不规则热运动时相互碰撞的结果，温度升高时，气体分子的动能增大，不同能量水平的气体分子相互碰撞，从而使热能从高温处传到低温处。

(2) 液体中的导热存在两种不同的观点：第一种观点是液体中的导热类似于气体的导热，只是较为复杂，因液体分子的间距较近，分子间的作用力对碰撞的影响比气体大；第二种观点是液体中的导热类似于非导电固体的导热，主要依靠晶格结构的振动，即原子、分子在其平衡位置附近振动产生的弹性波作用。

(3) 导电固体中有许多自由电子，它们在晶格之间像气体分子那样运动，自由电子的运动在导电固体的导热中起主导作用。

(4) 非金属固体导热是通过晶格结构振动所产生的弹性波(即原子、分子在其平衡位置附近的振动)来实现的。

如图 4-18 所示，以一维导热问题为例，平板的两个表面均维持均匀温度的导热。

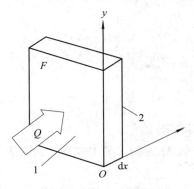

图 4-18　平板一维导热

傅里叶导热方程为

$$q_x = -\lambda_x \frac{\partial t}{\partial x} \tag{4-38}$$

式中 q_x 为 x 方向上的热流密度；λ_x 为材料沿 x 方向的热导率；$\lambda_x \dfrac{\partial t}{\partial x}$ 为 x 方向温度梯度。

根据傅里叶定律，对于 x 方向上任意一个厚度为 dx 的微元层，单位时间内通过该层的导热量与当地的温度变化率及平板面积 A 成正比。单位时间内通过单位面积的热量称为热流密度，记为 q，单位为 W/m^2。当物体的温度仅在 x 方向发生变化时，按傅里叶定律，有：

(1) 当温度 t 沿 x 方向增加时，$\dfrac{\partial t}{\partial x} > 0$，而 $q < 0$，说明此时热量沿 x 减小的方向传递。

(2) 当 $\dfrac{\partial t}{\partial x} < 0$ 时，$q > 0$，说明热量沿 x 增加的方向传递。

(3) 热导率 λ 是表征材料导热性能优劣的参数，它是一种物性参数，单位为 $W/(m \cdot K)$。不同材料的热导率不同，即使同一种材料，其热导率也因温度等因素而不同。金属材料的热导率最高，是良导电体也是良导热体，液体次之，气体最差。

2) 对流

对流是指由于流体的宏观运动，流体各部分之间发生相对位移，冷热流体相互掺混所引起的热量传递过程。对流仅发生在流体中，对流的同时必然伴随导热现象。流体流过一个物体表面时的热量传递过程称为对流换热。对流换热研究的基本任务：用理论分析或实验的方法推出各种场合下表面换热导数的关系式。

根据对流换热时是否发生相变，可分为有相变的对流换热和无相变的对流换热。根据引起流动的原因，可将对流分为自然对流和强制对流。

(1) 自然对流：由于流体冷热各部分的密度不同而引起的流体的流动，如暖气片表面附近受热空气的向上流动。

(2) 强制对流：由于水泵、风机或其他压差作用所造成的流体的流动。

对流换热的基本规律(牛顿冷却公式)如下：

流体被加热时：

$$q = h(t_w - t_f) \tag{4-39}$$

流体被冷却时：

$$q = h(t_f - t_w) \tag{4-40}$$

式中，t_w 及 t_f 分别为壁面温度和流体温度。

用 Δt 表示温差(温压)，并取 Δt 为正，则牛顿冷却公式表示为

$$q = h\Delta t \tag{4-41}$$

式中，h 为比例系数(表面传热系数)，单位为 $W/(m^2 \cdot K)$。h 的物理意义是单位温差作用下通过单位面积的热流量。表面传热系数的大小与传热过程中的许多因素有关，它不仅取决于流体的物性，换热表面的形状、大小与布置，而且与流体的流速有关。一般地，就介质而言，水的对流换热比空气强烈；就换热方式而言，有相变的强于无相变的，强制对流强于自然对流。

3) 热辐射

物体通过电磁波来传递能量的方式称为辐射。因热的原因而发出辐射能的现象称为热辐射。由辐射与吸收过程的综合作用所形成的以辐射方式进行的物体间的热量传递称为辐射换热。自然界中的物体都在不停地向空间发出热辐射，同时又不断地吸收其他物体发出的辐射热。这说明辐射换热是一个动态过程，当物体与周围环境温度处于热平衡时，辐射换热量为零，但辐射与吸收过程仍在不停地进行，只是辐射热与吸收热相等。

导热、对流两种热量传递方式，只在有物质存在的条件下才能实现，而热辐射不需要中间介质就可以在真空中传播，并且在真空中辐射能的传播最有效。在辐射换热过程中，不仅有能量的转换，而且伴随有能量形式的转化。在辐射时，辐射体内热能转化为辐射能；在吸收时，辐射能转化为受射体内的热能，因此，辐射换热过程是一个能量互变过程，是一个双向热流同时存在的换热过程，即不仅高温物体向低温物体辐射热能，而且低温物体向高温物体也辐射热能。因此，辐射换热又称为非接触性传热，其仍是微观粒子形态的一种宏观表象。物体的辐射能力与其温度性质有关。这是热辐射区别于导热和对流的基本特点。

把吸收率等于 1 的物体称为黑体，这是一种假想的理想物体。黑体的吸收和辐射能力在同温度的物体中是最大的，而且辐射热量服从于斯忒藩-玻尔兹曼定律，即

$$\Phi = A\sigma t^4 \tag{4-42}$$

式中：t——黑体的热力学温度，K；

　　　σ——玻尔兹曼常数(黑体辐射常数)，$\sigma = 5.67 \times 10^{-8}\text{W/(m}^2 \cdot \text{K)}$；

　　　A——辐射表面积，m^2。

实际物体辐射热流量可以根据斯忒藩-玻尔兹曼定律求得

$$\Phi = \varepsilon A \sigma T^4 \tag{4-43}$$

式中：Φ——物体自身向外辐射的热流量，而不是辐射换热量；

　　　ε——物体的发射率(黑度)，其大小与物体的种类及表面状态有关。

要计算辐射换热量，必须考虑投到物体上的辐射热量的吸收过程，即收支平衡量。物体包容在一个很大的表面温度为 t_2 的空腔内，物体的温度为 t_1，物体与空腔表面间的辐射换热量为

$$\Phi = \varepsilon_1 A_1 \sigma (t_1^4 - t_2^4) \tag{4-44}$$

4) 温度场

由傅里叶定律知：物体导热热流量与温度变化率有关，所以研究物体导热必涉及物体的温度场。一般地，物体的温度场是坐标和时间的函数，即

$$t = f(x, y, z, \tau)$$

式中，x、y、z 为空间坐标；τ 为时间坐标。

温度场的分类如下：

(1) 稳态温度场(定常温度场)。在稳态条件下物体各点的温度不随时间的改变而变化的

温度场称为稳态温度场，其表达式为 $t = f(x, y, z)$。

(2) 非稳态温度场(非定常温度场)。在变动的工作条件下，物体中各点的温度随时间而变化的温度场称为非稳态温度场，其表达式为 $t = f(x, y, z, \tau)$。若物体温度仅在一个方向上有变化，则该温度场称为一维温度场。

2. 温度场数学模型的建立

1) 导热微分方程的推导

对于一维导热问题，根据傅里叶定律积分，可获得用两侧温差表示的导热量。对于多维导热问题，首先获得温度场的分布函数 $t = f(x, y, z)$，然后根据傅里叶定律求得空间各点的热流密度矢量。

根据能量守恒定律与傅里叶定律，导热物体中的温度场应满足的数学表达式称为导热微分方程。导热微分方程的推导假定导热物体是各向同性的。针对笛卡儿坐标系中微元平行六面体，空间任一点的热流密度矢量可以分解为三个坐标方向的矢量。同理，通过空间任一点、任一方向的热流量也可分解为 x、y、z 坐标方向的分热流量，如图 4-19 所示。

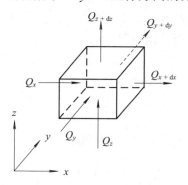

图 4-19　微元体导热分析

通过 x、y、z 三个表面导入微元体的总热流量可直接写出：

$$\begin{cases} Q_x = -\lambda \dfrac{\partial T}{\partial x} \mathrm{d}y\mathrm{d}z \\[2mm] Q_y = -\lambda \dfrac{\partial T}{\partial y} \mathrm{d}x\mathrm{d}z \\[2mm] Q_z = -\lambda \dfrac{\partial T}{\partial z} \mathrm{d}x\mathrm{d}y \end{cases} \tag{4-45}$$

同理，通过 $x + \mathrm{d}x$、$y + \mathrm{d}y$、$z + \mathrm{d}z$ 三个表面导出微元体的总热流量为

$$\begin{cases} Q_{x+\mathrm{d}x} = -\lambda \dfrac{\partial T}{\partial x}\left(T + \dfrac{\partial T}{\partial x}\mathrm{d}x \right)\mathrm{d}y\mathrm{d}z \\[2mm] Q_{y+\mathrm{d}y} = -\lambda \dfrac{\partial T}{\partial y}\left(T + \dfrac{\partial T}{\partial y}\mathrm{d}y \right)\mathrm{d}x\mathrm{d}z \\[2mm] Q_{z+\mathrm{d}z} = -\lambda \dfrac{\partial T}{\partial z}\left(T + \dfrac{\partial T}{\partial z}\mathrm{d}z \right)\mathrm{d}x\mathrm{d}y \end{cases} \tag{4-46}$$

$$微元体内能的增量 = \rho c_{\mathrm{p}} \frac{\partial T}{\partial t} \mathrm{d}x\mathrm{d}y\mathrm{d}z \tag{4-47}$$

式中，ρ 为密度，单位为 $\mathrm{kg/m^3}$；c_{p} 为比热容，单位为 $\mathrm{J/(kg \cdot K)}$；t 为时间，单位为 s。

设单位体积内热源的生成热为 q，则微元体内热源的生成热 Q 为

$$Q = q \, \mathrm{d}x \, \mathrm{d}y \, \mathrm{d}z \tag{4-48}$$

将式(4-45)～式(4-48)代入热平衡式中，得到导热微分方程式的一般形式如下：

$$\frac{\partial T}{\partial t} = \frac{\lambda}{\rho} + \left(\frac{\partial^2 T}{\partial x^2} + \frac{\partial^2 T}{\partial y^2} + \frac{\partial^2 T}{\partial z^2} \right) + \frac{Q}{\rho c_{\mathrm{p}}} \tag{4-49}$$

导热微分方程式的一般形式对稳态、非稳态和有无内热源的导热问题都适用。稳态问题以及无内热源问题都是上述微分方程式的特例。在稳态、无内热源的条件下，导热微分方程简化为

$$\frac{\partial^2 T}{\partial x^2} + \frac{\partial^2 T}{\partial y^2} + \frac{\partial^2 T}{\partial z^2} = 0 \tag{4-50}$$

导热微分方程式(4-50)是在热导率为常量的前提下得到的。一般情况下，把热导率取为常量是允许的。然而，有一些特殊的场合必须把热导率作为温度的函数，不能当作常量来处理，这类问题称为变热导率导热问题。在直角坐标系中，非稳态、有内热源的变热导率的导热微分方程式为

$$\rho c_{\mathrm{p}} \frac{\partial T}{\partial t} = \frac{\partial}{\partial x} \left(\lambda \frac{\partial T}{\partial x} \right) + \frac{\partial}{\partial y} \left(\lambda \frac{\partial T}{\partial y} \right) + \frac{\partial}{\partial z} \left(\lambda \frac{\partial T}{\partial z} \right) + Q \tag{4-51}$$

导热微分方程式(4-51)是热量平衡方程，等号左边的项是微元体升温需要的热量；等号右边的第一、二、三项是由 x、y 和 z 方向流入微元体的热量；最后一项是微元体内热源产生的热量。微分方程表示的物理意义是：微元体升温所需的热量应等于流入微元体的热量与微元体内产生的热量的总和。

导热微分方程是描述导热过程共性的数学表达式，对于任何导热过程，不论是稳态的还是非稳态的，一维的还是多维的，导热微分方程都是适用的，所以，导热微分方程式是求解一切导热问题的出发点。

通过数学方法，原则上可以得到导热微分方程的通解，但对于实际工程问题而言，必须求出既满足导热微分方程式、又满足根据具体问题规定的一些附加条件的特解，这些使微分方程式得到特解的附加条件称为定解条件。

对导热问题来说，求解对象的几何形状(几何条件)及材料(物理条件)都是已知的。所以，非稳态导热问题的定解条件有两个方面：一是给出初始时刻的温度分布，即初始条件；二是给出物体边界上的温度或换热条件，即边界条件。导热微分方程连同初始条件和边界条件才能够完整地描述一个具体的导热问题。对于稳态导热求解，定解条件不需要初始条件，仅需要边界条件。

2) 初始条件与边界条件

(1) 初始条件。

　　初始条件是指所求解问题的初始温度场，也就是 $t = 0$ 时的温度分布。它可以是恒定的，如：

$$|T|_{t=0} = T_0 \tag{4-52}$$

式中，T_0 为常数。

　　温度场也可以是变化的，即各点的温度值已知或遵从某一函数分布，即

$$T|_{t=0} = T_0(x, y, z) \tag{4-53}$$

式中，T_0 为已知温度函数。

　　(2) 边界条件。

　　边界条件是指物体表面或边界与周围环境的热交换情况。通常有三类重要的边界条件。

　　第一类边界条件：物体边界上的温度分布函数已知，如图 4-20 所示，用公式表示为

$$\begin{cases} T = T_w \\ T = T_w(x, y, z, t) \end{cases} \tag{4-54}$$

式中，T_w 为已知的边界的温度；$T_w(x, y, z, t)$ 为已知的物体表面的温度分布函数，随时间、位置的变化而变化。

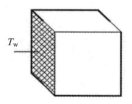

图 4-20　第一类边界条件示意图

　　第二类边界条件：边界上的热流密度 q 已知，如图 4-21 所示，用公式表示为

$$\begin{cases} q = -\lambda \dfrac{\partial T}{\partial n} \big|_w = q_w \\ q = -\lambda \dfrac{\partial T}{\partial n} \big|_w = q_w(x, y, z, t) \end{cases} \tag{4-55}$$

式中，n 为物体边界的外法线方向，并规定热流密度的方向与边界的外法线方向相同；q 为已知的物体表面的热流密度，单位为 W/m^2；$q_w(x, y, z, t)$ 为已知的物体表面的热流密度函数，随时间、位置的变化而变化。

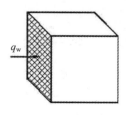

图 4-21　第二类边界条件示意图

第三类边界条件：又称为对流边界条件，是指物体与其周围环境介质间的对流换热系数 β 和介质的温度 T_f 已知，如图 4-22 所示，用公式表示为

$$-\lambda \frac{\partial T}{\partial n}\Big| = \beta(T - T_f) \tag{4-56}$$

式中，λ 和 T_f 可以是已知的常数，也可以是某种已知的分布函数。

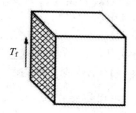

图 4-22   第三类边界条件示意图

3）二维稳态导热问题的有限差分求解

下面以二维稳态热传导为例来说明用有限差分方法求解导热问题的基本步骤。图 4-23 是求解域，其四条边分别为四种不同的边界条件。

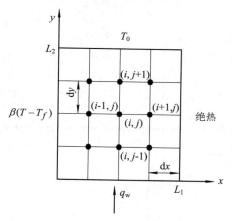

图 4-23   二维稳态导热问题

（1）由导热微分方程、初始条件和边界条件确定已知条件。

对于二维各向同性物体，无内热源时的稳态热传导微分方程为

$$\frac{\partial^2 T}{\partial x^2} + \frac{\partial^2 T}{\partial y^2} = 0 \tag{4-57}$$

四条边上的边界条件分别如下：

对流换热边界条件：

$$x = 0, 0 < y < L_2, \lambda \frac{\partial T}{\partial x} = \beta(T - T_f) \tag{4-58}$$

热流边界条件：

$$y = 0, 0 < x < L_2, \lambda \frac{\partial T}{\partial x} = q_w \tag{4-59}$$

绝热边界条件：

$$x = L_1, 0 < y < L_2, \frac{\partial T}{\partial x} = 0 \tag{4-60}$$

给定温度边界条件：

$$y = L_2, 0 < x < L_1, T = T_0 \tag{4-61}$$

(2) 划分网格和确定计算结点。

首先根据求解区域的形状，将连续的求解域离散为不连续的点，形成离散网格，网格的交点称为结点。图 4-24 采用矩形网格来划分求解域，网格步长分别为：$x_{i+1} - x_i = \Delta x$ 及 $y_{i+1} - y_i = \Delta y$。步长可以是均匀的，也可以是不均匀的。

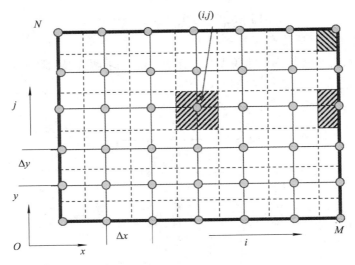

图 4-24　单元格划分示意图

(3) 建立离散方程，写出结点表达式。

Δx、Δy 为 x、y 方向的步长，$T_{i,j}$ 表示结点 (i, j) 处的温度。以差商代替微商，可得到如下公式：

$$\begin{cases} \left(\dfrac{\partial^2 T}{\partial x^2}\right) = \dfrac{T_{i+1,y} - 2T_{i,j} + T_{i-1,j}}{(\Delta x)^2} \\ \left(\dfrac{\partial^2 T}{\partial y^2}\right) = \dfrac{T_{i+1,y} - 2T_{i,j} + T_{i-1,j}}{(\Delta y)^2} \end{cases} \tag{4-62}$$

将式(4-59)和式(4-60)代入式(4-62)中，且令 $\Delta x = \Delta y$，则得到

$$T_{i,j} = \frac{1}{4}(T_{i+1,j} + T_{i-1,j} + T_{i,j-1}) \tag{4-63}$$

各个边界上的差分格式如下：

对流换热边界条件：

$$\lambda \frac{T_{i-1,j} - T_{i,j}}{\Delta x} = \beta(T_{i,j} - T_f) \tag{4-64}$$

热流边界条件：

$$-\lambda \frac{T_{i,j+1} - T_{i,j}}{\Delta y} = q_w \tag{4-65}$$

绝热边界条件：

$$T_{i,j} - T_{i-1,j} = 0 \tag{4-66}$$

给定温度边界条件：

$$T_{i,j} = T_w \tag{4-67}$$

差分方程式(4-63)与边界的差分形式一起组成定解问题的方程组，即二维稳态热传导的差分格式。解此线性方程组，即可求解得到各结点的温度值。

$$\begin{cases} \dfrac{T_{i+1,y} - 2T_{i,j} + T_{i-1,j}}{(\Delta x)^2} + \dfrac{T_{i+1,y} - 2T_{i,j} + T_{i-1,j}}{(\Delta y)^2} = 0 \\[2mm] \lambda \dfrac{T_{i-1,j} - T_{i,j}}{\Delta x} = \beta(T_{i,j} - T_f) \\[2mm] -\lambda \dfrac{T_{i,j+1} - T_{i,j}}{\Delta y} = q_w \\[2mm] T_{i,j} - T_{i-1,j} = 0 \\[1mm] T_{i,j} = T_w \end{cases} \tag{4-68}$$

(4) 方程组的求解。

式(4-68)是由线性方程组成的代数方程组，其含有的线性方程的个数与结点数 n 相同，可整理成如下形式：

$$\begin{cases} a_{11}T_1 + a_{12}T_2 + \cdots + a_{1n}T_n = c_1 \\ a_{21}T_1 + a_{22}T_2 + \cdots + a_{2n}T_n = c_2 \\ \qquad\qquad \vdots \\ a_{i1}T_1 + a_{i2}T_2 + \cdots + a_{in}T_n = c_i \\ \qquad\qquad \vdots \\ a_{n1}T_1 + a_{n2}T_2 + \cdots + a_{nn}T_n = c_n \end{cases} \tag{4-69}$$

式中，a_{ij}，$c_i(i = 1, 2, \cdots, n; j = 1, 2, \ldots, n)$均为常数，且 a_{ij} 均不为零。上式可写成矩阵形式，即

$$AT = C \tag{4-70}$$

其中：

$$A = \begin{bmatrix} a_{11} & a_{12} & \cdots & a_{1n} \\ a_{21} & a_{22} & \cdots & a_{2n} \\ \vdots & \vdots & & \vdots \\ a_{n1} & a_{n2} & \cdots & a_{nn} \end{bmatrix}, \quad T = \begin{bmatrix} T_1 \\ \vdots \\ T_i \\ \vdots \\ T_n \end{bmatrix}, \quad C = \begin{bmatrix} c_1 \\ \vdots \\ c_i \\ \vdots \\ c_n \end{bmatrix}$$

采用线性方程组的求解方法即可求解。

例 4-5　如图 4-25(a)所示为某一个发电厂工业用烟囱的截面图，烟囱所用材料为混凝土，其热导率 $\lambda = 1.8$ W/(m·K)。假设烟囱内表面的温度恒定为 100 ℃，外表面暴露在温度为 26℃ 的大气中。外表面与空气之间的对流传热系数 $h = 18$ W/(m^2·K)。试用有限元法来计算烟囱壁中的温度分布。

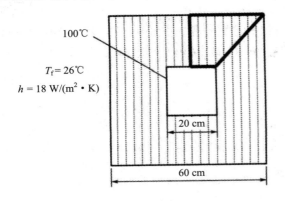 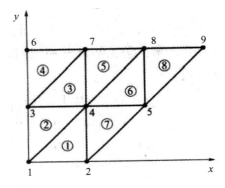

(a) 烟囱截面图　　　　　　　　　　　　(b) 对单元进行划分与编号

图 4-25　烟囱的截面示意图及有限元单元划分

解　(1) 划分单元并给单元和结点编号。由于烟囱具有对称性，选取求解域的 1/8 来计算，见图 4-25(b)，其对应图 4-25(a)中粗线部分。将求解部分划分为 8 个三角形单元，具有 9 个结点。为了计算方便，将单元和对应的结点的编号列在表 4-4 中。

表 4-4　单元及相应的结点

单元	i	j	m
①	1	2	4
②	1	4	3
③	3	4	7
④	3	7	6
⑤	4	8	7
⑥	4	5	8
⑦	2	5	4
⑧	5	9	8

(2) 写出单元热传导矩阵。三角形单元的热传导矩阵为

$$\boldsymbol{K} = \frac{\lambda_x}{4A}\begin{bmatrix} b_i b_i & b_i b_j & b_i b_m \\ b_j b_i & b_j b_j & b_j b_m \\ b_m b_i & b_m b_j & b_m b_m \end{bmatrix} + \frac{\lambda_y}{4A}\begin{bmatrix} c_i c_i & c_i c_j & c_i c_m \\ c_j c_i & c_j c_j & c_j c_m \\ c_m c_i & c_m c_j & c_m c_m \end{bmatrix}$$

单元①、③、⑥具有相同的形状和尺寸，因此它们的热传导矩阵是相同的。根据有限元法推导相关公式，有

$$b_i = y_i - y_m = 0 - 0.1 = -0.1, \quad c_i = x_m - x_j = 0.1 - 0.1 = 0$$
$$b_j = y_m - y_i = 0.1 - 0 = 0.1, \quad c_j = x_i - x_m = 0 - 0.1 = -0.1$$
$$b_m = y_i - y_j = 0 - 0 = 0, \quad c_m = x_j - x_i = 0.1 - 0 = 0.1$$

且三角形的面积 $A = 0.005$ ，因此有

$$\boldsymbol{K}^{(1)} = \boldsymbol{K}^{(3)} = \boldsymbol{K}^{(6)} = \frac{1.8}{4 \times 0.005} \times \begin{bmatrix} 0.01 & -0.01 & 0 \\ -0.01 & 0.01 & 0 \\ 0 & 0 & 0 \end{bmatrix} + \frac{1.8}{4 \times 0.005} \times \begin{bmatrix} 0 & 0 & 0 \\ 0 & 0.01 & -0.01 \\ 0 & -0.01 & 0.01 \end{bmatrix}$$

单元②、④、⑤、⑦、⑧具有相同的形状和尺寸，因此它们的热传导矩阵是相同的。用同样的步骤求出：

$$\boldsymbol{K}^{(2)} = \boldsymbol{K}^{(4)} = \boldsymbol{K}^{(5)} = \boldsymbol{K}^{(7)} = \boldsymbol{K}^{(8)}$$

$$= \frac{1.8}{4 \times 0.005} \times \begin{bmatrix} 0 & 0 & 0 \\ 0 & 0.01 & -0.01 \\ 0 & -0.01 & 0.01 \end{bmatrix} + \frac{1.8}{4 \times 0.005} \times \begin{bmatrix} 0.01 & 0 & -0.01 \\ 0 & 0 & 0 \\ -0.01 & 0 & 0.01 \end{bmatrix}$$

边界条件由于对流产生的散热产生在单元④、⑤、⑧的 j_m 边，因此有

$$\boldsymbol{K} = \frac{kl_{jm}}{6} \times \begin{bmatrix} 0 & 0 & 0 \\ 0 & 2 & 1 \\ 0 & 1 & 2 \end{bmatrix}\begin{matrix} i \\ j \\ m \end{matrix} + \frac{1.8 \times 0.1}{6} \times \begin{bmatrix} 0 & 0 & 0 \\ 0 & 2 & 1 \\ 0 & 1 & 2 \end{bmatrix} = \begin{bmatrix} 0 & 0 & 0 \\ 0 & 0.6 & 0.3 \\ 0 & 0.3 & 0.6 \end{bmatrix}$$

对流边界条件对单元④、⑤、③的热荷载矩阵的贡献为

$$\boldsymbol{P} = \frac{kT_f l_{jm}}{2}\begin{bmatrix} 0 \\ 1 \\ 1 \end{bmatrix} = \frac{18 \times 26 \times 0.1}{2} \times \begin{bmatrix} 0 \\ 1 \\ 1 \end{bmatrix} = \begin{bmatrix} 0 \\ 23.4 \\ 23.4 \end{bmatrix}$$

(3) 总体热传导矩阵的合成。通过前面的分析，可以得到各个单元的单元热传导矩阵。代入边界条件，可得到结点方程，求解线性方程组(过程略)，可得各结点的温度值：

$$P_{\mathrm{G}} = \begin{bmatrix} 100 \\ 100 \\ 0 \\ 0 \\ 0 \\ 26 \\ 53 \\ 53 \\ 53 \end{bmatrix}$$

$$T^{\mathrm{T}} = \begin{bmatrix} 100 & 100 & 70.76 & 66.94 & 49.80 & 49.17 & 47.21 & 32.65 & 30.39 \end{bmatrix}$$

4.4 ANSYS 软件在材料科学中的应用

材料科学领域涉及铸造、焊接、热处理、塑性成型等多个材料加工过程，其中包含应力场、温度场及热力耦合场的模拟计算，采用有限元通用软件 ANSYS 进行模拟计算，可以有效解决这些工程问题。本节主要介绍 ANSYS 软件的基本功能，并结合大量实例讲述适合初学者学习的 ANSYS Workbench 的绘图模块、应力场模块、温度场模块和热力耦合问题。

4.4.1 ANSYS 软件概述

ANSYS 软件是美国 ANSYS 公司开发的大型通用有限元分析(FEA)软件，是世界范围内使用量增长速度最快的计算机辅助工程(CAE)软件，能与多数计算机辅助设计(CAD)软件，如 Creo、NASTRAN、Algor、I-DEAS、AutoCAD 等接口，实现数据的共享和交换。该软件集结构、流体、电场、磁场、声场分析于一体，在核工业、铁道、石油化工、航空航天、机械制造、能源、汽车交通、国防军工、电子、土木工程、造船、生物医学、轻工、地矿、水利、日用家电等领域有着广泛的应用。

1. ANSYS 软件的功能

该软件功能强大，安装以后具有多个模块，能进行各种分析，其主要分析功能如下：

(1) 结构静力分析：求解外载荷引起的位移、应力和力，适用于求解惯性和阻尼对结构影响并不显著的问题，不仅可以进行线性分析，还可以进行非线性分析，如塑性、蠕变、膨胀、大变形、大应变及接触等分析。

(2) 结构动力学分析：求解随时间变化的载荷对结构或部件的影响。与结构静力分析不同，结构动力分析要考虑随时间变化的力载荷以及它对阻尼和惯性的影响，包括瞬态动力学分析、模态分析、谐波响应分析及随机振动响应分析。

（3）结构非线性分析：适用于结构非线性导致结构或部件的响应随外载荷不成比例变化的情况。ANSYS 软件可求解静态和瞬态非线性问题，包括材料非线性、几何非线性和单元非线性三种。

（4）动力学分析：分析大型三维柔体运动。当运动的积累影响起主要作用时，可使用这些功能分析复杂结构在空间中的运动特性，并确定结构中由此产生的应力、应变和变形。

（5）热分析：对热传递的三种类型(传导、对流、辐射)进行稳态和瞬态、线性和非线性分析；还可以模拟材料固化和熔解过程的相变以及模拟热与结构应力之间的热结构耦合。

（6）电磁场分析：主要用于电磁场问题的分析，如电感、电容、磁通量密度、涡流、电场分布、磁力线分布、力、运动效应、电路和能量损失等；还可用于螺线管、调节器、发电机、变换器、磁体、加速器、电解槽及无损检测装置等的设计和分析。

（7）流体动力学分析：分析类型分为瞬态或稳态。分析结果可以是每个结点的压力和通过每个单元的流率，也可以利用后处理功能产生压力、流率和温度分布的图形显示。另外，还可以使用三维表面效应单元和热流管单元模拟结构的流体绕流及对流换热效应。

（8）声场分析：用于分析含有流体的介质中声波的传播特性，以及浸在流体中的固体结构的动态特性。这些功能可用来确定音响话筒的频率响应，研究音乐大厅的声场强度分布，或预测海水对振动船体的阻尼效应。

（9）压电分析：用于分析二维或三维结构对 AC(交流)、DC(直流)或任意随时间变化的电流或机械载荷的响应，也可用于分析换热器、振荡器、谐振器、麦克风等部件及其他电子设备的结构动态性能；可进行四种类型的分析：静态分析、模态分析、谐波响应分析、瞬态响应分析。

2. ANSYS 软件的分析步骤

ANSYS 软件的主要分析流程包括初步确定、前处理、求解和后处理几个过程，如图4-26 所示。

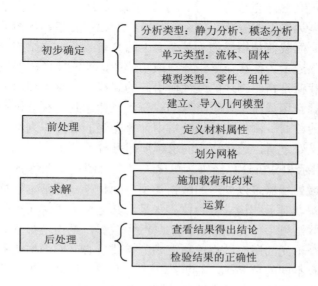

图 4-26　ANSYS 软件分析的主要流程

（1）初步确定：在选用软件模块前，首先要搞清楚问题分析的类型是结构分析、热分析，还是流体分析等，是静态的还是瞬态的，需要选择哪个模块；其次要弄明白单元类型是流体还是固体；再次要正确选择零件或者组件。在操作软件前，一定要对这些问题分析清楚，再运行软件进行仿真计算。

（2）前处理：包括建立、导入几何模型，定义材料属性和划分网格三步。首先将实际工程问题抽象成一个实体模型，模型的建立可以采用外部绘图软件 CAD 等进行导入，也可以采用 ANSYS 自带的绘图模块进行绘制。其次定义材料属性，有些材料是 ANSYS 材料库中已有的材料，这种情况下我们直接选择相应的材料即可。有些材料是 ANSYS 材料库中没有的材料，这时需要我们定义材料的相关属性，如果是热分析，需要定义材料的热导率、换热系数等与热分析相关的参数；如果是结构分析，需要定义材料的一些力学性能参数。最后进行网格划分，网格划分的精细程度直接影响计算的速度和精准度。ANSYS 程序提供了便捷、高质量的 CAD 模型网格划分功能，包括四种网格划分方法：延伸划分、映像划分、自由划分和自适应划分。延伸网格划分可将一个二维网格延伸成一个三维网格。映像网格划分允许用户将几何模型分解成简单的几部分，然后选择合适的单元属性和网格控制，生成映像网格。ANSYS 程序的自由网格划分器功能是十分强大的，可对复杂模型直接划分，避免了用户对各个部分分别划分然后进行组装时各部分网格不匹配带来的麻烦。自适应网格划分是在生成了具有边界条件的实体模型以后，用户指示程序自动地生成有限元网格，分析、估计网格的离散误差，然后重新定义网格大小，再次分析计算、估计网格的离散误差，直至误差低于用户定义的值或达到用户定义的求解次数。

（3）求解：包括施加载荷和约束以及运算。在 ANSYS 中，载荷包括边界条件以及外部或内部的作用效应，在不同的分析领域中有不同的表征，但基本上可以分为六大类：自由度约束、力(集中载荷)、面载荷、体载荷、惯性载荷及耦合场载荷。自由度约束是将给定的自由度用已知量表示。例如，在结构分析中约束是指位移和对称边界条件，而在热力学分析中则指的是温度和热通量边界条件。力(集中载荷)是指施加于模型结点上的集中载荷或者施加于实体模型边界上的载荷，如结构分析中的力和力矩、热力分析中的热流速度、磁场分析中的电流。面载荷是指施加于某个面上的分布载荷，如结构分析中的压力、热力学分析中的对流和热通量。体载荷是指体积或场载荷，如需要考虑的重力、热力分析中的热生成速度。惯性载荷是指由物体的惯性而引起的载荷，如重力加速度、角速度、角加速度引起的惯性力。耦合场载荷是一种特殊的载荷，是考虑到一种分析的结果，并将该结果作为另外一个分析的载荷。例如将磁场分析中计算得到的磁力作为结构分析中的力载荷。把各种载荷条件定义好之后，选择相应的求解项即可自动求解。

（4）后处理：显示和分析计算结果，可以矢量、云图、动图等各种形式展现，并且可以分析计算误差。后处理器可以处理的数据类型有两种：一是基本数据，是指对每个结点求解所得的自由度解，对于结构求解为位移张量，其他类型求解还有热求解的温度、磁场求解的磁势等，这些结果项称为结点解；二是派生数据，是指根据基本数据导出的结果数据，通常是计算每个单元的所有结点、所有积分点或质心上的派生数据，所以也称为单元解。不同分析类型有不同的单元解，对于结构求解有应力和应变等，其他类型如热求解的热梯度和热流量、磁场求解的磁通量等。

3. ANSYS APDL 与 ANSYS Workbench 的对比

Mechanical APDL 是 ANSYS 的经典界面,通常所说的 ANSYS 指的就是这个经典界面,其主界面如图 4-27 所示。该界面整体操作较专业,包括单元、材料、边界条件等设置内容,还有专业的 APDL 参数化设计语言可以使用,对有限元理论要求较高。因为 Mechanical APDL 与 CAE 软件的相互交流比较困难,整体软件对编程和有限元专业知识的要求较高,ANSYS 公司随即推出了 Workbench,即 ANSYS 集成工作平台,许多仿真模块都集成其中,方便初学者,界面后处理也非常漂亮,其主界面如图 4-28 所示。

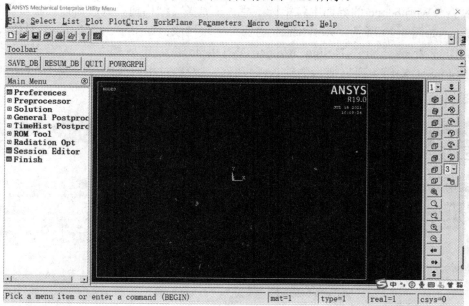

图 4-27　Mechanical APDL 主界面

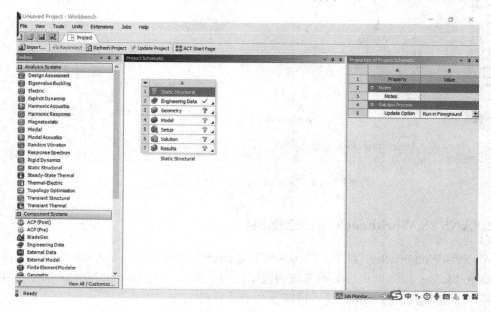

图 4-28　Workbench 主界面

从界面布局上来说,Mechanical APDL 是传统风格,与一般的 CAE 软件(比如 AutoCAD、CATIA)不同；Workbench 界面则与 CAE 软件比较类似,界面相对更加友好。从功能上来说,两者都能独立地完成有限元分析,但由于软件定位不同, Mechanical APDL 更像是一个求解器,功能强大；Workbench 则更注重于不同软件之间的相互沟通,有限元分析功能不及前者。对于一般的应用,基本上可以说两者的区别就是"专业相机"和"傻瓜相机"的区别。对于初学者,鉴于 Workbench 的集成化、"傻瓜型"菜单,我们建议采用 ANSYS Workbench 进行仿真计算。

ANSYS Workbench 的界面中包括标签栏、工具条、结构树、属性窗口、图形窗口和向导几部分, 如图 4-29 所示。Workbench 由四个模块构成：Design Simulation(DS)是求解器,用于结构或者热分析； Design Molder(DM)用于建立几何模型, 为分析做准备；DesignXplorer(DX)用于研究变量的输入(如几何、载荷)对相应(如应力、频率)的影响；FE Modeler 用于将 Nastran 的网格转化到 ANSYS 中使用。

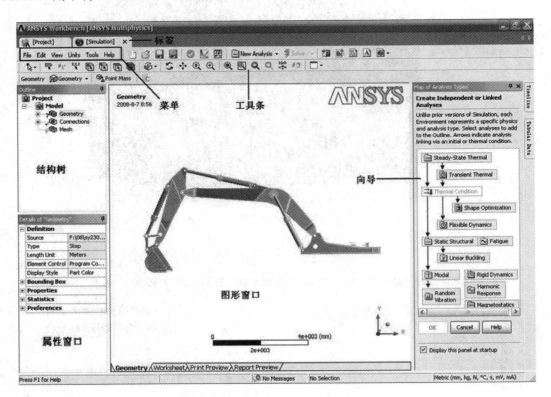

图 4-29　Workbench 主界面中的工具栏

4.4.2　ANSYS Workbench 中的绘图模块

ANSYS Workbench 中自带的绘图模块有 Design Molder 和 Spaceclaim 两种, 下面我们以 Design Molder 为例来说明绘图模块的建模过程。图 4-30 是 Design Molder 的主界面,包含菜单栏、工具栏、特征树、显示窗口等几个项目栏。

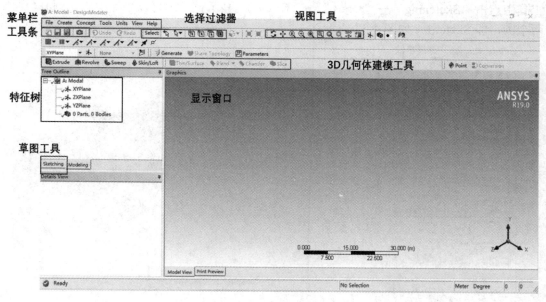

图 4-30　Design Molder 主界面

例 4-6　采用 Design Molder 绘制图 4-31 所示的空心相交圆柱体模型。

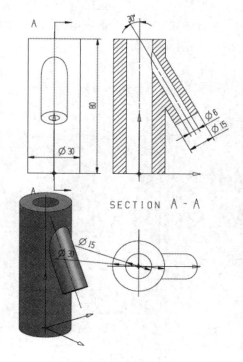

图 4-31　空心相交圆柱体模型

解　（1）绘制草图 Sketch1。在菜单栏中点击"Units"→"Millimeter"设置单位为"mm"，在草图工具中点击"Modeling"→"XYPlane"，再点击 [图标] 让视图处于 XY 平面。在草图工具中点击"Sketching"→"Draw"→"Circle"，显示窗口中将以坐标中心为圆心，绘制两个圆，即 Sketch1，如图 4-32 所示。

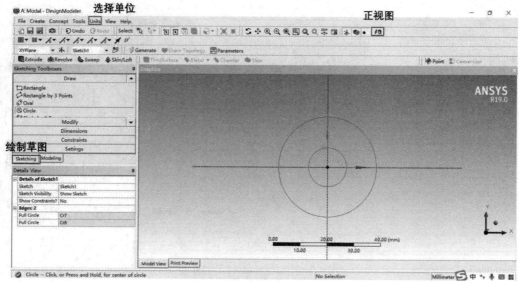

图 4-32　绘制草图 Sketch1

（2）设置圆的尺寸。在草图工具中点击"Sketching"→"Dimensions"→"General"，在两个圆中选定半径的距离，在 Details View 对话框中的 H2 和 L3 中设置尺寸，大圆半径为 30 mm，小圆半径为 15 mm，如图 4-33 所示。

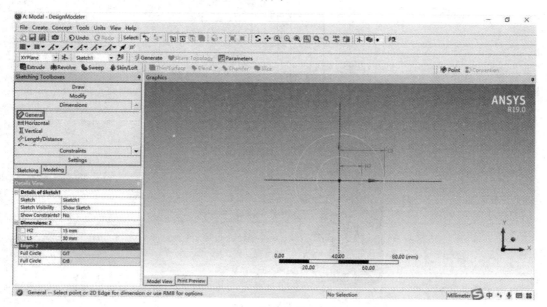

图 4-33　设置圆的尺寸

（3）拉伸草图 Sketch1。在草图工具中点击"Modeling"→"Sketch1"，选中草图 Sketch1，在 3D 几何体建模工具中点击"Extrude"，在 Details View 窗口中设置拉伸长度为 80 mm，在工具条中点击"Generate"按钮，即产生了这个三维模型，如图 4-34 所示。注意每次做完一个实体模型都要点击"Generate"，才可以产生这个实体模型。

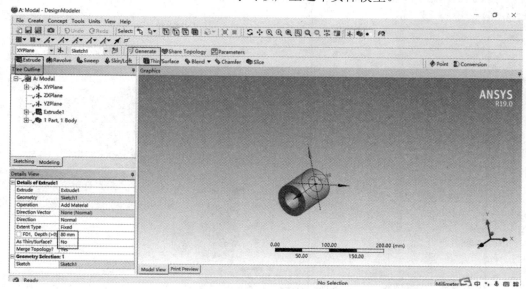

图 4-34　拉伸草图 Sketch1

(4) 创建第二个空心圆柱所在位置的新平面。在草图工具中点击"Modeling"→

"XYPlane"选取 XY Plane 作为基面，点击 ，创建一个新平面 Plane4。在 Details View

中设置 Plane4 的基本属性，沿着 Y 轴偏移 50 mm，沿着 Z 轴偏移 30 mm，绕着 X 轴旋转

60°，如图 4-35 所示。

图 4-35　创建第二个空心圆柱所在位置的新平面

(5) 创建草图 Sketch2。在草图工具中点击"Modeling"→"Plane4"，点击 ，处于

新建平面的正视图。按照(1)和(2)的方法绘制一个圆，半径设置为 15 mm，即 Sketch2，如图 4-36 所示。

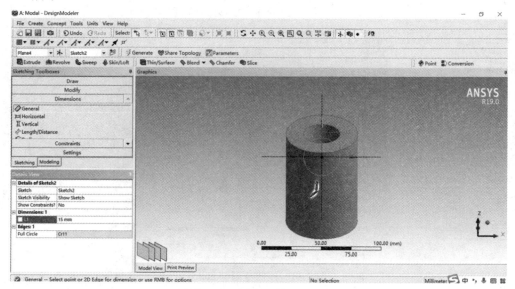

图 4-36　创建草图 Sketch2

(6) 拉伸草图 Sketch2。在草图工具中点击"Modeling"→"Sketch2"，选中草图 Sketch2，点击"Extrude"，在 Details View 窗口中设置 Extent Type 为 To Next(至下一个实体)，产生实体模型，如图 4-37 所示。

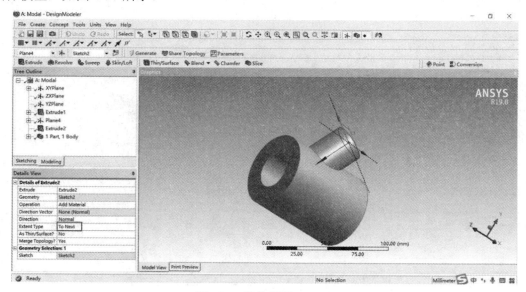

图 4-37　拉伸草图 Sketch2

(7) 创建草图 Sketch3。在草图工具中点击"Modeling"→"Plane4"，点击 ![按钮]，处于新建平面的正视图。按照(1)和(2)的方法绘制一个圆，半径设置为 6 mm，即 Sketch3，如图 4-38 所示。

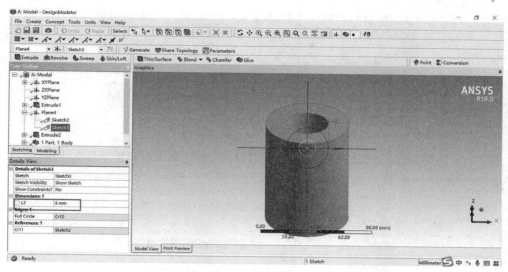

图 4-38　创建草图 Sketch3

(8) 拉伸草图 Sketch3。在草图工具中点击"Modeling"→"Sketch3"，选中草图 Sketch3，点击"Extrude"，在 Details View 窗口中设置 Operation 为 Cut Material，Extent Type 为 To Faces(至下一个面)，并选择第一个空心圆柱的内表面为这个面，产生实体模型，如图 4-39 所示。

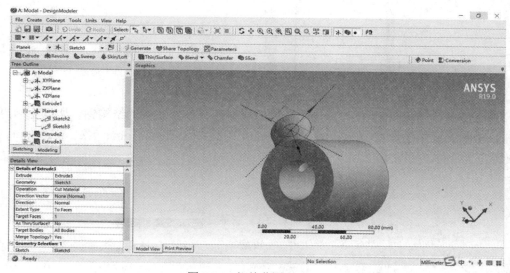

图 4-39　拉伸草图 Sketch3

思考　为什么绘制第二个空心圆柱的时候，需要分别构建草图 Sketch2 和 Sketch3，并进行分别拉伸？可以在草图 Sketch2 中直接绘制同心圆环并同时拉伸吗？

4.4.3　ANSYS Workbench 在应力场中的应用

例 4-7　图 4-40 是一简单的带孔平板(采用系统默认的材料进行分析)，零件的右端面完全固定，零件上端面受 500 N 竖直向下的力，分析零件的应力分布情况并校核零件强度。

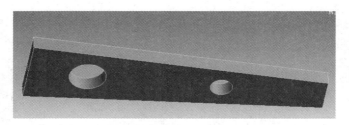

图 4-40　带孔平板

解　(1) 选择 Static structural 模块。分析题目，选择正确的分析模块，本例为静力分析，从 Analysis Systems 中将 Static Structural 模块拖到项目视图区，如图 4-41 所示。

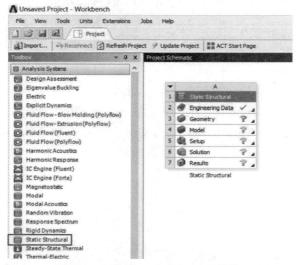

图 4-41　选择 Static Structural 模块

(2) 定义材料属性和单位。因为本题中的材料选择系统默认的结构钢，所以无须更改 Engineering Data 中的数据。在菜单中点击"Units"→"Metric (tonne, mm, s, ℃, mA, N, mV)"，定义单位为 mm，如图 4-42 所示。

图 4-42　定义材料属性和单位

(3) 导入几何体。ANSYS Workbench 中的几何体可以采用绘图模块进行绘制，也可以从外部导入。本例中选用提前画好的带孔平板，在 Toolbox 窗口点击"Static Structural"模块中的"Geometry"→"Import Geometry"→"Browse"，选择相应的存储位置，如图 4-43 所示。

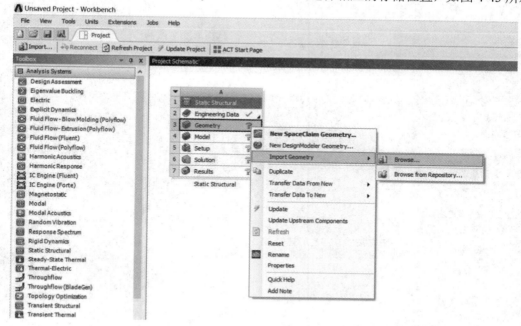

图 4-43　导入几何体

(4) 划分网格。网格的尺寸和形状直接影响计算的精度和速度。在结构树中 Project 下双击 Model，在 Details of Mesh 窗口中设置网格的尺寸、形状等性质，然后点击"Generate"生成网格，如图 4-44 所示。如果觉得网格划分得不合适，可重新设置网格属性，点击"Update"，更新网格的设置。

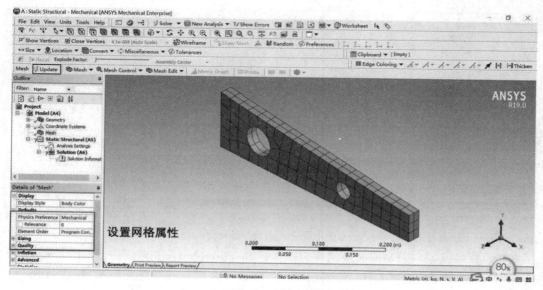

图 4-44　划分网格

(5) 施加载荷条件 1。在 Model 的结构树中选择 Static Structural(A5)便可设置载荷。本题中一共涉及两个载荷条件，一个是零件的右端面固定，另一个是零件上端面受 500 N 竖直向下的力。先施加第一个载荷条件，点击"Supports"→"Fixed Support"，选中右端面，点击"Apply"，如图 4-45 所示。

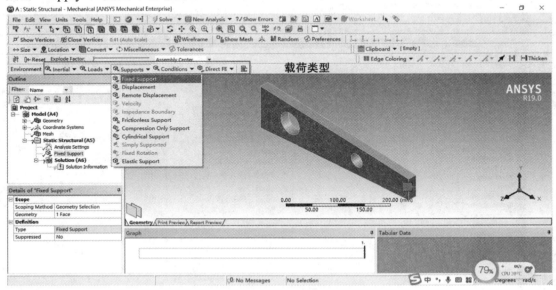

图 4-45   施加载荷条件 1

(6) 施加载荷条件 2。在结构树中点击"Loads"→"Force"，选中上端面，点击"Apply"，在 Details of Force 窗口中设置力的大小设置为–500 N，如图 4-46 所示。

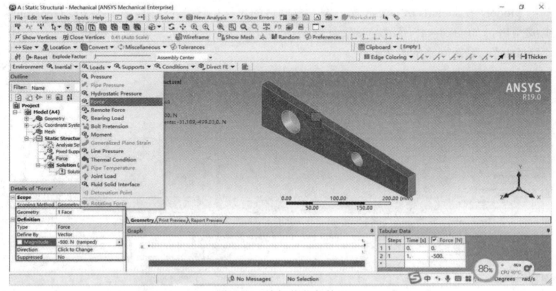

图 4-46   施加载荷条件 2

(7) 设置求解项。在 Model 的结构树中选择 Solution(A6)设置求解项。本例需要求解应变量和应力分布，点击"Deformation"→"Total"计算总的变形量，点击"Stress"→"Equivalent(von-Mises)"计算等效应力，最后点击"Solve"，如图 4-47 所示。

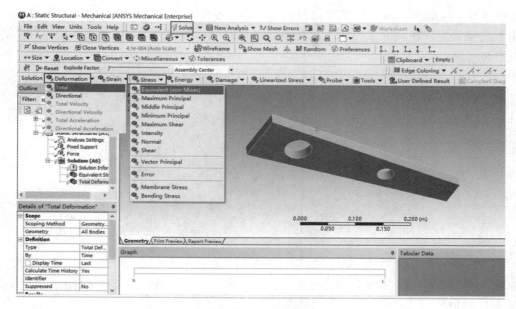

图 4-47　设置求解项

(8) 展示求解结果，如图 4-48 所示，上图为应力分布，下图为应变分布。展示方式很多，可自行选定。

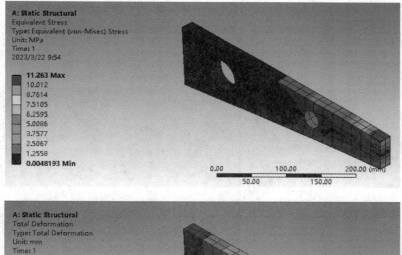

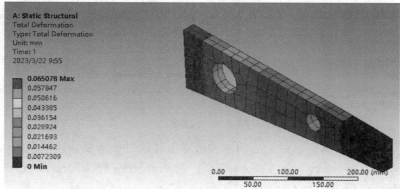

图 4-48　展示求解结果

例 4-8　图 4-49 为转轴模型，材料为结构钢，零件中间的圆孔能绕中间轴转动，图中面 1 被完全固定，在面 2 上受到一个与该面垂直的载荷力作用，力的大小为 200 N，分析其应力和应变。

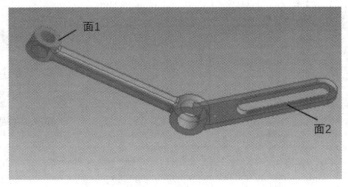

图 4-49　转轴模型

解　(1) 导入模型，本题为静力分析。在 Analysis Systems 中选择 Static Structural 模型，与图 4-41 相同。

(2) 导入几何模型，并选择单位为 mm，与图 4-42 和图 4-43 相同。

(3) 网格划分。网格的尺寸和形状严重影响计算的速度和精度。双击"Mesh"，设置 Details of Mesh 中的网格属性：尺寸为 3 mm，精细的，形状为六面体，如图 4-50 所示。

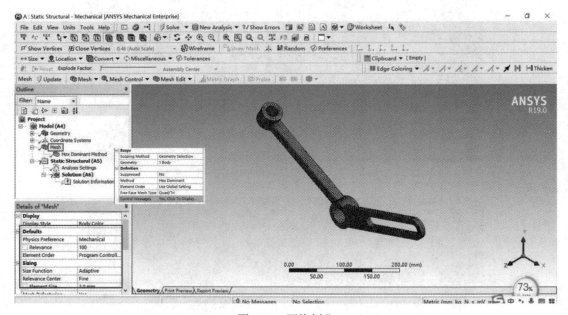

图 4-50　网格划分

(4) 设置 Geometry 属性。由于后续添加边界条件的时候需要新建平面，以及设置绘图属性，故应点击"Geometry"→"Properties"，在 Properties of Schematic A3：Geometry 窗口中勾选 Advanced Geometry Options 中的 Import Coordinate Systems，使新建平面能够导出，如图 4-51 所示。

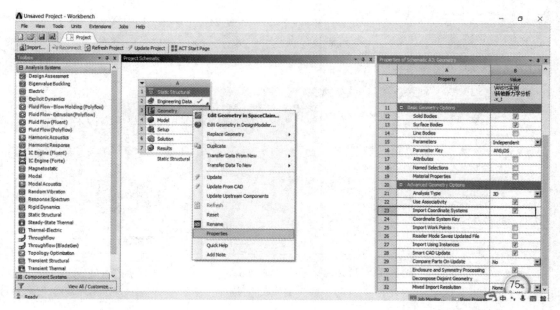

图 4-51　设置 Geometry 属性

（5）新建平面。点击 ，产生 Plane4，在 Details View 窗口中设置三点建面，选中图 4-52 中的三个红点，并导出新建平面，如图 4-52 所示。

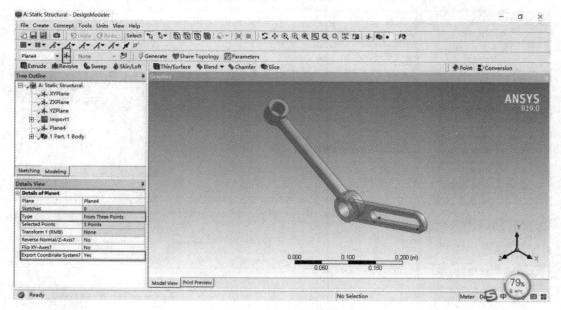

图 4-52　新建平面

（6）施加载荷条件 1。本题中共包含三个载荷条件，其一是面 1 为固定支撑，其二是中间圆孔能绕中间轴旋转，其三是面 2 受到垂直向下 200 N 的力，这三个载荷条件需要一一添加。先添加第一个载荷条件，点击"Supports"→"Fixed support"，选中面 1，点击"Apply"，如图 4-53 所示。

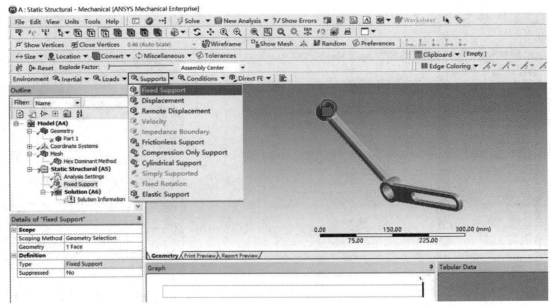

图 4-53　施加载荷条件 1

（7）施加载荷条件 2。点击"Supports"→"Cylindrical Support"，选择圆环的内表面，点击"Apply"，如图 4-54 所示。

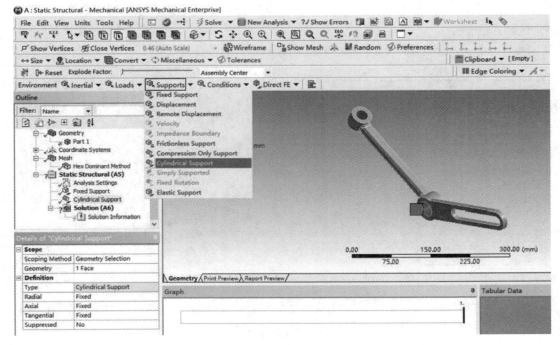

图 4-54　施加载荷条件 2

（8）施加载荷条件 3。点击"Loads"→"Force"，选中面 2(即第(5)步中的新建平面)，在 Details of Force 窗口中设置 Defined by components 为 Z 轴，在 Coordinate System 中选择 Plane4，设置力的大小为 200 N，即保证施加力的方向与面 2 垂直，如图 4-55 所示。

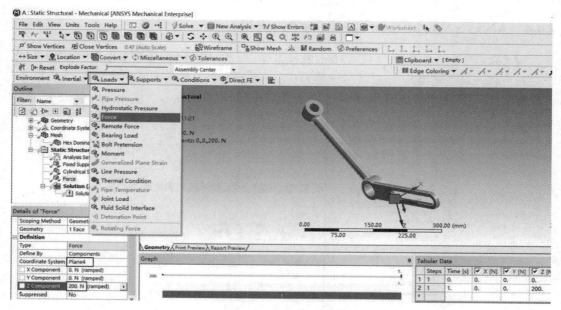

图 4-55　施加载荷条件 3

(9) 设置求解项，选择应变和应力，点击"Deformation"→"Total"计算应变，点击
"Stress"→"Equivalent(von-Mises)"计算应力，再点击"Solve"，与图 4-47 相同。

(10) 展示求解结果，如图 4-56 所示，上图为应变分布，下图为应力分布。

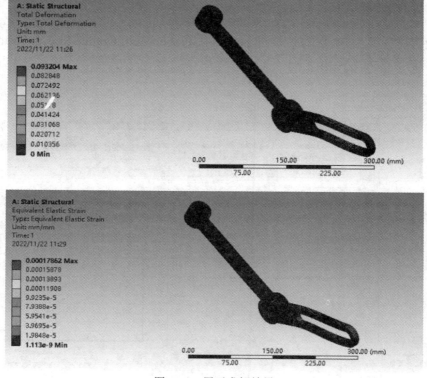

图 4-56　展示求解结果

4.4.4　ANSYS Workbench 在温度场中的应用

例 4-9　对于一个 $1\ \mathrm{m} \times 1\ \mathrm{m} \times 10\ \mathrm{m}$ 的长方体，为了方便计算，热导率设为 $1\ \mathrm{W/(m \cdot K)}$。已知长方体一端的温度为 $10\ ℃$，另一端为 $0\ ℃$，求热流密度并验证傅里叶公式。

解　(1) 选择模型。本题属于稳态导热，在 Analysis Systems 中将 Steady-State Thermal 模型拖至项目视图区，如图 4-57 所示。

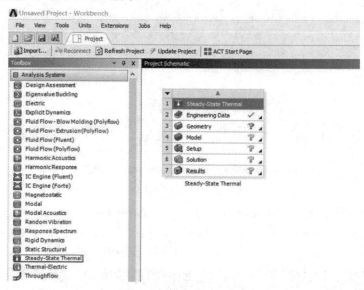

图 4-57　选择模型

(2) 设置材料属性。双击 Engineering Data，在 Properties of Outline Row 3: Structural Steel 窗口中设置热导率为 $1\ \mathrm{W/(m \cdot K)}$，如图 4-58 所示。

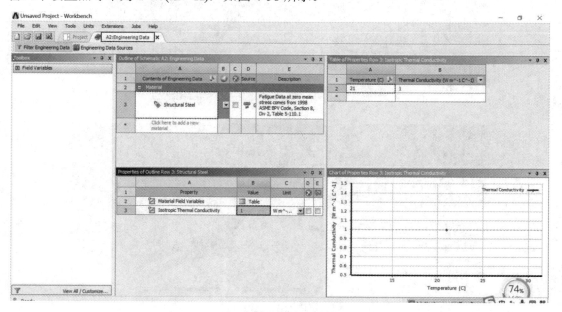

图 4-58　设置材料属性

　　(3) 绘制几何模型。本题的模型非常简单，直接采用 Geometry 中的 Design Molder 进行绘图，具体步骤参照例 4-6 的绘图过程，如图 4-59 所示。

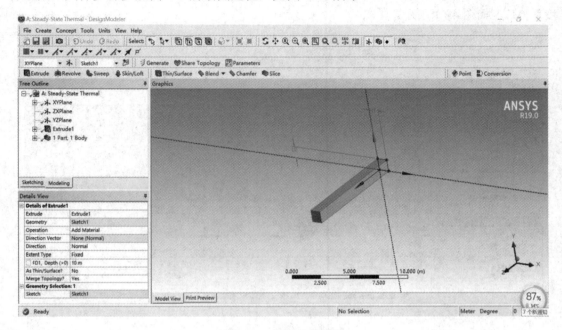

图 4-59　绘制几何模型

　　(4) 划分网格。这个模型比较简单，点击"Mesh"→"Generate"，采用默认的网格划分方法即可，如图 4-60 所示。

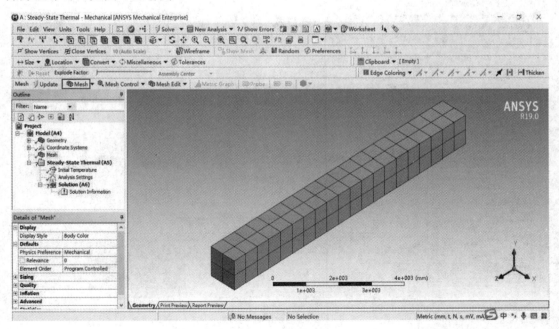

图 4-60　网格划分

　　(5) 施加载荷条件。本题中有两个载荷条件，一个是一端温度为 10℃，另一个是一端温度为 0℃。点击"Temperature",选中左端面,在 Details of Temperature 窗口中设置温度为 10℃,再次点击"Temperature",选中右端面,在 Details of Temperature 窗口中设置温度为 0℃,如图 4-61 所示。

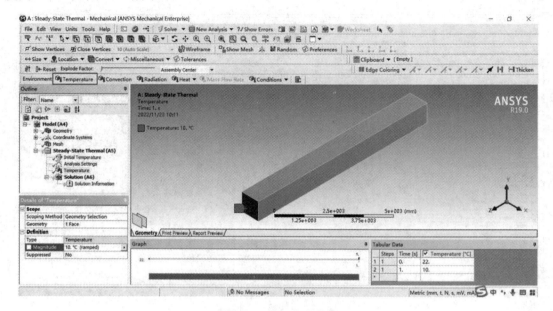

图 4-61   施加载荷条件

(6) 设置求解项。本题求解热流密度,点击"Thermal"→"Total Heat Flux",再点击"Solve",如图 4-62 所示。

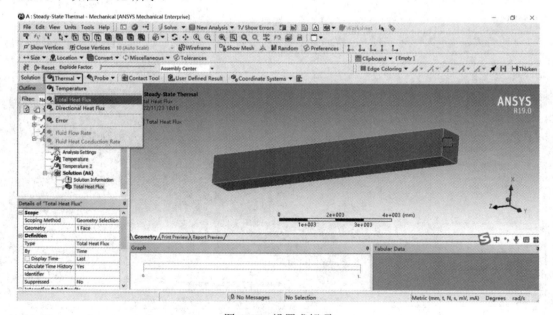

图 4-62   设置求解项

(7) 显示求解结果。热流密度为 1×10^{-6} W/mm^2,这个结果很好地验证了傅里叶定律,如图 4-63 所示。

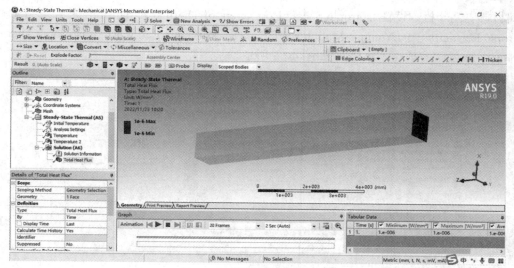

图 4-63　显示求解结果

4.4.5　ANSYS Workbench 在热力耦合场中的应用

例 4-10　将管道置于低温(-40℃)环境下，其内壁有高温(70℃)流体经过，为了阻止热传递，在内壁附上一层隔热层。求作用在管道内壁及绝热层上的热应力。

解　(1) 建立热力耦合模型。将 Component Systems 下的 Geometry 拖至项目视图区，再拖拽 Steady-State Thermal 模型与其关联，在 Steady-State Thermal 中 Solution 一栏中的 Transfer Data to New 选择 Static Structural 模型，将稳态热模型和静力模型关联，如图 4-64 所示。

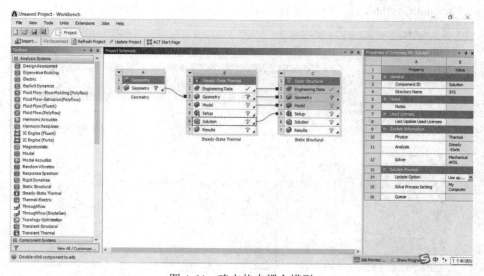

图 4-64　建立热力耦合模型

(2) 设置 mat1 材料参数。双击 Engineering Data，分别新建管道材料和隔热材料，输入两者的热物性参数。新建 mat1(管道材料)，将左侧工具栏中计算需要用到的材料参数拖至中间材料属性一栏。设置 Isotropic Secant Coefficient of Thermal Expansion 为 $1.2E-05C^{-1}$，Isotropic Elasticity 中的 Young's Modulus 为 2E+11Pa，Poisson's Ratio 为 0.3，Isotropic Thermal Conductivity 为 70 W·m^{-1}·C^{-1}，如图 4-65 所示。

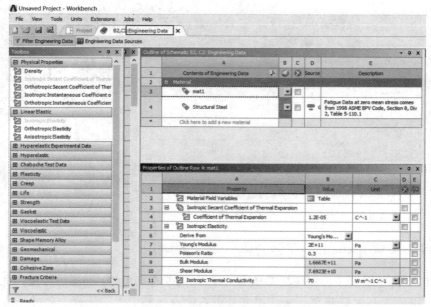

图 4-65　设置 mat1 材料参数

(3) 设置 mat2 材料参数。新建 mat2(隔热材料)，将左侧工具栏中计算需要用到的材料参数拖至中间材料属性一栏。设置 Isotropic Secant Coefficient of Thermal Expansion 为 $1.2E-06C^{-1}$，Isotropic Elasticity 中的 Young's Modulus 为 2E+10Pa，Poisson's Ratio 为 0.4，Isotropic Thermal Conductivity 为 0.02 W·m^{-1}·C^{-1}，如图 4-66 所示。

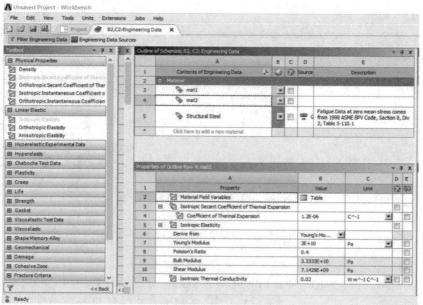

图 4-66　设置 mat2 材料参数

(4) 建立几何模型。将整个模型抽象成两个无限接近的矩形，一个是 10 mm × 140 mm 的矩形(代表绝热层)，一个是 50 mm × 500 mm 的矩形(代表管道)，两者之间的距离设置为 0.0001 mm。画好后，选中这个草图，在 Concept 中选择 Surfaces from Sketches，产生一个面，如图 4-67 所示。

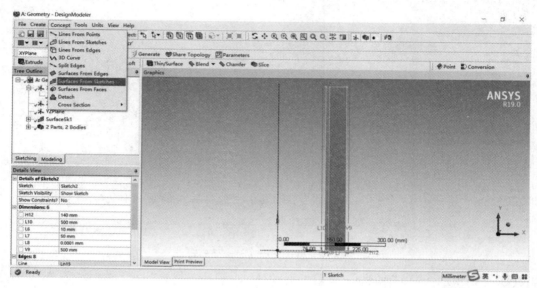

图 4-67　建立几何模型

(5) 设置对称的二维平面。由于第(4)步只绘制了一半管道，为了方便计算，可设置对称平面。在 Steady-State Thermal 的 Geometry 中右击 Properties，将 Analysis Type 从 3D 改为 2D。在 Details of Geometry 窗口中设置 2D Behavior 为 Axisymmetric，如图 4-68 所示。

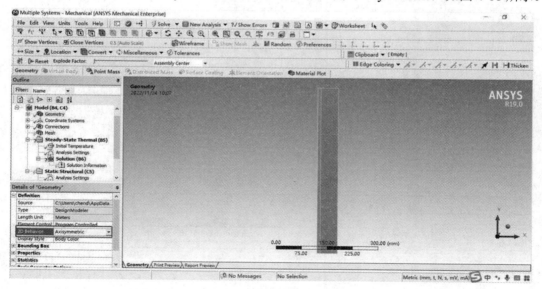

图 4-68　设置对称的二维平面

(6) 设置几何体对应的材料。Model 中的 Geometry 包含两个几何体，选中第一个 Surface Body(管道内壁)，在 Details of Surface Body 中设置 Assignment 为 mat1；选中另一个 Surface

Body(隔热层)，在 Details of Surface Body 中设置 Assignment 为 mat2，如图 4-69 所示。

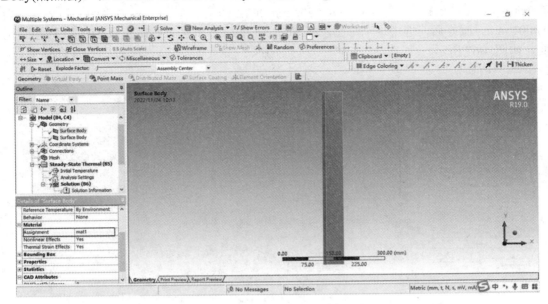

图 4-69   设置几何体对应的材料

(7) 网格划分。点击"Mesh"，在 Details of Mesh 窗口中设置 Size Function 为 Adaptive，Relevance Center 为 Fine，如图 4-70 所示。选中隔热材料面，在 Method 中选择 Multizone Quad/Tri 多区域方法，进行网格划分。

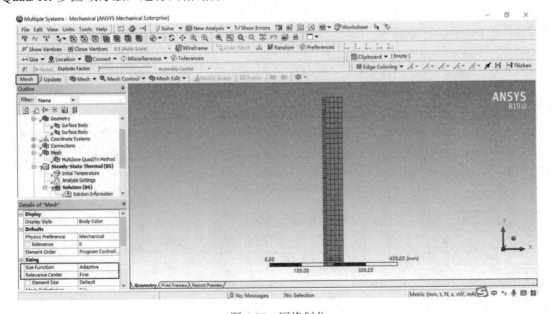

图 4-70   网格划分

(8) 设置稳态热模型中的载荷条件 1。这里有两个载荷条件，一个是管道内壁有 70 ℃的高温流体经过，另一个是管道放在 –40 ℃的低温环境下。先设置载荷条件 1，点击"Convection"，选中几何体的最左边(管道内壁边)，在 Details of Convection 窗口中设置 Film

Coefficient 为 1 W/mm² · ℃，Ambient Temperature 为 70 ℃，如图 4-71 所示。

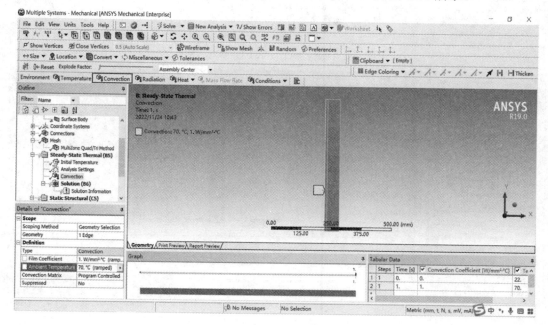

图 4-71　设置稳态热模型中的载荷条件 1

　　(9) 设置稳态热模型中的载荷条件 2。点击"Convection"，选中几何体的最右边(隔热材料边)，在 Details of Convection 窗口中设置 Film Coefficient 为 0.5 W/mm² · ℃，Ambient Temperature 为-40℃，如图 4-72 所示。

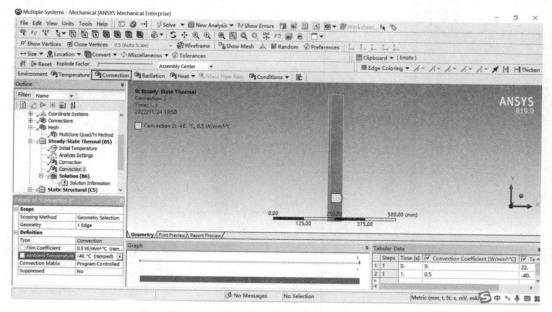

图 4-72　设置稳态热模型中的载荷条件 2

　　(10) 求解温度分布。在点击"Thermal"→"Temperature"，再点击"Solve"进行求解，如图 4-73 所示。

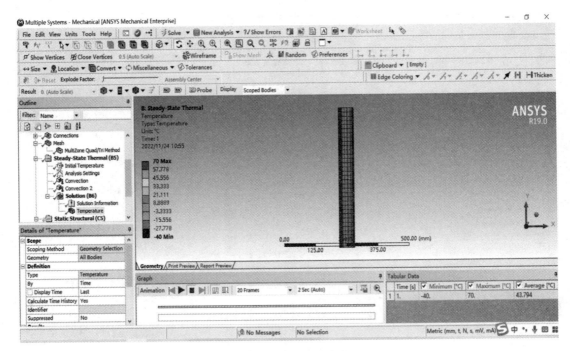

图 4-73　求解温度分布

(11) 设置静力分析中的载荷条件 1。第一个载荷条件是四条边的无摩擦支撑，在点击 "Supports" → "Frictionless Support"，选中左边的四条边，点击 "Apply"，如图 4-74 所示。

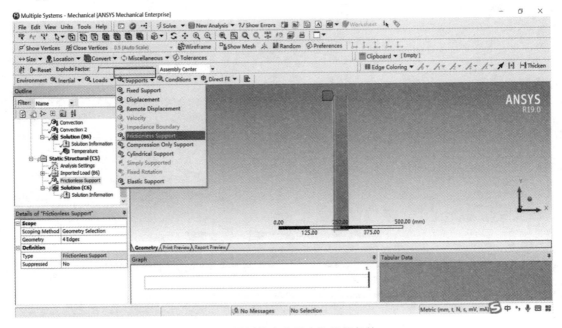

图 4-74　设置静力分析中的载荷条件 1

(12) 设置静力分析中的载荷条件 2。点击 "Loads" → "Pressure"，选中管道内壁，点击 "Apply"，设置 Details of Pressure 窗口中的压力为 0.3 MPa，如图 4-75 所示。

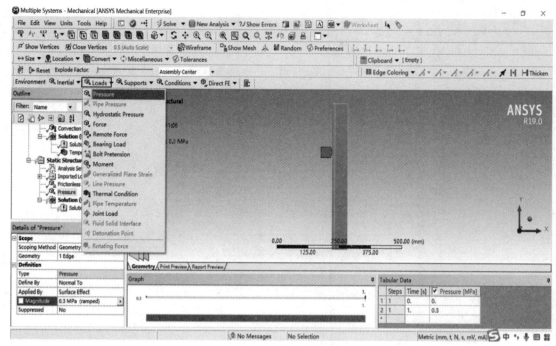

图 4-75 设置静力分析中的载荷条件 2

(13) 设置求解项。在结构树的 Solution 中选择 Equivalent Stress，再在 Imported Load 中点击鼠标右键，把热传导产生的应力也加载进去，点击 "Solve"，如图 4-76 所示。

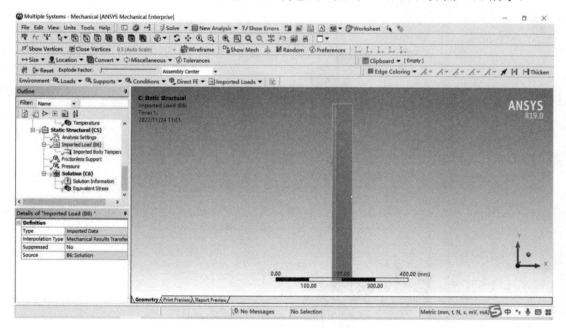

图 4-76 设置求解项

(14) 显示求解结果，如图 4-77 所示。

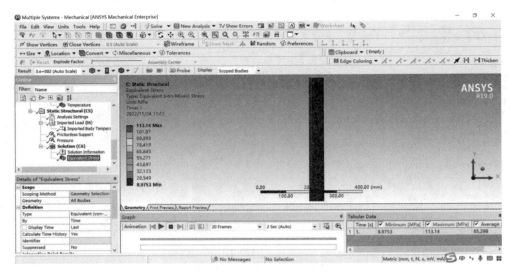

图 4-77　显示求解结果

练习 4-1　采用 Design Molder 绘制如图 4-78 所示的三维模型。

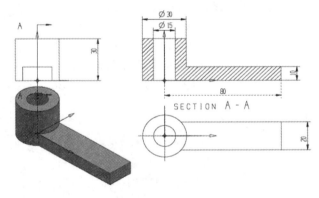

图 4-78　三维模型

练习 4-2　用 Design Molder 绘制如图 4-79 所示的三维模型。其左端面受到垂直向右 200 N 的力，右端面固定，求零件上的应力分布。

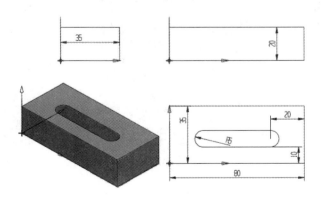

图 4-79　三维模型

4.5　MATLAB 软件在材料科学中的应用

材料科学中的实际问题可以抽象成数学模型，获得数学模型的解便可有效解决工程应用中的实际问题。MATLAB 软件可以对数学模型采用编程方法获得最终数值解，从而解决实际问题。本节主要介绍 MATLAB 的语言基础和程序设计，并引入实例介绍其在材料科学中的基本应用。

4.5.1　MATLAB 概述

MATLAB(MATrix LABoratory)是 MathWork 公司开发的一种用于数值计算与数据可视化的软件平台，它既是一种交互式系统也是一种编程语言。数组是 MATLAB 中最基本的数据元素可以是标量、向量、矩阵或多维数组。除了对数组进行基本操作之外，MATLAB 和其他计算语言类似，也可以使用函数、控制流等进行操作。其内容涉及矩阵代数、微积分、应用数学、有限元法、科学计算、信号与系统、神经网络、小波分析及其应用、数字图像处理、计算机图形学、电机学、自动控制与通信技术、物理、机械振动等方面。

4.5.2　MATLAB 语言基础

1. 变量、运算符、函数、表达式

1) 变量

MATLAB 中的变量名称可以由字母、数字或下划线组成，但必须以字母开头，而且长度不能超过 19 个字符。另外，变量名称区分字母的大小写。

2) 运算符

MATLAB 中的运算符包括以下几类：

(1) 算术运算符：+、−、*、/(左除)、\(右除)、^(幂)。

(2) 关系运算符：<(小于)、>(大于)、<=(小于等于)、==(等于)、~=(不等于)。

(3) 逻辑运算符：&(与)、|(或)、~(非)。

(4) 赋值运算符：=。

3) 函数

MATLAB 中有很多函数，如矩阵运算函数(如求矩阵行列式的值函数 det ()、三角分解函数 lu()、正交三角分解函数 qr()、奇异值分解函数 svd()、特征值分解函数 eig()等)、基本初等函数(如 sin()、cos()、sqrt()、exp()、log()等)、与矩阵有关的常用函数(如 norm 函数、cond 函数、rank 函数、zeors 函数、ones 函数、eye 函数、size 函数、length 函数等)。

2. 命令基本形式

以"》"开头一行一条命令，超过一行可用续行符"…"，基本形式如下：

(1) "》"控制命令、语句或程序段；

(2) 如果不用立即显示结果，可在命令后加 ";"，比如：

》语句 1；语句 2；…；语句 n

3. 语句(命令)

1) 控制语句

(1) for 循环。其一般形式：

for 循环变量 = 表达式 1：表达式 2：表达式 3

循环语句体

end

(2) while 循环。其一般形式：

while 表达式

循环语句体

end

(3) if 语句。其一般形式：

if 表达式 1

语句体 1

elseif 表达式 2

语句体 2

else

语句体 3

end

(4) switch-case 语句。其一般形式：

switch 表达式(标量或字符串)

case 值 1，

语句体 1

case {值 2.1，值 2.2 …}

语句体 2

⋮

otherwise，

语句体 n

end

2) 绘图语句

通过以下两个命令可以得到相关的绘图语句：

(1) help graph2d：可得到所有画二维图形的语句(命令)；

(2) help graph3d：可得到所有画三维图形的语句(命令)。

4.5.3 MATLAB 程序设计初步

用 MATLAB 语言编写的程序称为 M 文件，M 文件分为 M 脚本文件和 M 函数文件。M 脚本文件可直接由 MATLAB 解释执行，M 函数文件则需要通过调用执行。未加说明时，

M 文件通常指脚本文件。

1. M 文件的建立

M 文件是一个文本文件，它可以用任何编辑程序来建立和编辑。一般常用且最为方便的是 MATLAB 提供的文本编辑器。

建立新的 M 文件可通过以下三种方式启动 MATLAB 文本编辑器。

(1) 菜单操作。在 MATLAB 主窗口点击"File"→"New"→"M-File"，屏幕上将出现 MATLAB 文本编辑器窗口。

(2) 命令操作。在 MATLAB 命令窗口输入命令"edit"，启动 MATLAB 文本编辑器后，输入 M 文件的内容并存盘。

(3) 命令按钮操作。单击 MATLAB 主窗口工具栏的"newScript"命令按钮，启动 MATLAB 文本编辑器后，输入 M 文件的内容并存盘。

MATLAB 程序(M 文件)的常用命令如表 4-5 所示。

表 4-5　MATLAB 常用命令

命令	作　用	命令	作　用
exit	退出 MATLAB	help	获得帮助信息
clear	清除工作空间的变量	clc	清除显示的内容
demo	获得 demo 演示帮助信息	edit	打开 M 文件编辑器
type	显示指定 M 文件的内容	which	指出其后文件所在的目录
figure	打开图形窗口	md	创建目录
clf	清除图形窗口	cd	设置当前工作目录
dir	列出指定目录下的文件和子目录清单	whos	内存变量的详细信息
who	显示内存变量	plot	绘图

2. 脚本文件的编写

脚本文件的编写相对简单，基本没有格式上的约束，整个文件分为执行和注释两部分，所有注释内容以符号"%"开头，函数名、输入及输出参数均不用定义，其文件名即为文件调用时的命令名。

3. 函数文件的编写

函数文件具有标准的基本结构，在调用时函数接受输入参数，然后执行并输出结果。可以用 help 命令显示函数文件的注释说明。函数文件的基本结构如下：

(1) 函数定义行 (关键字 function)：

function [out1, out2, …] = filename (in1, in2，…)

输入和输出(返回)的参数个数分别由 nargin 和 nargout 两个 MATLAB 保留的变量来给出。

(2) 第一行帮助行：即 H1 行，以"%"开头，作为 lookfor 指令搜索的行。

(3) 函数体说明及有关注解：以"%"开头，用以说明函数的作用及有关内容。

(4) 函数体语句：包含函数的全部计算代码，由它来完成设计的功能。

以上四部分中，(1)和(4)不可缺少，其余两部分可省略，但为了增强程序的可读性和便于以后修改，应养成良好的注释习惯。

4.5.4   MATLAB 在材料科学中的应用

1. MATLAB 矩阵功能在材料配料方面的应用

例 4-11   某 Na_2O-CaO-SiO_2 系统玻璃的设计成分如表 4-6 所示，要求在实验室用化工原料进行熔制。化工原料的成分见表 4-7，采用 MATLAB 软件计算熔制 100 g 玻璃液需要各种化工原料的用量。

表 4-6   玻璃的设计成分

氧化物	SiO_2	CaO	MgO	Al_2O_3	Na_2O
质量分数/%	72.5	4.5	1.2	3.5	18.3

表 4-7   化工原料成分

原料名称	各成分质量分数/%				
	SiO_2	$CaCO_3$	$MgCO_3$	$Al(OH)_3$	Na_2CO_3
石英砂	99.4	—	—	—	—
碳酸钙	—	98.6	—	—	—
碳酸镁	—	—	99.3	—	—
氢氧化铝	—	—	—	99.2	—
纯碱	—	—	—	—	98.6

具体的 MATLAB 程序如下：

```
a=[72.5/100 4.5/100 1.2/100 3.5/100 18.3/100]; %数组 a 存放玻璃各组分的质量百分数
k=[1 56/100 40.3/84.3 101.96/156 62/106]; %数组 k 存放原料中各组分转化为玻璃设计成分的转化率
l=[0.994 0.986 0.993 0.992 0.986]; %数组 l 存放原料中各组分的质量分数
b=100*a./k./l %数组 b 存放熔制 100g 玻璃液所需的石英砂、碳酸钙、碳酸镁、氢氧化铝、纯碱的量
```

运行该程序后，得到结果如下：

```
b =
    72.9376    8.1498    2.5279    5.3982    31.7313
```

由此可得，熔制 100 g 玻璃液所需的石英砂、碳酸钙、碳酸镁、氢氧化铝、纯碱的量分别为 72.9 g、8.1 g、2.5 g、5.4 g 和 31.7 g。

阅读材料：我国第一颗原子弹与氢弹研制过程中的理论计算

20 世纪 50 年代，为对抗美苏两方的核讹诈，我国启动核武器研发计划，邓稼先、钱三强、于敏等老一辈科学家攻坚克难，成功研制了我国第一颗原子弹与氢弹，并建立起了一个从铀矿普查、勘探、开采到铀同位素分离，从核燃料元件制造到反应堆运转的工业生产体系。在项目研发初期，了解原子弹的基本原理对于成功制造原子弹来说远远

不够，更重要的是需要计算出 U235 链式反应的许多关键参数。通过矩阵递归方法求多维偏微分方程的近似解是解决该问题的有效手段，在当时没有 MATLAB 矩阵运算的条件下，科学家利用"飞鱼牌"手摇计算机与算盘进行了大量的数学矩阵运算，为追求更高的计算精度，他们通过有限的计算机资源和人工算盘方式夜以继日地工作，完成了第一颗原子弹的理论计算工作，为原子弹和氢弹的成功研制作出了巨大贡献。经过多年实践的检验和技术的革新，MATLAB 软件已经成为科学和工程各领域专家、学者和高校师生最常用的仿真工具软件，在汽车、航空、航天、电子、通信、信息、金融、经济、医学、半导体、能源、人工智能、数据科学和教育科学等学科领域有着广泛的应用。

2. MATLAB 的偏微分方程(PDE)工具箱分析材料科学与工程中的温度场

例 4-12　以某型号钢制薄板焊件焊缝温度场为例，分析焊接过程中的温度场。焊接模型如图 4-80 所示，因温度场对称，取焊件的一半作为模型进行离散化。焊接电弧起始点为 O 点，以速度 v 沿 x 轴移动，经过 t 时间后到达 O' 点。

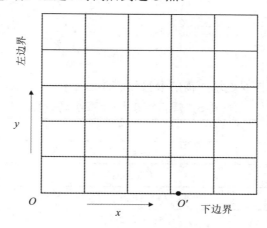

图 4-80　二维焊接离散图

在此过程中，电弧引起的面热源分布可通过高斯数学分布来表示，表达式如下：

$$Q(r) = \frac{Q_m}{h} \exp\left[-\frac{3r^2}{R^2}\right] \tag{4-71}$$

式中，Q_m 为加热斑点中心的最大热流密度，h 为工件厚度，R 为电弧有效加热半径，r 为焊件与电弧加热斑点中心的距离，$r = \sqrt{y^2 + (x - vt)^2}$。

高斯分布面热源可以很好地描述热流密度在焊件表面上的分布，对薄板焊接有很强的适用性。为进一步简化分析过程，计算过程中不考虑材料参数随温度的变化，不考虑相变潜热，考虑对流换热的影响，不考虑热辐射。此问题可归类为二维不稳态导热，导热方程为

$$\frac{1}{\alpha}\frac{\partial T}{\partial t} = \frac{\partial^2 T}{\partial x^2} + \frac{\partial^2 T}{\partial y^2} + \frac{Q}{k} \tag{4-72}$$

MATLAB 中的偏微分方程(PDE)工具箱用有限元法求解偏微分方程得到数值近似解，

可求解线性的、椭圆型、抛物线型、双曲线型偏微分方程及本征型方程和简单的非线性偏微分方程。PDE 工具箱可用于求解材料科学与工程中的温度场、应力场和浓度场问题。

该题目可转化为求以下微分方程组(以 y 轴正方向为上，x 轴正方向为右)：

$$\begin{cases} \rho C \dfrac{\partial T}{\partial t} = k\Delta + Q \\[2mm] T(x,y,0) = T_0 \\[2mm] k\dfrac{\partial T}{\partial x} = 0 \ (\text{左边界，} y\text{轴}) \\[2mm] k\dfrac{\partial T}{\partial x} = \alpha\left(T_{\mathrm{e}} - T\right) \ (\text{右边界}) \\[2mm] k\dfrac{\partial T}{\partial y} = \alpha\left(T - T_{\mathrm{e}}\right) \ (\text{下边界，} x\text{轴}) \\[2mm] k\dfrac{\partial T}{\partial x} = \alpha\left(T_{\mathrm{e}} - T\right) \ (\text{上边界}) \end{cases}$$

式中，Δ 为拉普拉斯算子，在这里指式(4-72)中的 $\dfrac{\partial^2 T}{\partial x^2} + \dfrac{\partial^2 T}{\partial y^2}$。

1) 参数输入

从资料查得计算焊接温度场所需的参数如表 4-8 所示。

表 4-8　焊接温度场计算所需参数

参　数	数　值	含　义
ρ	7.9 g/cm³	密度
v	0.5 cm/s	焊接速度
h	1 cm	板厚度
Q_{m}	5000 cal/cm³	热源分布密度
α	0.0009 cal/(cm² · s · ℃)	表面传热系数
T_0	25 ℃	初始温度
k	0.1 cal/(cm² · s · ℃)	热导率

注：1 cal = 4.187 J。

此时

$$\begin{aligned} Q(r) &= \frac{Q_{\mathrm{m}}}{h}\exp\left[-\frac{3r^2}{R^2}\right] \\[2mm] &= \frac{5000\ \mathrm{cal/cm^3}}{1\ \mathrm{cm}}\exp\left[-\frac{3\left(y^2 + (x-vt)^2\right)}{R^2}\right] \\[2mm] &= 5000\exp\left[-\frac{3\left(y^2 + (x-vt)^2\right)}{0.64}\right] \end{aligned}$$

式中，R 取 0.8 cm。

2) 用 PDE 工具箱进行模拟计算

(1) 区域设置，在 MATLAB 命令窗口输入"pdetool"，如图 4-81 所示。打开的 PDE 工具箱，窗口如图 4-82 所示。单击 □ ，在窗口中拉出一个矩形，双击矩形区域，在"Object Dialog"对话框的"Left"中输入"0"，在"Bottom"中输入"0"，在"Width"中输入"2"，在"Height"中输入"2"，如图 4-83 所示。选择菜单命令"Options→Axes Limits"，设置 x 轴的范围为[−0.5,2.5]，打开 y 轴范围的 Auto 选项，调整坐标显示比例，如图 4-84 所示。选择菜单命令"Options→Application"，设置使用热传输模型"Heat Transfer"，如图 4-85 所示。

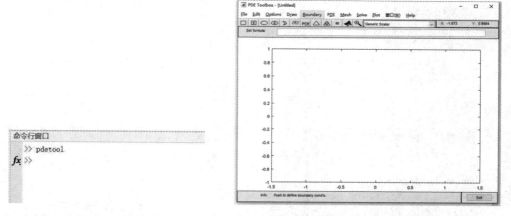

图 4-81　MATLAB 命令窗口　　　　　　图 4-82　PDE 工具箱窗口

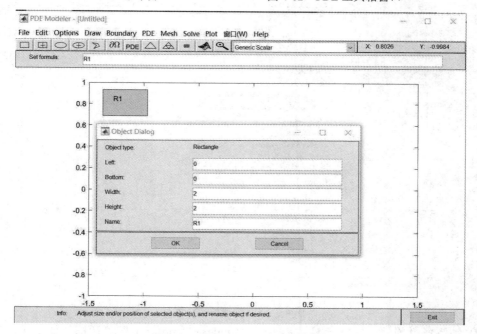

图 4-83　"Object Dialog"对话框

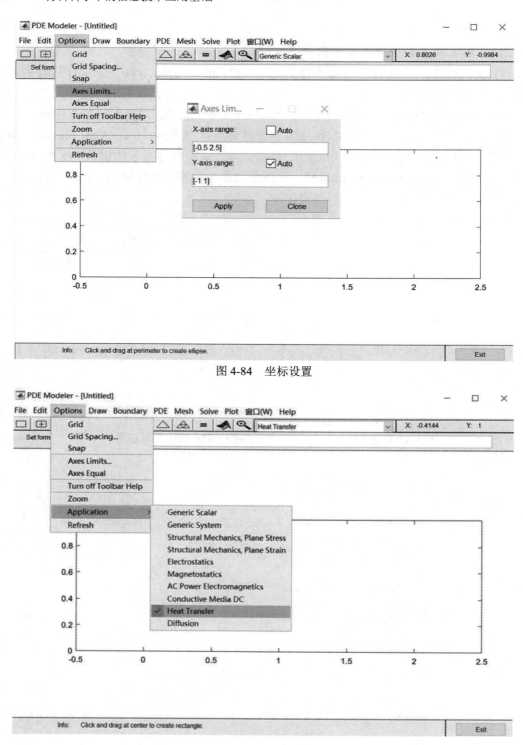

图 4-84　坐标设置

图 4-85　热传输模型设置

(2) 边界条件设置。单击 $\partial\Omega$，打开"Boundary Conditions"对话框，如图 4-86 所示。分别双击每段边界，选择"Neumann"，根据表 4-9 所示的边界条件设置值输入各项参数。

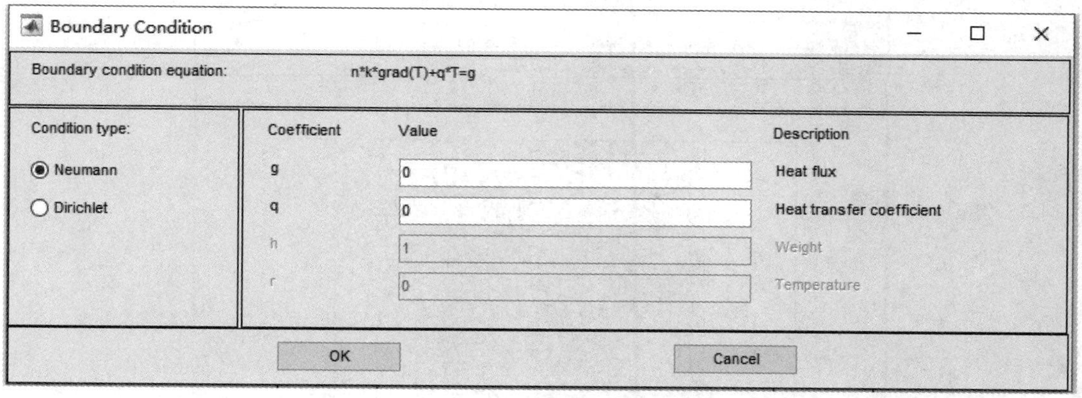

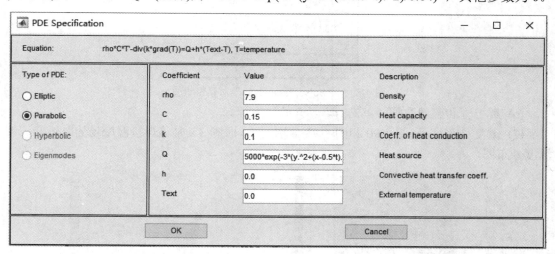

图 4-86　"Boundary Conditions"对话框

表 4-9　边界条件设置值

边界	g(热流系数)	q(热传递系数)
左边界	0	0
右边界	0.0009*25	0.0009
下边界	−0.0009*25	−0.0009
上边界	0.0009*25	0.0009

(3) 方程类型设置。单击 PDE，打开"PDE Specification"对话框，如图 4-87 所示。设置方程类型为"Parabolic"，设置参数"rho"(密度)为"7.9"，"C"(比热容)为"0.15"，"k"(热导率)为"0.1"，"Q"(热源)为"5000*exp(-3*(y.^2+(x-0.5*t).^2)/0.64)"，其他参数为 0。

图 4-87　"PDE Specification"对话框

(4) 网格划分。单击 △，如图 4-88 所示，进行网格划分；再单击 △，即可加密网格。

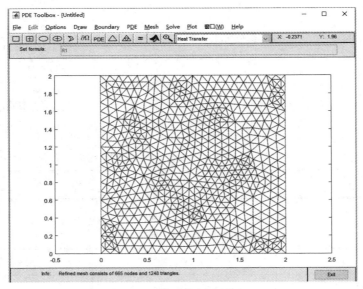

图 4-88   网格划分图示

(5) 初值和误差的设置。选择菜单命令"Solve"→"Parameters",打开"Solve Parameters"对话框,如图 4-89 所示,设置初值和误差。

图 4-89   "Solve Parameters"对话框设置

(6) 解方程和整理数据。单击 ▬ ,开始解方程。

(7) 温度分布显示。图 4-90 和图 4-91 分别为 1 s 时和 3 s 时该焊接温度场的二维和三维温度分布图。

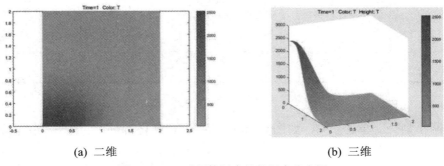

(a) 二维   (b) 三维

图 4-90   1 s 时焊接温度场的温度分布图

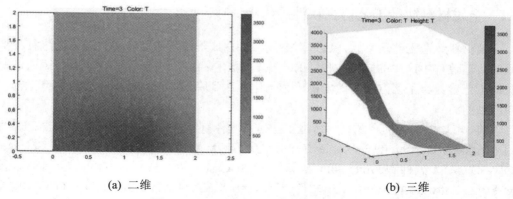

(a) 二维　　　　　　　　　　　(b) 三维

图 4-91　3 s 时焊接温度场的温度分布图

习题 4-3　增材制造是采用高能量密度激光束将材料熔化逐渐累加来制造零件的技术，在复杂薄壁工件的精密成形、一体化大尺寸构件加工等方面极具竞争力，被认为是一种新型高效率绿色制造方法。以某型号钛合金薄板基体上的增材制造过程为例，采用 MATLAB 偏微分方程(PDE)工具箱来分析加工过程中的温度场变化(所需的参数如表 4-10 所示)。

表 4-10　计算所需参数

参　数	数　值	含　义
ρ	4.5 g/cm^3	密度
v	0.4 cm/s	激光移动速度
h	0.5 cm	钛板厚度
Q_m	4×10^6 cal/cm^3	热源分布密度
α	0.0006 cal/(cm^2 · s · ℃)	表面传热系数
T_0	25 ℃	初始温度
k	0.03 cal/(cm^2 · s · ℃)	热导率

4.6　材料加工过程中的模拟软件

　　目前，在工业发达国家，材料成形计算机模拟技术越来越广泛地在各工业部门中得到应用，产生了明显的经济效益，正在深刻地改变着传统的产品设计和制造方式。在工业需求的推动下，国外已涌现出一批用于材料成形计算机模拟的商业软件，如用于金属板料成形分析的 DYNAFORM、PAM-STAMP、AutoForm 等，用于金属体积成形及热处理分析的 DEFORM 等。我国也研究开发了一些模拟软件，但在软件商品化，尤其是模拟技术的实际应用方面与工业发达国家相比还有一定的差距。本节主要简介金属材料铸造工艺仿真软件 AnyCasting、塑料注塑工艺仿真软件 Moldflow 和金属体积成形及热处理分析软件 Deform。

4.6.1 金属材料铸造工艺仿真软件

金属材料铸造工艺仿真软件通过对金属铸件在成形过程中的流场、温度场进行模拟，并且对铸造过程中产生的缺陷(如裹气、冷隔、缩孔、缩松)进行预测，从而对铸造过程所涉及的工艺参数、工艺方案等做出评价和优化，达到降低铸造废品率、缩短铸造工艺定型周期的目的。

当前，市场上主流的金属材料铸造工艺仿真软件有：法国 ESI Group 的 ProCAST 软件、德国 MAGMA Giessereitechnologie GmbH 的 MAGMASOFT 软件、美国 Flow Science 的 FLOW-3D CAST 软件和 Finite Solutions 的 SOLIDCast 软件、日本高力科的 JSCAST、韩国 AnyCasting Software 的 AnyCasting 软件。其中，ProCAST、MAGMASOFT 和 FLOW-3D CAST 软件被广泛应用于铸造行业，尤其是汽车和重工业领域铸造件的设计和优化；SOLIDCast 应用于工程机械、汽车、重工业、科研院所等领域；JSCAST 的用户集中在汽车、重工业、工程机械、压铸机械等行业；AnyCasting 主要应用于汽车、造船、重工业及电气、电子行业。此外，市场上还可以看到华中科技大学的华铸 CAE、NovaCast 的 NOVACAST、Altair 的 Inspire Cast、日立的 ADSTEFAN、C3P Software 的 Cast-Designer、TRANSVALOR 的 THERCAST、北方恒利的 CASTSOFT 等铸造工艺仿真软件。

AnyCasting™是韩国 AnyCasting 公司自主研发的新一代基于 Windows 操作平台的高级铸造模拟软件系统。AnyCasting 采用基于混合算法的 Real Flow 技术，使用智能化的可变网格自动生成，支持多核高性能并行运算，适用于砂型铸造、金属型重力铸造、高压压铸、低压铸造、倾转铸造、精密铸造、半固态等几乎所有铸造工艺的仿真分析。借助 AnyCasting，可以准确预测烧不足、气孔、缩孔缩松、冷隔、夹渣、变形等缺陷；指导浇冒口、冷却系统设计和模具设计；优化铸造过程工艺参数；减少产品试模次数，降低铸造成本；提高产品质量和市场竞争力。AnyCasting 已广泛应用于汽车制造、电子电器、重型工业等行业，为铸件质量提供了可靠的技术保障。

AnyCasting 分为基本模块、工艺模块和高级模块，如图 4-92 所示。其中基本模块可分为前处理(anyPRE)、网格划分(anyMESH)、数据库管理(anyDBASE)、求解器(anySOLVER)、后处理(anyPOST)和并行计算(BATCH RUNNING)。

图 4-92　AnyCasting 软件基本模块

1. anyPRE

作为 AnyCasting™的前处理程序，anyPRE 可以实现 CAD 模型的导入，有限差分网格的划分，模拟条件的设置，并调用 anySOLVER 进行求解。使用 anyPRE，可以进行多种设置，包括工艺流程和材料的选择，边界、热传导和浇口条件的设置，也可以通过特殊功能模块来设置一些设备和模型，还可以通过 anyPRE 提供的 CAD 功能来查看、移动/旋转实体坐标系统。

2. anySOLVER

作为 AnyCasting™的求解器，anySOLVER 能够根据设定计算流场和温度场。铸造成型模拟包括计算熔体充型过程的流动分析和熔体凝固过程的传热/凝固分析。只有在两个分析都准确的前提下才能正确预测可能造成缺陷的区域。

3. anyPOST

作为 AnyCasting™的后处理器，anyPOST 通过读取 anySOLVER 中生成的网格数据和结果文件在屏幕上输出图形结果。anyPOST 可用二维和三维观察充型时间、凝固时间、等高线(温度、压力、速率)和速度向量，也可用传感器的计算结果来创建曲线图。这个程序具备动画功能使用户把计算结果编辑成播放文件，通过卓越的结果合并功能来观察各种二维或三维的凝固缺陷。另外，相关资料可以保存成新的文件用于将来的复试。

4. anyMESH

anyMESH 能编辑由 anyPRE 生成的网格文件，可以轻松地修改网格信息而不改变几何模型。

5. anyDBASE

作为一个铸造成型中熔体，模具和其他材料性能的数据库管理程序，anyDBASE 主要分为常规数据库和用户数据库。常规数据库提供了具有国际标准的常用材料性能，而用户数据库使用户能保存和管理修改或附加的数据。用户能简单地选择感兴趣的材料而不需要输入几百种不同的材料性能。另外，它还提供了每种材料的传热系数，提高了程序的方便性。

6. BATCH RUNNIER

BATCH RUNNER 是一个控制 anySOLVER 管理运行项目的程序。通常，用户总有几个具有不同模拟条件的方案需要运行，并且每个方案都要花几个小时来求解。在 BATCH RUNNER 的管理下，项目管理变得简单易行。使用 BATCH RUNNER，用户可以先将相应的模拟文档(*.prpx，*.prp)加到表单中，anySOLVER 执行顺序会根据系统的 CPU 核数、内存大小和剩余硬盘空间进行自动调整。由于断电或操作系统错误造成的程序非正常退出(睡眠模式除外)，系统会自动保存这一信息，并在系统重启后自动恢复。当模拟在运行时，用户也可以在表单中增加、删除模拟文档或改变模拟文档的优先级。

在 AnyCasting 的基本模块中，直接使用的是 anyPRE、anySOLVER、anyPOST 三个模块，anyDBASE 模块在 anyPRE 中设置材料属性、热交换系数等条件时使用，anyMESH 模块在需要修改网格信息才可使用。

4.6.2 塑料注塑工艺仿真软件

塑料注塑工艺仿真是指根据塑料加工流变学和传热学的基本理论，建立塑料熔体在模具型腔中流动、传热的物理、数学模型，利用数值计算理论构造其求解方法，利用计算机图形学技术在计算机屏幕上形象、直观地模拟出实际成型中熔体的动态填充、冷却等过程，并定量地给出成型过程中的状态参数，如压力、温度、速度等。

目前，市面上使用较多的注塑工艺仿真软件是美国 Autodesk 的 Moldflow 软件、中国(台湾)科盛科技的 Moldex3D、日本东丽工程的 3D TIMON，这几款软件应用最为广泛，行业认可度较高。具体来讲，Moldflow 软件广泛应用于汽车、家电、电子以及精密模具等行业，Moldex3D 主要应用于汽车、航空航天、高科技/电子、医疗等领域。

尽管注塑工艺仿真本身是一个非常狭窄的技术范畴，市场容量有限，但是不同软件的角逐仍很激烈。注塑工艺仿真软件的后起之秀主要包括华中科技大学的 HsCAE 软件、Altair 的 Inspire Mold 软件、达索系统的 SIMPOE 和 SOLIDWORKS Plastics 软件，它们均在塑料制品和模具设计的众多应用中发挥了重要作用。

Moldflow 是一款用于塑料产品、模具设计与制造的仿真软件，可用于解决塑料注压成型方面的问题，其高级工具和简明的用户界面有助于解决制造难题，如零件翘曲、冷却管道效率分析以及成型周期时间缩短等。Moldflow 软件主要由 MPA(Moldflow Plastics Advisers，产品优化顾问)、MPI(Moldflow Plastics Insight，注塑成型模拟分析)、MPX(Moldflow Plastics Expert，注塑成型过程控制专家)三部分构成。

1. Moldflow Plastics Advisers 简介

MPA 是入门级的模流分析软件，其客户主要针对产品结构工程师和模具工程师。MPA 已经与当下主流三维软件 CREO、UG 等合并使用，也称"塑件顾问"，包含塑料顾问和模具顾问。

塑件顾问可以使制件设计者在产品初始设计阶段就注意到产品的工艺性，并指出容易发生的问题，并使制件设计者了解如何改变壁厚、制件形状、浇口位置和材料选择来提高制件工艺性。塑件顾问提供了关于熔接痕位置、困气、流动时间、压力和温度分布的准确信息。最好在制件设计阶段使用该软件，因为它可以直接读入三维实体而不用进行任何转换，易学易用。塑件顾问不仅可以分析每一个制件，而且可以分析每一种方案，快速优化每一个制件设计；在分析完成之后，它可以将分析结果通过网络与其他技术人员共享。

模具顾问为注塑模采购者、设计者和制造者提供了一个准确易用的方法来优化他们的模具设计。模具顾问大大增强了塑件顾问的功能，它可以设计浇注系统并进行浇注系统平衡分析，以及计算注塑周期、锁模力和注射体积；可以建立单型腔系统或多型腔系统模具；可以生成基于网络的分析报告，便于快速交流模具尺寸、流道尺寸和形式、浇口的设计等信息。

MPA 的主要功能如下：

(1) 创建浇流道系统：可对单模穴、多模穴及组合模具方便地创建主流道、分流道和浇口系统。

(2) 预测充模模式：可快速地分析塑料熔体流过浇流道和模穴的过程，并考虑不同的浇口位置对充模模式的影响。

(3) 预测成型周期：可计算一次注射量和锁模力，模具设计师可利用这些信息选定注射机，优化成型周期，减少废料量。

(4) 可快速方便地传输结果：MPA 网页格式的分析报告可在设计小组成员之间方便地传递各种信息，如：浇流道的尺寸和排布，塑料熔体的流动方式。

所选择的注射机 MPA 支持以下四种分析模式：

(1) Part Only：仅对产品进行分析。该模式可确定合理的工艺成型条件、最佳的浇口位置，进行充模模拟及冷却质量和凹痕分析，从而辅助产品结构设计。

(2) Single Cavity：对单模穴成型进行分析。该模式要求建立浇流道，可进行充模模拟。

(3) Multi Cavity：对多模穴成型进行分析。该模式要求建立浇流道，可进行充模模拟及流道平衡分析，确定模穴的合理排布及优化浇流道的尺寸。

(4) Family：对组合模穴成型进行分析，可一次成型两种或两种以上的不同产品。该模式要求建立浇流道，可进行充模模拟及流道平衡分析，确定模穴的合理排布及优化浇流道的尺寸。

2. Moldflow Plastics Insight 简介

MPI 软件是一个提供深入制件和模具设计分析的软件包，它提供了强大的分析功能、可视化功能和项目管理工具，这些工具使客户可以对设计进行深入的分析和优化。MPI 使用户可以对制件的几何形状、材料的选择、模具设计及加工参数设置进行优化以获得高质量的产品。现今，MPI 普遍用于汽车制造、医疗、消费电子和包装等行业，大大缩短了产品的更新周期。

(1) 集成的用户界面。

集成的用户界面可以方便地输入 CAD 模型、选择和查找材料、建立分析模型、进行一系列的分析，并采用先进的后处理技术使用户方便地观察分析结果，它还可以生成基于 INTERNET 的分析报告，便于实现数据共享。

(2) CAE 模型的获取。

MPI 提供了 CAE 行业最优秀的 CAD 集成方案，实现了最广泛的几何模型集成，包括线框模型、表面造型、薄壁实体以及难以用中型面来表达的厚壁实体。无论设计的几何体是什么形式，MPI 都能提供方便的、稳定的、集成的环境来处理模型。

对于线框和表面造型，MPI 可以直接读取任何 CAD 表面模型并进行分析。在用户采用线框和表面造型文件时，MPI 可以自动生成中型面网格并准确计算单元厚度，并进行精确的分析。MPI 的中型面模块用于处理薄壁制件，节省了用户大量的 CAE 建模时间，使其致力于 CAE 分析和优化。

对于薄壁实体，MPI 的 FUSION 模块基于 Moldflow 的独家专利的 DaulDomain 分析技术，使用户可以直接进行薄壁实体模型分析。这将原来需要几小时甚至几天的建模工作缩短为几分钟，无须进行中型面网格的生成和修改。FUSION 可以直接从塑件顾问中读取模型进行进一步的分析。对于厚壁实体 Moldflow 的 MPI/Flow3D 和 MPI/Cool3D 模型，FUSION 模块采用全三维的自适应网格进行全三维分析。

(3) 分析功能简介。

MPI 的流动分析功能模拟了塑料熔体在整个注塑过程中的流动情况，以确保用户获得高质量的制件。通过流动分析功能，用户可以优化浇口位置和加工参数、预测制件可能出现的缺陷、自动确定取得流动平衡的流道系统尺寸。

冷却模拟注塑和保压过程得到了优化后，可以进行冷却系统造型，包括流道、模具外形、镶块设计等，并进行冷却分析。

MPI 的翘曲分析功能可以预测塑料制件的收缩和翘曲，使用线性和非线性方法来精确预测翘曲的变形量，并指出引起翘曲的主因。MPI 的模内残余应力修正算法(CRIMS)使用户可以精确分析 Moldflow 数据库中 500 种材料的翘曲情况。MPI 的应力分析功能可以分析塑件的在外力状态下的结构性能，它所提供的一种线性分析方法，在概念设计阶段可快速预测制件是否符合设计的结构要求。MPI 提供的非线性方法可以确定由于外载荷而导致的永久变形。

塑料的纤维取向对注塑制件的机械和结构性能有着重大影响，MPI 提供了先进的可视化工具，使客户可以清楚地看到纤维取向在制件各个部位的分布，从而获得制件的刚度信息。

MPI 可对每一特定制件自动确定其最优加工工艺参数和注塑机参数。它的分析结果可以作为 MPX 的输入参数，使得试模过程快捷、高效。

MPI 可以模拟体积控制和压力控制气辅工艺。它不仅能模拟聚合物在模具中的流动情况，还能模拟气体在型腔内的穿透情况。

MPI 可模拟热固性塑料的成型，如注塑成型、IC 卡成型、树脂模塑成型、BMC 材料模塑成型和反应注塑成型等。

3. Moldflow Plastics Expert 简介

MPX 专为优化注塑生产过程而设计，它提供了自动试模、工艺优化、制件质量自动监控和调整等非常实用的功能。MPX 用系统化的技术取代了传统的试模，并避免了因生产条件不稳定而导致的废品。

MPX 直接与注塑机控制器相连进行工艺优化和监控，满足了注塑生产的要求。MPX 为注塑机操作人员提供了一个简单的、直观的界面，不必针对不同的注塑机对操作人员进行培训。MPX 提供了实时反馈渠道，便于进行及时的手工或自动工艺调整。MPX 大大缩短了注塑生产商的试模时间，使整个注塑生产周期更优化、更高效。

MPX 包含以下三个模块：

(1) Setup Expert(试模专家)。试模专家可以将多种参数设置或 CAE 分析结果作为初始值，不受操作者和地点的影响；可以自动优化注塑参数，并充分发挥注塑机的性能。试模专家无须操作者对不同的注塑机性能具有深入的了解。

(2) Moldspace Expert(工艺专家)。工艺专家可以建立一个稳态的合格制件加工条件窗口，大大缩短了试验时间，减少了废品率，提高了注塑机利用率。

(3) Production Expert(注塑专家)。与一般的统计控制系统不同，注塑专家系统可将注塑过程的监控参数图形化，还可自动确定质量控制极限、发现问题并提出调整建议，或自动进行必要的调整。

4.6.3　金属体积成形及热处理分析软件

Deform 系列软件是由位于美国 Ohio Clumbus 的科学成形技术公司(Science Forming Technology Corporation)开发的。该系列软件主要应用于金属塑性加工、热处理等工艺数值模拟。目前，Deform 软件已经成为国际上最流行的金属加工数值模拟软件之一。

Deform 作为世界公认的用于模拟和分析材料体积成形过程的大型权威软件，可以模拟和分析自由锻、模锻、挤压、拉拔、轧制、摆辗、平锻、拼接、辗锻等多种塑性成形工艺过程；模拟和分析模具应力、弹性变形和破损；模拟和分析冷、温、热塑性成形问题；模拟和分析多工序塑性成形问题。该软件适用于刚性、塑性及弹性金属材料，粉末烧结体材料，玻璃及聚合物材料等的成形过程，从而确保模具设计与制造的可靠性。

Deform 的功能主要有以下几方面：

1. 成形分析

(1) 分析冷、温、热锻的成形和热传导耦合；

(2) 提供丰富的材料数据库，包括各种钢、铝合金、钛合金和超合金；

(3) 允许用户自行输入材料数据库中没有的材料；

(4) 提供材料流动、模具充填、成形载荷、模具应力、纤维流向、缺陷形成和韧性破裂等信息。

(5) 分析刚性、弹性和热黏塑性材料模型，特别适用于大变形成形；

① 弹、塑性材料模型适用于分析残余应力和回弹；

② 烧结体材料模型适用于分析粉末冶金成形；

(6) 分析液压成形、锤上成形、螺旋压力成形和机械压力成形；

(7) 允许用户定义自己的材料模型、压力模型、破裂准则和其他函数；

(8) 分析材料内部的流动信息及各种场量分布，并绘制温度、应变、应力、损伤及其他场变量等值线。

2. 热处理分析

(1) 热处理分析范围：预成形粗加工、二次成形、热处理、焊接和通用机加工等工艺。

(2) 热处理分析类型：正火、退火、淬火、回火、时效处理、渗碳、蠕变、高温处理、相变、金属晶粒重构、硬化和时效沉积等。

(3) 热处理分析内容：能够精确预测硬度、金相组织体积比值(如马氏体、残余奥氏体含量等)，分析热处理工艺引起的挠曲和扭转变形、残余应力、碳势或含碳量等热处理工艺评价参数。

第5章

信息技术在材料加工与检测中的应用

随着计算机的飞速发展，信息技术已深入应用到材料加工和检测过程中。采用计算机对材料加工过程进行模拟计算，可以有效改善产品的质量和精度，降低劳动强度；采用计算机对材料成分、组织结构、力学性能、物理性能进行检测，可以提高检测的准确性，提升材料研究的水平。本章在介绍计算机控制技术的基础之上，进一步列举详例讲述信息技术在材料加工与检测过程中的具体应用。

5.1　计算机控制技术基础

材料加工与检测的计算机控制是材料研究和批量生产现代化的标志之一。采用信息技术对材料加工和检测进行精准控制，对增加产量、提高质量、降低劳动强度、提高工作效率、减少能耗、增加经济效益、提高材料研究和加工水平以及企业现代化管理水平发挥着举足轻重的作用。因此，我们首先需要了解计算机控制系统的基础知识，下面主要介绍计算机控制系统的概念、分类、输入和输出。

5.1.1　计算机控制系统的概念

计算机控制系统由计算机(工业控制机)和生产过程两大部分组成。生产过程是连续进行的；工业控制机是一个实时控制系统，它包括硬件和软件两部分。硬件是指计算机本身及其外围设备；软件是指管理计算机的程序以及过程控制应用程序。硬件是计算机控制系统的基础，软件是计算机控制系统的灵魂。计算机控制系统本身是通过各种接口及外部设备与生产过程发生关系，并对生产过程进行数据处理及控制的。

计算机控制系统的硬件一般包括微处理器(CPU)，存储器，以模/数转换器、数/模转换为核心的模拟量输入/输出通道，开关量输入/输出通道，以及人-机联系设备(接口电路)，运行操作台等。它们通过微处理器的系统总线(地址总线、数据总线和控制总线)构成一个完整的系统。

1. 主机

微处理器是控制系统的核心，它和内存储器一起通常又称为主机。主机根据过程输入通道发送来的工业对象的生产工况参数，按照人们预先安排的程序，自动地进行信息的处理、分析和计算，并做出相应的控制决策或调节，以信息的形式通过输出通道及时发出控制指令。主机中的程序和控制数据是人们事先根据控制规律(数学模型)安排好的。系统启动后，微处理器就从存储器中逐条取出指令并执行。于是，整个系统就按事先设定的规律，一步一步完成工作。

2. 常规外部设备

常规外部设备按功能可分成三类：输入设备、输出设备和外存储器。外部设备配备的多少要视具体情况而定。常用的输入设备有键盘、纸带输入机等。输入设备主要用来输入程序和数据。常用的输出设备有打印机、记录仪、显示器(数码显示器或 CRT 显示器)、纸带穿孔机等。输出设备主要用来把各种信息和数据按人们容易接受的形式(如数字、曲线、字符等)提供给操作人员，以便操作人员及时了解控制过程的情况。外存储器，如磁带装置、磁盘装置等，兼有输入和有关数据的存取功能。

3. 输入/输出通道

过程输入/输出通道又称为过程通道。工业现场的过程参数一般是非电量的，需经传感器(一次仪表)变换为等效的电信号。为了实现计算机对生产过程的控制，必须在计算机和生产过程之间设置信息的传递和变换的连接通道，这就是过程输入/输出通道。

过程通道一般分为模拟量输入通道、模拟量输出通道、开关量输入通道和开关量输出通道。

4. 接口电路

外部设备和过程通道是不能直接由主机控制的，必须由"接口"来传送相应的信息和命令。根据应用的不同，计算机控制系统有各种不同的接口电路。从广义上讲，过程通道属于过程参数和主机之间的专用接口。这里讲的接口是指通用接口电路，一般有并行接口、串行接口和管理接口(包括中断管理、直接存取 DMA 管理、计数/定时等)。

计算机控制系统的设计人员应能在众多的集成化、标准化可编程序接口电路中，熟练地选择接口电路并配上简单的硬件，组成完整的、符合要求的接口。

5. 运行操作台

每台计算机原来都有一套键盘控制台，它是用来直接与 CPU 进行"对话"的。程序员可用这个控制台来检查程序；当主机硬件发生故障时，维修人员可以利用这个控制台判断故障。生产过程中操作人员若不了解该控制台的使用细节，一旦出现差错就会造成不良后果。

负责过程控制的操作人员必须与计算机控制系统进行"对话"，以了解生产过程状态，有时还要修改控制系统的某些参数，并在发生事故时进行人工干预等。

所以，计算机控制系统一般要有一套专供运行操作人员使用的控制台，称为运行操作台，其基本功能如下：

(1) 具有一个显示屏幕或数码显示器，以显示操作人员所需要的内容或报警号。

(2) 要有一组或几组功能按键，按键旁应有标明其作用的标志或字符，操作按键，主机就能执行该标志所标明的动作。

（3）要有 2 组或几组送入数字的按键，用来送入某些数据或修改控制系统的某些参数。

（4）运行操作人员即使有误操作，也不应造成严重后果。运行控制台可以设计成键盘式的，或者把主机的控制台适当扩充，将其与主机控制台结合在一起。但不论是哪种形式，都要有适当的硬件接口，再配上人-机联系程序才能实现。

各种程序则是控制系统的大脑和灵魂，统称为软件。它是人的思维与机器硬件之间的桥梁。软件的优劣关系到计算机的正常运行、硬件功能的充分发挥和推广应用。软件一般包括操作系统、监控程序、程序设计语言、编译程序、检查程序及应用程序等。软件通常分为两大类：一类是系统软件，另一类是应用软件。由于计算机系统硬件的迅速发展和应用领域的不断扩大，系统软件和应用软件的发展也很快，且种类繁多。

在计算机控制系统中，每个控制对象或控制任务都一定要配有相应的控制程序，用来控制程序完成对各个控制对象的不同操作。这种为控制目的而编制的程序，通常称为应用程序。应用程序一般是由用户自己来编写的。用户到底采用哪一种语言来编写应用程序，主要取决于控制系统软件配备的情况和整个系统的要求。应用程序的优劣将会给系统的精度和效率带来很大的影响。

从系统功能角度来分，除作为核心的监控程序外，控制程序可分为前沿程序、服务性程序和后沿程序三部分。前沿程序是指那些直接与控制过程有关的程序，即这些程序直接参与系统的控制过程，是保证系统完成基本工作的部分。服务性程序是指用于完成对所有外围设备控制和人-机联系等工作的程序。这些程序有时也归属监控程序，它和控制过程没有直接关系，但它承担的工作是系统不可缺少的。后沿程序是指那些与系统控制过程完全无关的部分，如对系统各种硬件和软件进行考核的程序，它们的工作只是保证系统能可靠地运行，而且这些程序只在系统控制过程所留下的空隙时间运行，不和其他程序一起参与对计算机资源的竞争。一个小规模的控制系统，至少包括初级的监控程序和一个前沿程序。

5.1.2　计算机控制系统的分类

计算机控制系统与其所控制的生产对象密切相关，控制对象不同，控制系统也不同。根据应用特点、控制方案、控制目标和系统构成，计算机控制系统大体可分为以下六种类型：操作指导控制系统、直接数字控制系统、监督计算机控制系统、分布式控制系统、计算机集成制造系统和现场总线控制系统。

1. 操作指导控制系统

所谓操作指导，是指计算机只对系统过程参数进行收集、加工处理，然后输出数据，但输出的数据不直接用来控制生产对象，操作人员根据这些数据进行必要的操作。

操作指导控制系统中，微处理器每隔一定的时间进行一次采样，经 A/D 转换后送入计算机进行加工处理，然后再进行显示、打印或报警。操作人员据此改变设定值或进行必要的操作。这种系统突出的特点是简单、安全可靠，对于控制规律不太确定的系统更为适用。它的缺点是仍要人工操作，所以响应速度不可能太快。它相当于模拟仪表控制系统的手动与半自动工作方式，主要用于计算机控制的初级阶段，或用于试验新的数学模型和调试新的控制程序等。

2. 直接数字控制系统

直接数字控制系统是用一台计算机对一个或多个被控参数进行巡回检测，将检测结果与给定值进行比较，再按 PID 规律等方法进行控制运算，然后把结果输出到执行机构，对生产过程进行控制，使被控参数稳定在给定值上。这种系统的特点是：一个微处理器可代替多个模拟调节器，非常经济；灵活性大，可靠性高；计算机计算能力强，可以实现各种复杂的控制，如串级控制、前馈控制、自动选择控制等。

3. 监督计算机控制系统

监督计算机控制系统有两级控制：第一级用 DDC 计算机或模拟调节器，完成直接控制；第二级采用现代计算机，对反映生产过程状况的数据和数学模型进行必要的计算，为计算机或模拟调节器提供各种控制信息，如最佳给定值和最优抑制量等。在此系统中，用计算机代替模拟调节器进行控制。

4. 分布式控制系统

分布式控制系统也称集散控制系统，是随着计算机技术的发展、工业生产过程规模的扩大、综合控制与管理要求的提高而发展起来的以多台计算机为基础的系统。其设计原则是分散控制、集中操作、分级管理和综合协调。整个系统从上而下分为若干级，如过程控制级、控制管理级、生产管理级、经营管理级等。由于现代生产过程复杂，如设备分布广，各工序、设备需同时并行地工作，而且基本上是互相独立的，因此采用分布式控制系统可以大大减少系统的复杂性。在这种系统中，只有必要的信息才上传到上一级计算机或中央控制室，绝大部分时间各个计算机都是并行工作的，这样可以避免传输误差。这些都使分布式控制系统具有很大的优越性。

分布式控制系统是为便于用计算机技术对生产过程进行集中的监视、操作、管理而实行分散式控制的一种新型控制技术。它综合利用了计算机技术、信号处理技术、测量控制技术、通信网络技术和人机接口技术，具有通用性强、系统组态灵活、控制功能完善、数据处理方便、显示操作集中、人机界面友好、安装简单规范化、调试方便、运行安全可靠等特点，能够适应工业生产过程的各种需要，提高生产自动化水平和管理水平，提高产品质量，降低能源消耗和原材料消耗，提高劳动生产率，保证生产安全，促进工业技术发展，创造最佳经济效益和社会效益。

5. 计算机集成制造系统

计算机集成制造系统是在信息技术、计算机技术、自动化技术和制造技术的基础上，利用计算机将工厂的全部生产经营活动，从市场预测、订货、计划、产品设计、加工制造、销售直到售后服务的全部设计、制造和管理环节进行统一控制、统一管理的综合性自动化制造系统。其目标是把局部优化转化成全厂甚至整个企业的总体优化，从而获得更高的整体效益(缩短产品开发与制造周期，提高产品质量，提高生产率，减少残次品，充分利用工厂的各种资源)及提高企业的应变能力，以便适应市场对产品灵活多变的要求，使企业在激烈的市场竞争中立于不败之地。计算机集成制造系统具有很大的柔性，能对市场需求变化做出快速反应，是适合于多品种、中小批量生产的高效益、高柔性的智能控制系统。

6. 现场总线控制系统

现场总线控制系统是建立在网络基础上的高级分布式控制系统，并且已经成为工业生产过程自动化领域中的一个新热点。现场总线控制系统的出现，使传统的自动控制系统产生革命性的变革，改变了传统的信息交换方式、信号制式和系统结构，改变了传统的自动化仪表功能的概念和结构形式，也改变了系统的设计和调试方法，开辟了控制领域的新纪元。现场总线控制系统的核心是现场总线。现场总线技术是一种先进的工业控制技术，它将当今网络通信与管理的观念引入工业控制领域。从本质上讲，它是一种数字通信协议，是控制技术、仪表技术和计算机网络技术三者的结合，具有现场通信网络、现场设备互联、互操作性、功能块分散、开放式互联网络等技术特点。这些特点不仅保证了它完全可以适应目前工业界对数字通信和自动控制的要求，而且代表了今后工业控制体系结构发展的一种方向。

现场总线的节点设备称为现场设备或现场仪表。具体节点设备的名称及功能因企业性质的不同而不同，基本设备有：

(1) 变送器。常用的变送器有温度、压力、流量、物流和分析五大类，每类又有多个品种。变送器既有检测、变换和补偿功能，又有一定的控制和运算功能。

(2) 执行器。常用的执行器有电动、气动两大类，每类又有多个品种。执行器的基本功能是信号驱动和执行，内含调节阀输出特性补偿、PID 控制和运算等功能，另外还有阀门特性校验和自诊断功能。

(3) 服务器和网桥。服务器下接现场总线 H1 和 H2，上接局域网 LAN(Local Area Network)；网桥上接现场总线 H2，下接现场总线 H1。

(4) 辅助设备。辅助设备包括气压表、电流表和电压表、转换器、安全栅、总线电源、便携式编程器等。

(5) 监控设备。监控设备包括工程师站和操作员站。工程师站供现场总线组态，操作员站供工艺操作与监视。

5.1.3　计算机控制系统的输入/输出部件

在计算机测控系统中，为了实现对生产过程的检测与控制，要将对象的各种测量参数按要求的方式送入计算机。计算机经过计算、处理后，将结果以数字量的形式输出，此时也要把输出量变换为适合于对生产过程进行控制的量，实现对现场设备的控制。所以，要采用计算机实现生产过程的检测与控制，就必须设置信息的传递和交换装置。这个装置统称为计算机测控系统的输入/输出部件，它在计算机和生产对象之间起到纽带和桥梁的作用。计算机硬件设备发展非常迅速，因此输入/输出部件的更新也日新月异。本节主要从原理方面介绍计算机测控系统的输入/输出部件。

计算机测控系统的输入/输出部件包括输入通道和输出通道。输入通道包括模拟量输入通道和数字量输入通道。模拟量输入通道由变送器、采样开关、放大器、A/D 转换器和接口电路组成。其中变送器的作用是将非电量信号变换成标准电信号，如将温度、压力、流量等变换成 $0\sim10$ mA 或 $4\sim20$ mA 的直流电信号，这是通过 A/D 转换器(如 ADC0809、AD574、MAX197 等)来实现的。数字量输入通道由开关触点、光电耦合器和接口电路组成，反映生产过程通/断状态的触点信号，经过光电耦合器和接口电路变换成数字信号送给计算机。

输出通道包括模拟量输出通道和数字量输出通道。前者把计算机输出的数字控制信号转换成模拟电压或电流信号，再经过放大器去驱动调节阀等执行器实现对生产过程的控制。这一部分由接口电路、D/A 转换器(如 DAC0832)、放大器和执行器组成。后者把计算机输出的开关信号，经放大器去驱动电磁阀和继电器执行器，它由接口电器、光电耦合器、放大器和执行器组成。

5.2　材料加工中的信息技术

随着信息技术的不断发展，计算机已广泛应用到材料加工过程中。采用计算机对材料加工过程进行自动控制，不仅可以减轻劳动强度，还可以显著改善产品的质量和精度，并且大幅提高产量。本节通过各种详例讲述信息技术在高分子材料加工、金属材料加工和无机非金属材料烧成过程中的具体应用。

5.2.1　高分子材料加工

1. 注塑机

注射成型是一种重要的塑料成型方法。注塑制品在塑料制品中占很大比例，它能一次成型外形复杂、尺寸精确的制品，并且其加工过程容易实现生产自动化。注塑机是完成注射成型加工的机械。新一代的注塑机大都采用了微机控制系统。注塑机微机控制系统主要实现：① 顺序控制；② 过程控制(速度、压力、转速、温度控制)；③ 注塑制品的质量控制；④ 集中管理和集中监视控制。其中顺序控制、过程控制基本每一台注塑机都具有，而产品质量控制、集中管理和集中监视控制的配置与否则取决于生产规模的大小和生产过程。以注塑机为中心的塑料加工厂，即使在过去没有计算机时也要以某种形式实现集中监视、集中管理控制。

一个典型的注塑机的计算机控制系统如图 5-1 所示。

上述控制系统的主要控制内容有：① 对注射速度、保压螺杆、背压螺杆转速的实际值与设定值进行比较和修正；② 分阶段地设定注射速度、保压螺杆和背压螺杆转速；③ 注射工序向保压工序的自动转换；④ 成型工艺各件的确定；

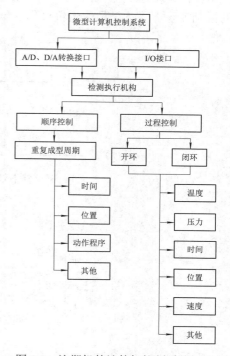

图 5-1　注塑机的计算机控制系统框图

⑤ 物料温度、料筒温度、循环时间、模具紧固装置的集中监控。

1) 注塑机的顺序控制

顺序控制是指对注塑机的各种动作、位置进行控制。注塑机的机械运动可分成两种主要的运动：一是模腔装置的周期运动，包括模板开始闭合、正式闭模、模板开始开启、正式开模等四个阶段；二是注射装置的周期运动，其中包括注射、保压、冷却等三个阶段。注射循环过程可以分成"主循环"工序和两个辅助工序。主循环分为以下几个阶段：合模引料、充模、保压、倒流、凝封、冷却、开模。两个辅助工序主要是前、后处理。前处理包括进料和预塑，后处理主要指制品的顶出。以上整个过程由计算机检测系统执行机构组成的控制系统进行控制。一般注塑机程序控制系统多用可编程序控制器来实现。

注射成型要求注塑机按一定的动作顺序工作，即闭模、注射座前进、注射、保压、预塑、注射座后退、开模顶出。传统的方法是依靠按钮、各种开关和继电器组成一定的电路控制电磁阀来实现。这种控制方式可以由可编程序控制器通过软件非常容易地实现，从而省掉了大量的电器元件。依据注塑机的电路图，可设计出手动、半自动和全自动方式下的可编程序控制器的内部逻辑图(即梯形图)，并可由软件很容易地改变控制内容，无须重新设置和修改线路。软件经调试和修改正确后写入可擦写只读存储器(EPROM)中，每次开机后注塑机就按所设计的逻辑顺序进行工作。

2) 注塑机的过程控制

为了保证注塑产品的质量与一致性，注射过程中的许多变量，如料筒温度、注射速度、保压压力、背压及锁模力等都需要控制。对过程变量的控制一般都采用闭环控制。

在注射过程的不同阶段，控制变量有所不同。图 5-2 表示出注射过程不同阶段所对应的控制变量。图 5-3 是注塑机过程控制的构成示意图。

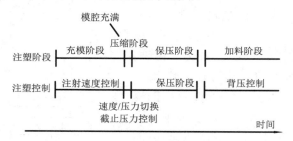

图 5-2　注射过程不同阶段所对应的控制变量

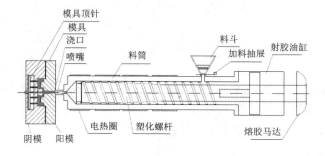

图 5-3　注塑机过程控制的构成示意图

(1) 温度控制。

温度控制是注塑机上最重要的控制变量，常用热电偶作为温度传感器。热电偶体积小、反应灵敏、动态范围宽、安装方便，但它的输出信号仅为毫伏级，需放大后才可使用。

① 料筒及喷嘴温度。在注塑加工过程中需要控制的是塑料的熔融温度，但实际上只能测量和控制料筒温度。热电偶安装在料筒的测量孔中。测量孔越深，测出的温度越接近熔融温度。但孔深因离加热器较远，当设定温度改变后，达到稳定较为困难，尤其是开机时的初始加温会有较严重的超温。

料筒温度具有较大的热惯性和热滞后，要实现更好的温度控制可采用串级控制。串级控制采用一深孔和一浅孔的双热电偶检测。相对于深孔，浅孔的热电偶能快速地检测出加热器的温度变化，因而可以减少超温，它构成内环；深孔的热电偶则构成外环。为了准确地测量出熔融温度，必须注意热电偶与孔壁接触是否良好。

② 模具温度。模具的表面温度对成品的质量有着重要的影响，尤其是对成品表面的质量。模具温度不但影响塑料制品的表面光泽度，还直接影响注射成型后制品的内应力。模温控制一般由计算机控制系统控制加热/冷却装置来满足其要求，通常只用一个模具温度来代表模具的三维表面温度分布。

(2) 注射速度的控制。

注射速度的控制与料筒温度和喷嘴温度的控制同样重要。以瞄准仪的聚丙烯酸酯光学透镜的注塑生产为例，该零件具有不同的凸表面，一般采用侧浇门注射，要求保证严格的表面曲率和焦点误差。通过改善模具的精确度，尽管能生产出合乎要求的零件，但是很不稳定。采用注射速度分布控制手段后发现，如果能用计算机控制系统减小注射速度的波动，并保持最佳的慢速，稳定注射速度，就可将成品率提高到 99% 以上；否则，即使有 0.137 mm/s 这样很小的注射速度变化，也能使焦距偏离规格。如果没有注射速度的闭环控制，要取得这样的稳定性几乎是不可能的。

获得最佳充模的条件是维持熔融前缘在模腔内的前进速度恒定。一台现代注塑机可设定 5~10 段的注射速度，以达到熔融前缘速度的设定。

化工厂使用的全塑阀门注塑成型时，注射速度可变十分重要。整体式阀体包绕在涂有聚四氟乙烯密封料的 ABS 阀球和阀杆上，物料从正对阀球的浇口进来，撞击在球面上，使球面产生剥蚀，因此，此时希望采用低的注射速度。然而，假如不能维持足够快的注射速度，则会在球阀的另一侧形成熔接痕。解决的方法是开始以很慢的速度注射，然后加速完成注射。这样首先在球阀外形成一层绝热层，使球不受后进入物料热量的影响，并且能维持高速注射从而防止熔接痕。这样注塑成型的球阀面完好没有缺损，使用阀门时不会出现物料泄漏的问题。

(3) 压力控制。

在注射过程中，以理想模腔压力曲线作为注射速度及保压压力的设定值来控制注射速度及保压压力，用四通伺服阀来执行控制。

一旦模腔被充满，注塑机不再由速度来控制，而转换为由压力来控制。在充模时用于控制注射速度的伺服阀在保压时用来控制保压压力。保压压力用于补偿模腔内因冷却而收缩的熔融量。为了避免模腔过挤压，应尽快切换到保压压力。当模腔填满时，油压骤升，故注射的末端也称为挤压段，当油压达到某个值时便可切换到保压状态。保压压力随着成品收缩而导致模腔压力的下降而降低。同一个四通伺服阀在充填时控制注射速度，在保压时控制保压压力，而在加料时则控制背压。背压在加料时主要控制熔融密度。

3) 小型注塑机的微机控制系统

大、中型注塑机普遍采用计算机控制，对于小型注塑机来说，计算机还是偏贵，所以小型注塑机仍以常规继电器控制系统为主。针对小型注塑机生产批量大、接线复杂、控制精度不高、效率低、性能不稳定等问题，同时考虑成本问题，采用了单片机微机控制系统。近年来国内研制的某小型注塑机能满足以下要求：

(1) 采用单片机控制方式，实现了整个注塑机工作过程的控制，实时性强。

(2) 有手动、半自动、全自动、调模四种方式，由行程开关输入，输出由电磁阀控制。

(3) 面板上有发光管、拨码和数码管。数码管用于显示定时器时间或加工工件数。发光管指示正在执行的动作，以便操作。压力大小由拨码来设定。

(4) 留有多个输入、输出接口，能够满足不同客户的要求。

2. 塑料挤出过程

1) 挤出成型加工的控制要求

聚合物挤出是一个连续的加工过程。聚合物在加热与剪切的共同作用下由固态逐渐塑化成熔体，非牛顿熔体的熔流在适宜的加工条件下形成稳定的流动和均匀的输出。挤出成型加工过程较为复杂，影响因素也较多，实现精确控制比较困难。随着对聚合物熔体流变学特性研究的逐步深入，聚合物熔体性能数据越来越丰富，对挤出成型加工这一复杂过程实现较为完善和理想的控制成为可能。随着人们对产品性能和质量的要求越来越高，对设备的要求也更为严格，以挤出成型加工过程实现计算机在线控制成为一个极其重要和必须解决的实际问题。

挤出成型加工过程控制的主要目的是从挤出模具中获得充分塑化的熔体并保持稳定的挤出速率。这就要求输送到模具的熔体保持相同的压力、温度和剪切过程，以保证模具对熔体的输送恒定而且稳定。以熔体的温度和挤出机端部的熔体压力控制为例，可在挤出机上多处对熔体温度进行测量，以确定剪切速率与温度的交互影响，从而对熔体温度进行精确控制。而熔体压力是几个因素共同作用的结果，如温度、剪切过程以及挤出机中物料的混合程度，因而很难直接控制。同时，剪切过程与挤出机背压密切相关，这两者的变化又必然影响到熔体温度。很显然，熔融参数之间是相互影响的。另外，这些被控变量还与挤出机参数设定及操作方式关系紧密。这些交互作用的调整效果在很大程度上取决于机器组装人员和操作人员的技术和经验。如果利用计算机进行自动控制，就有可能使加工过程不再依赖操作人员的技术水平而保持稳定。总体来说，影响挤出成型加工过程的各因素都是交互作用的，相互间呈非线性关系。

计算机在塑料挤出机上的应用之一是在成型机头上的应用，在实际成型时能使熔体沿着机头的整个宽度均匀地分配。比如，在电线、电缆的多层共挤出机头的成型过程中，计算机控制系统可完成高精度的成型机头控制，以及材质选择、流道设计、流道温度操作条件的最优化等。另一主要应用是在料筒和螺杆上的应用，如料筒温度的精密控制。

与注射成型不同，挤出成型的顺序控制可以说几乎没有，如何在塑料挤出加工过程中实现稳定、自动化的操作，是挤出机计算机控制系统的主要任务。

2) 挤出机计算机控制系统功能的实现

挤出机计算机控制系统利用可产生适度稳定输出的一套操作条件进行启动，然后通过改变机器的设定值来增大输送速率。通过对一些参数的在线监测，由计算机判断其运行状态是否平稳，并同时给出调节指令。如通过挤出压力曲线的波动情况可判断熔体状态，因为压力波动表明熔体发生波动；还可对出口熔体进行声波检测来测定熔体质量，声音频谱可表征剪切过程的变化，这些变化也将预示波动或其他不稳定情况的发生。用远红外测量对刚挤出模头的型材作关键部位的测量，挤出熔体的棱边能非常灵敏地反映挤出量的波动和出口膨胀的变化。

另外，通过改变螺杆转速或/和牵引速率可使产品保持合格和稳定的每米重。以管材加工为例，挤出管材内径的控制非常重要，采用计算机控制后，内径的精度大大提高了。计算机控制的管材挤出成型生产线采用重量式供给装置，而不是采用过去的容积式定量加料器进行物料供给。计算机利用温度、压力传感器高精度地测定挤出成型机和成型模头的温度和压力，按初始设定值进行控制，以维持一定的熔体材料密度，获得均一的产品质量。用 β 射线厚度计测定制品的厚度，通过控制成型头部的电动机转速调整壁厚，计算机根据反馈信息进行自动调节控制。

实现控制的做法就是利用计算机得到的反馈信息改变机器的操作参数。若要根据计算机的控制信息来改变螺杆转速，则在主驱动电动机上安装一个信号敏感的联动器；若要改变挤出机端部的限流状况，则使用一个信号敏感的熔体阀来调节计算机所指示的限流；温度控制系统要能根据计算机和温度传感器所发出的调节熔体温度的信号对机器温度加以调节，熔体温度将会由于挤出速率的调节和进料特性的变化而发生变化。计算机还能够对挤出机周围环境的变化做出补偿。

3) 挤出机筒体温度的控制

挤出机筒体的温度控制是计算机控制系统在高分子材料挤出加工中的典型应用。为了保证工艺上的需要，各节筒体均需维持温度恒定且相互间具有预定的温度梯度。为此，每节筒体均带有加热和冷却控制系统。视螺杆长径比的不同，挤出机筒体在数节至十多节之间。根据每节筒体的功能，其内部螺杆的形状、螺距也相应变化，每节筒体的设定温度也不同。显然，随着螺杆转速、加料量、混炼物种类的不同，每节筒体的吸热、摩擦热、反应生成热均有很大不同，筒体间的热耦合不但较强而且随工况不同而变化。此外，系统还具有较大的热惯性和热滞后。对于这种工况复杂的多变量耦合大滞后系统，要进行良好的温度控制，无疑是很困难的。采用计算机控制系统，引入变结构预测控制技术，比较成功地解决了这一问题。此外，安全联锁、故障分级报警处理功能，可避免人为误操作及故障扩大；软硬件模块化，则使系统生产、维修、升级和移植都十分方便，同时也提高了系统的可靠性。

整个系统可以分为相对独立的三部分：嵌入式薄型工控机、多路高精度测控模块、塑料挤出机强电执行系统(包括各种传感器)。多路高精度测控模块通过串行通信口接收工控机的指令，对塑料挤出机的各种状态进行测量，经滤波、校准和标度转换后发回工控机，工控机则把这些状态测量值以彩色图形方式显示，并将根据测量值计算所得的控制量发往测控模块，测控模块根据控制量通过执行机构对塑料挤出机进行各种控制。

嵌入式薄型工控机是近年来出现的一种新型的工控机。它由液晶显示屏和一些笔记本电脑的轻小型部件组成，实际上可以把它看作加固型的笔记本电脑。它的使用方式也与传统工控机有所不同，主要依靠通信进行功能扩展。薄型工控机显示屏上有透明的五线电阻触摸屏，在安装相应的驱动软件后，与 Windows 彩色图形界面相配合，可形成十分友好的操作界面。显示屏所显示的图形既有丰富的信息，也可直接触摸图形进行相应操作，形象、直观而又方便。触摸屏图形界面使计算机控制系统的操作较常规仪表更简单、更容易、更可靠。它使计算机高深复杂的技术有了亲切、友好、易懂的包装，易于为大多数人所接受。显然，这对计算机技术在高分子材料挤出加工中的推广应用具有极大的意义。多路高精度测控模块实际上是一个完整的计算机测控系统。系统采用的模块以 Intel 公司的 16 位高性能单片计算机为核心，配以 24 位高精度 A/D 转换器及高集成度芯片，结构紧凑，性能优良。模块的输入/输出采用软件组态，不同品种的塑料挤出机只要根据其要求进行相应软件组态即可，十分方便。模块以串行通信口与上位机进行通信。模块按照上位机发来的命令完成组态、校准、测量和控制等各项功能，并发回已经滤波、校准和标度转换的精确数据。

如前所述，挤出机筒体温度控制是一个复杂的多变量控制系统，不但具有惯性大和滞后大的特点，而且还存在较强的耦合和不确定性。对这样的系统要建立数学模型并据此进行控制，几乎是不可能的，采用变结构预测控制是一个较好的方案。

变结构预测控制是在变结构控制的基础上引入参数辨识功能和状态预估功能而构成的控制新技术。变结构预测控制在变结构控制的基础上加入了参数辨识器和状态预估器。辨识器通过在线收集到的数据不断对过程进行辨识，估计过程模型的参数；状态预估器则依据此模型对系统状态进行预估，以克服系统所存在的滞后和惯性。变结构控制也依据此模型调整控制参数，并依据预估状态对系统进行快速的结构切换，使系统迅速而无超调地达到设定状态。

用参数辨识器和状态预估器克服系统所存在的滞后与惯性，对于耦合性和不确定因素，可视为干扰因素，将多变量控制系统作为多个单输入单输出系统的组合，从而对每个单输入单输出子系统进行独立控制，控制算法将大为简化，实际控制效果仍十分优良。

3. 薄膜吹塑生产过程

在薄膜吹塑生产过程中，吹塑薄膜的折径宽度、薄膜的平均厚度、膜泡的颈部长度等一直都是影响吹塑薄膜质量的关键因素，以前一般只能凭经验控制。在吹塑薄膜的生产过程中，应用计算机控制系统，可以将薄膜质量的控制水平提高到一个崭新的阶段，使薄膜质量提高、废品率降低、产量增加。

计算机控制要根据生产中的主要技术参数和工艺参数编制程序。利用可编程序控制器对其主要参数，如薄膜厚度、折径宽度、膜泡颈部长度、螺杆转速、牵引速度及口模间隙等，实行指定的程序控制。计算机控制的灵敏度、准确性和速度，能将工艺参数调整到最优状态，从而保证了薄膜的规格和质量，消除了人为控制所带来的误差，也大大提高了生产率。

1) 折径宽度的控制系统

对于既定规格的薄膜，折径宽度是一定的，可由下式求得：

$$W = \frac{1}{2}\pi\alpha D \qquad\qquad (5\text{-}1)$$

式中，W 是折径宽度，α 是吹胀比，D 是口模直径。

由于 D 是定值，在实际生产中，控制折径宽度主要通过改变吹胀比。

折径宽度计算机控制系统利用光传感器测量薄膜缠绕前宽度。如果测得薄膜折径宽度变大，说明膜泡直径变大，吹胀比增大，这时，可编程序控制器立即命令吹胀空气的控制装置把过多的空气排出膜泡外，以减小吹胀比。如果测得的薄膜折径宽度变小，则把所需的空气量输入膜泡内，增加吹胀比。为了快速地将膜泡调节到所需要的薄膜宽度，合理地控制膜泡的软化段，可以设置薄膜定径装置，利用可编程序控制器控制膜泡定径装置。可编程序控制器根据折径宽度测量器测得的宽度值，命令定径装置，并由定径装置上的执行机构控制吹胀空气量，或者输入，或者放出。使膜泡与定径装置相接触，既提高了薄膜的冷却速率，又保证了薄膜折颈宽度的一致性，成卷规整，有利于薄膜制品的后加工。

2) 薄膜平均厚度的控制

由于吹胀比可调范围比较小，在生产中，吹塑薄膜的厚度主要由牵引比来调节。可编程序控制器调节牵引速度、螺杆转速、加料速度之间的变化关系，以维持薄膜厚度的一致性。螺杆转速提高，挤出量增加，如果牵引速度不变，薄膜厚度将会增加。

此外，为了保证薄膜厚度的均匀性，在吹塑薄膜辅机上安装 β 射线自动测厚装置，如图 5-4 所示。薄膜测厚装置的测量头正对着膜泡，以定点或沿膜泡圆周移动的方式来测量膜的厚度。当测量的厚度值发生变化时，可编程序控制器命令控制牵引装置对牵引速度做相应的调整或者对口模内熔料速度作相应的调整。

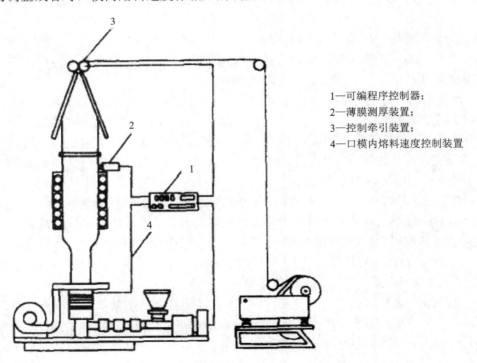

1—可编程序控制器；
2—薄膜测厚装置；
3—控制牵引装置；
4—口模内熔料速度控制装置

图 5-4　由可编程序控制器与薄膜测厚装置构成的薄膜平均厚度控制系统

5.2.2　金属材料加工

金属材料加工设备中最常见的是加热炉，计算机可以对加热炉实现温度、时间、气氛和工序动作的自动化控制，也可以按规定的工艺数学模型实现加工工艺过程的优化控制。计算机不仅可以实现对单台加热炉的控制，也可以实现对多台加热炉的群控。计算机正逐渐成为材料加工设备和工艺过程控制中不可缺少的部分。

温度控制是加热炉设备自动化控制中十分重要的一个方面。加热炉温度控制系统是一个具有大滞后环节的系统，所以较难控制。加热炉温度控制系统可分为温度信号测量与处理和温度控制两部分。图 5-5 为加热炉温度控制系统示意图。

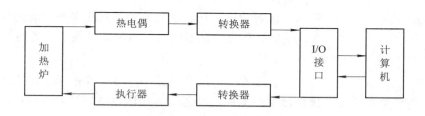

图 5-5　加热炉温度控制系统示意图

1. 温度信号测量与处理

加热炉温度测量一般用热电偶作为感温元件，将测得的热电势(热电势是热电偶冷热两端点温度的函数，为模拟信号)经 A/D 转换器转换成数字信号，再经 I/O 接口进入计算机。

热电偶感温元件产生的热电势与所对应的被测温度之间是非线性关系。要将热电势或放大后的电势信号转换为温度，必须进行非线性校正。目前大多采用以下两种线性化方法进行非线性校正：

(1) 计算方法。先应用数学上的曲线拟合方法，对热电势 E 和对应温度 T 进行拟合，得出误差最小的近似表达式 $T = F(E)$，为简化起见，常采用分段表达式，然后用计算程序进行分区计算得到温度值。使用该方法时，将测得的热电势 E 代入相应的 $T = F(E)$，计算出相应的温度。有一些热电偶在某个测温范围可以找到一个较好的近似公式从而得到满意的拟合精度。

(2) 查表法。将热电偶分度表(反映热电势值与温度值的对应关系)或放大电势表按一定的排列形式存入计算机，通过软件搜索来查得测得的电势值对应的温度值。最简单的一种方法就是将其要查找的热电偶分度表按数值大小排列组成表格写入内存，然后用线性搜索得到结果。这种方法(称为直接查表法)占用 CPU 的时间少，尤其是对分搜索法只用搜索十几次就能在 2000 多个数据中找到对应的结果。

两种线性化方法中，前者程序冗长，特别是在工业控制机中常要使用浮点运算，相当费时间；后者可以从已输入的热电势值-温度值表中查得对应温度，准确快速。但是热电偶分度表占据的内存较多，如镍铬-镍硅热电偶分度表，分度表中每个数据都是一个 5 位数字的毫伏值，这对于一个内存量本来就不太大的智能测温仪表来讲是一个不容轻视的问题。

因此最好是巧妙地变换热电偶分度表的形式，让其成为一个占内存很少的表格，然后根据所测的热电势值准确快速地得到相对应的温度值。比如用压缩存表的变换形式，每个 8 位内存字节存放 8 个温度，在 0～1500℃测温范围内只占 210 个内存字节。具体细节可参考相关资料。

A/D 转换器把模拟信号转换成数字信号时也存在精度问题。例如，镍铬–镍硅热电偶的热电势 E 在 0℃时为 0.00 mV，在 1200℃时为 48.81 mV。8 位 A/D 转换器的转换精度是 1/256，即在 0～1200℃测温时 A/D 转换器将 0.00～48.81 mV 的热电势 E 作 256 等分，其最小分辨率为 48.81/256 = 0.19 mV，约为 5℃。12 位 A/D 转换器的转换精度是 1/4096，即在 0～1200℃测温时其最小分辨率为 48.81/4096 = 0.012 mV，约为 0.3℃。设计加热炉温度控制系统时要依据加热炉温度控制精度要求选择 A/D 转换器的位数。

2. 整体温度控制决策

温度控制决策计算机得到温度测量数字信号后，将其与已给定的温度设定值进行比较，得到偏差信号，计算机按预先给定的计算决策方法，如 PID 算法、最优化算法等进行控制决策计算，控制要求高一些的还依据温度分区采用不同的计算决策方法，得出温度控制量，再经 I/O 接口输出到执行机构去调节加热炉输入功率，使加热炉温度始终保持在设定值，以保证加工工艺的实现。为保证加热炉设备安全，在软件编制中还加入了断偶保护报警。

(1) PID 温度控制算法。

对于一些目前生产过程和控制对象的性质还不太清楚，无法得到精确的数学模型的情况，应用最广泛的是前面介绍过的 PID 控制算法。它有要求灵活、调节方便的特点，可以满足一般的控制要求。PID 控制算法公式为

$$P(t) = K_p \left[e(t) + \frac{1}{T_1} \int_0^t e(t) \mathrm{d}t + T_D \frac{\mathrm{d}e(t)}{\mathrm{d}t} \right] \tag{5-2}$$

式中，$e(t)$ 为偏差值；K_p 为比例常数；T_1 为积分时间常数；T_D 为微分时间常数。

如前所述，PID 控制算法由三部分组成，即使控制动作既和当时偏差有一定关系的比例部分，又和过去产生的偏差历史情况有一定关系的积分部分，还有和偏差的变化趋势有一定关系的微分部分。三部分各有作用，比例部分的作用是对出现的当时偏差进行及时的成比例的调节，及时纠正偏差；积分部分的作用是改善系统的静态特性；微分部分的作用是按偏差的变化趋势，在适当的时机加速控制动作或减缓控制动作，使控制过程得到较稳定的变化。控制理论和实践经验都证明，在温度的工业控制中，只要适当选择 K_p、T_1、T_D 参数值，使用 PID 控制算法控制就可以取得比较满意的控制效果。

由于计算机控制系统是一种在时间上离散的系统，为了实现 PID 控制，需要采用描述离散系统的 PID 控制算法差分方程形式。假设计算机控制系统的采样周期为 T，第 n 次采样时的偏差为 $e(n)$，控制决策输出为 $p(n)$，则离散 PID 控制算法为

$$p(n) = K_p \left[e(n) + \frac{1}{T_1} \sum e_i T + T_D \frac{\Delta e(n)}{T} \right] \tag{5-3}$$

如果计算机控制系统的输出是控制执行器阀门，则控制决策输出 $p(n)$ 用于表示执行器阀门开度，称为位置式算法。$p(n)$ 要用到每次的采样偏差值，每次的输出值都与过去的全部偏差值状态有关。因为要对 e_i 进行累加，所以如果控制计算中出现过任何故障，都会使控制输出值变化，引起执行器阀门的误动作；另外，当 n 很大时，会占用很多的计算机资源，计算时间较长。

为解决上述问题，可采用增量式算法，即第 n 次控制决策输出 $p(n)$ 是在第 $n-1$ 次控制决策输出 $p(n-1)$ 基础上加上一个增量 $\Delta p(n)$ 得到的，即 $p(n) = p(n-1) + \Delta p(n)$，而 $\Delta p(n)$ 可由 $p(n)$、$p(n-1)$ 两者相减而来，即

$$\Delta p(n) = p(n) - p(n-1) = K_p[e(n) - e(n-1)] + K_1 e(n) + K_D[e(n) - 2e(n-1) + e(n-2)] \tag{5-4}$$

式中，$K_1 = K_p(T/T_1)$；$K_D = K_p(T_D/T)$。增量式算法只与前两次采样偏差值有关，出现过的故障对以后的计算影响小；只存放前后三次采样偏差值，占用计算机的资源少，计算时间短。PID 增量式算法用于加热炉温度控制是较为适用的。

(2) 断偶保护报警。

热电偶在使用中可能断丝，使热电偶回路断开而没有热电势，从而不能反映加热炉温度情况。如果计算机不能及时发现断偶，很可能认为加热炉温度未达到已给定的温度设定值而持续加热，导致加热炉温度超温甚至烧毁加热炉及工件。为此加热炉温度控制系统必须设置断偶保护报警。

热电偶断偶后，感温元件送入计算机的数字信号可能出现两种极端情况，即输入可能为零或者满量程，这是断偶保护报警的基本依据。计算机程序中考虑几个细节问题：① 考虑加热炉是否启动；② 考虑冬天加热炉起始温度可能为 0℃，非热电偶断偶情况。加热炉全速加热启动时，在几分钟之内感温元件送入计算机的数字信号应有变动，可设计延时程序再判断是否热电偶断偶(延时时间可依据具体炉子用实验方法确定)。确定热电偶断偶后马上报警，并强制加热炉的输入功率为零，以保证加热炉设备的安全。

(3) 分区温度控制决策。

加热炉的温度控制总是离不开"升温—恒温—降温"三个基本状态。分析炉温总的变化曲线：在升(降)温过程中远离控制点时，要求的是实现大幅度的迅速升(降)温，以减少设备的升(降)温时间，提高设备的使用效率；而在控制点附近时，要求的是减少超调量，使升(降)温尽可能平滑地接近并稳定于控制点，提高温度的控制品质。针对不同的控制要求，显然应当采取不同的控制决策方法。远离控制点时，采用全功率或比例控制决策，尽量提高升(降)温速率；在近控制点时，应采用模糊控制推理决策或 PID 控制算法。为了提高和保证系统的控制品质，要抓住两个因素：一是变温过程的速度，二是恒温过程的稳定。偏重变温时，就要考虑超调和过冲的问题；偏重恒温时，就要考虑达到温度点的速度问题。因此，在接近控制点的控制区内，应先注重变温的速度，后注重恒温的稳定，整个控温过程采取分区段多种决策。实验证明，引进分区段多种决策的方法，可以有效地克服滞后情况严重的炉温超调现象，升温快速，控制效果较好。各分区界限值应视具体炉子自身特性而定。

5.2.3　无机非金属材料烧成

在陶瓷烧成炉温度及气氛控制系统的设计中，要使陶瓷材料坚固耐用、色泽光润，提高陶瓷生产质量，在陶瓷烧成炉中要求炉温是分级进行加热和保温控制的。比如在室温至1350℃之间加热时要求分成 10～20 个时间段区间进行加热和保温，每个时间段区间都有不同的升温速度和温度给定值。在加热中又分成不同的气氛控制区段，第一区段为氧化区段(室温至 800℃)，要求控制炉内的气氛呈氧化性气氛；第二区段为上釉区段(800～1200℃)，要求控制炉内的气氛呈还原性气氛；第三区段(1200～1350℃)要求控制炉内的气氛呈弱还原性气氛。控制中计算机的计算较麻烦，且控制参数给定值多，并要求显示工艺流程，所以多采用上下位计算机系统完成。上位机完成显示和管理功能，包含工艺流程图显示、控制参数给定值设置、与下位机的通信和故障声光报警；下位机一般选用适合工业现场使用的计算机，多为工业可编程序控制器(PLC)，完成检测现场控制参数、计算控制参数输出值、向执行器发出控制参数指令及与上位机通信等功能。

可编程序控制器(PLC)的编程采用梯形图或语句表形式。

梯形图编程采用接点梯形图来表达程序。梯形图看上去与传统的继电器线路图非常类似，因此比较直观形象，对于那些熟悉继电器电路的设计者来说，易于接受。

采用接点梯形图表达程序时，用符号"┤├"来表示可编程序控制器的输入信号，而用符号"–( )–"表示输入信号所控制的对象。输入信号和被控制对象必须标上相应的标志符和地址码，如 X000、X001、X002 和 Y030 等。

另外，为了在编程器的显示屏上直接读出接点梯形图所描述的程序段，构成接点梯形图的图案支路都是一行接一行横着向下排列的，每一条支路的触头符号为起点，而最右边的线圈符号为终点。

另一种程序表达形式是语句表形式。语句表使用一组助记符来表示程序的各种功能。这一组助记符应包括可编程控制处理的所有功能，每一条指令都包含操作码和操作数两个部分。操作数一般由标志符和地址码组成。如语句 LD X000、AND M100、OUT Y030，其中，LD、AND、OUT 为操作码，X000、M100、Y030 为操作数，X、M、Y 为操作数中的标志符，000、100、030 为操作数中的地址码。

采用这种类似计算机语言的编程方式，可使编程设备简单、逻辑紧凑。

上述两种程序的表达方式各有所长，在比较复杂的控制系统中，这两种方法可能会同时使用，但对于简单的控制系统，采用可编程序控制器进行人工编程时，大都采用接点梯形图编制程序，之后再根据接口、梯形图写出语句表，最后将语句表键入可编程序控制器中进行调试。

1. 陶瓷烧成炉气氛控制

陶瓷烧成炉气氛控制参数是通风口的碟阀开度。根据烧成炉内的气氛同温度的控制关系要求，以及生产过程的工艺流程要求，在不同的时间段区间给出炉内气氛控制的给定值；再利用 CO_2 红外分析仪作测量元件测量烧成炉内的气氛参数 CO_2 的含量，和温度控制一样，经 A/D 转换器把模拟信号转换成数字信号送入可编程序控制器(PLC)；PLC 将其与气氛控制的给定值比较，得到偏差值；再按一定的控制算法计算出控制输出值参数，向执行器可逆伺服电机发出控制参数指令——伺服电机转速信号，从而控制通风口的碟阀开度，达到控制通风口输入风量的目的。

CO_2 红外分析仪作测量元件，具有精度高、反应速度快、适用于控制的特点；但系统维护麻烦，需要经常用标准气校验。

2. 工艺流程图景显示

工艺流程图景显示提供生产现场工艺流程进行情况的直观表达，目前多采用图形界面组态软件完成。图形界面组态软件在图形界面的美观性和方便性上功能很强。Intellution 公司的 FIX 组态软件、Wonderware 公司的 Intouch 组态软件和 NI 公司的 Labview 软件是当前三大流行工控软件，国内也有一些公司自行设计了工业监控管理组态软件，如 SYNALL、FORCECONTROL 等。工业监控管理组态软件是一个完全基于 Windows 95/98/NT 操作系统的软件，界面良好，操作方便，具有图形动画连接和后台语言的控制功能，利用功能齐全的各类控件可以实现监视和控制的目的。

在计算机控制系统中，各种参数的采集和设备的控制，必须由相应的软件来完成。一般可以用通用的计算机语言编制相应的控制程序来完成各种功能，但这样只能起到控制的作用，而无法用丰富的多媒体效果来表现各种设备的状况从而起到监视的作用。另外，用通用语言编制的程序扩展性不好，当应用到新的系统中时，必须重新编制相应的程序，这对于工程技术人员来说存在一定的困难。专业的工业控制软件可以克服以上缺点，因其具有控制方便、多媒体监视效果良好、扩展性好、无须专业编程经验等特点。

工业监控管理组态软件适用于上下位计算机系统、集散控制系统，它提供了许多类型的 I/O 设备的驱动程序，如 PLC 设备的驱动程序，使计算机与下位机(PLC)的通信十分方便；还提供了图形动画连接功能，即使是非计算机专业的工程技术人员也可以方便地绘制出生产现场设备和工艺流程图，这些以动画连接方式与生产现场设备工况变量联系起来，从而在上位机上直观具体地显示出生产现场设备工况和工艺流程进行情况，达到多媒体监视效果。

陶瓷烧成炉是一类典型的工业过程对象，具有大滞后、非线性、多干扰等特点，且工艺流程中的控制参数要求多。在这类设备的控制中使用上下位计算机系统能达到良好的性能品质，使用工业监控管理组态软件可以实现监视和控制的目的。

5.3 材料检测中的信息技术

随着计算机技术的快速发展，计算机在材料的成分、组织结构、力学性能、物理性能等的检测方面得到了广泛的应用。目前，较先进的材料检测方法和设备都是在计算机控制下使用的，同时，其检测到的各种数据也可直接通过计算机进行处理，以得到所需的各种数据。本节通过多个详例讲述信息技术在材料成分检测、组织结构检测、力学性能检测和物理性能检测方面的多种应用。

5.3.1　材料成分的检测

材料的组成对材料的性能和应用有很大的影响，许多材料是通过改变材料的成分来改变材料的性能的。如材料的表面处理就是使材料表面的成分与心部不同，以获得材料表面的特殊性能。因此，材料成分的检测对于材料研究有着特别重要的意义。

现今可利用各种大型分析设备，如扫描探针显微镜(SPM)、扫描电镜(SEM)、透射电镜(TEM)、X 射线衍射仪、电子衍射仪，以及各种谱仪，如红外光谱仪、拉曼光谱仪、原子吸收光谱仪、激光光谱仪等进行材料成分的检测。

1. 分析电子显微方法

分析电子显微方法是现代电子显微学领域中的重要组成部分，是从微观尺度认识和研究材料的非常重要的手段。

分析电子显微方法中要获得材料成分的信息，可以采用的方法主要有：

(1) 电子能谱(EDS 或 EDX)：可进行元素分析，与 SEM 配套使用。

(2) 电子探针 X 射线微区成分分析(EPM 或 EPMA)：可进行微区成分分析。

(3) 俄歇电子能谱(AES)：可进行表面成分分析、微区成分分析。使用俄歇电子能谱仪可以测量固体表面层的元素分布，也可以分析大约 50 nm 微区的表面化学成分。

(4) X 射线光电子能谱(XPS)：可进行表面成分、化学态分析。

(5) 电子能量损失谱方法(EELS)：轻元素分析、微区组成定量分析。

(6) 高角度散射暗场方法(STEM)(也称 Z 衬度方法)：扫描投射电子显微方法的应用之一。衬度强度正比于待测试氧元素的原子序数的平方。

(7) 场发射电子枪技术：使纳米尺度的成分分析成为可能，它能进行 1 nm 以下区域的成分分析。

目前，各种分析设备几乎都是在计算机采集和数据处理系统控制下工作的。数据处理软件大致可分为以下三类：

(1) 计算、模拟软件。使用这类软件时，输入被测材料的名称、实验条件和分析要求，系统按某个计算模型或公式输出计算结果，用于实验前的结果预测、实验结果比较和数据评价。例如：由 Small World 公司编制的 Electron Flight Simulator 软件，可依据蒙特卡罗法模拟求出入射到试样中的电子散射的轨迹，也可计算试样产生的特征 X 射线谱等。

(2) 数据分析、图谱分析软件。使用这类软件时，按照指定的公式、方法，对仪器测得的实验结果(图像或图谱的数据)进行分析和处理，以得到更多信息(结果)。例如，Galan Inc. 的 EL/P(M)软件可用于电子能量损失谱仪(EELS)的控制和谱仪数据的分析，并给出微区成分分析的结果等。

(3) 设备控制软件。这类软件用于控制各种分析设备的分析过程。选择输入分析要求、实验条件后，分析设备将按照这些选择进行分析。

2. 光谱仪方法

光谱分析是指依据样品物质的特征光谱，研究其化学成分和存在的状态。在现代科学技术的发展中，光谱分析在材料成分分析和结构分析中起着重要的作用。

光谱包括 X 射线光谱、微波辐射光谱和光学光谱，如图 5-6 所示。

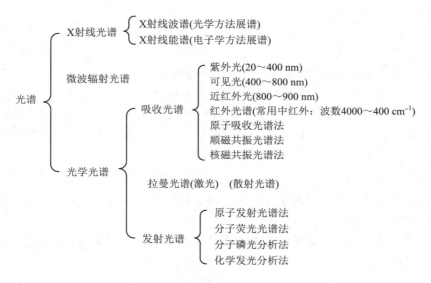

图 5-6　光谱的分类图

1) 光谱仪方法中的计算机采集系统

(1) 光谱仪中待测试样被激发后产生特征光，由入射狭缝经光栅根据波长分光后形成不同波长的光分通道，再由光电倍增管将光信号转换为电信号，然后经各通道的电流频率转换器形成不同频率的脉冲信号，最后计算机专门设计的计数器对脉冲进行计数，其计数值即为各单色光的谱线强度。

(2) 谱线强度正比于光电倍增管的电流、各通道的电流频率及计数值，故根据计数值的大小即可算出各元素的浓度。

(3) 在采集系统中计算机每隔 0.02 s(供电频率为 50 Hz)对各个分析通道巡检一次。

2) 计算机系统应用软件完成的功能

(1) 测量参数选择。不同样品做不同元素的检测时，许多测量控制参数都有所不同。仪器随机控制应用软件能选择不同的参数，为此建立了测量控制参数文件并存储在磁盘中，供以后调用；能显示、输入、修改、存储测量控制参数等。

(2) 定标处理。测量前仪器都需经标准样品校准。标准样品中各种元素浓度与仪器相应通道的光谱线强度计数值一般以文件形式存储，应用软件在工作时调用此文件与实测时的光谱线比较，得出被测样品的含量。

(3) 常规测量过程控制。系统可完成一般的常规测量过程，同时将测量数据按照通道存入测量数据文件。

(4) 分析测量结果。系统可以按测量数据文件和定标文件对被测样品做出分析，给出被测样品的成分分析结果，并显示相应结果；也可以将两者的谱线图同时放在一起，以便工作人员加以人工比较和判断。

5.3.2　材料组织结构的检测

材料科学是以材料的成分、加工工艺、组织结构与性能的关系及其变化规律为研究对象的，所以材料科学研究中通常要检测直接影响性能的材料组织，评价材料缺陷；在了解了材料组织与缺陷，以及其与性能之间的关系和变化规律的基础上进行计算机仿真，这是材料科学研究的新手段。

1. 金相图像分析系统

传统的光学显微镜可以方便地观察金相组织形貌，但人工用眼容易疲劳，照片制作费时费力，且放大倍数也有限。用电镜观察图像清晰，放大倍数高，照片质量好，但所用设备昂贵，而且试样镜面易腐蚀，有时甚至会错过最佳的观察及照相时间，非常不方便。采用计算机观察分析系统后，金相组织形貌的观察、分析、统计、测量非常方便，且放大倍数可调，能观察微观组织的精细结构，图像可存入系统数据库，随时调用甚至打印成照片。金相显微镜下所看到的金相显微组织形貌，可有以下几种输出形式：① 金相显微镜与照相机结合，用感光胶片以照片的方式输出；② 金相显微镜与摄像机连接，以视频形式输出，可直接输入电视机进行实时观看并记录在磁带上，也可通过视频卡输入计算机进行实时观看并存储在磁盘上；③ 金相显微镜与数码照相机连接，以数字信号的形式输出，直接将信号输入计算机实时观看，并可存储在磁盘上。三种输出形式都可对图形进行处理：照片可用暗室技术进行处理，录像带可通过视频特技进行处理，计算机图形可用程序进行处理。相比较而言，利用计算机进行处理最方便，处理的效果最好。

1) 系统硬件

系统硬件包括光学显微镜、摄像头、视频拷贝机、计算机、图像监视器、图像采集卡、打印机等。

2) 系统软件

系统软件包括：① 视窗操作系统：Windows 2000/Me/XP；② 外设(图像采集卡、打印机)驱动程序；③ 金相分析应用程序：动态视屏显微检测分析系统(包括通用分析、相含量分析、晶粒度分析、夹杂物分析、渗层分析、脱碳分析、双晶分析、高碳钢分析、灰铁分析、球铁分析、铝合金分析、钛合金分析等分析软件)。该系统是一种可对微观组织形貌进行分析检测的软件，可借助计算机多媒体技术对金相组织进行观察、分析和测量。它改变过去使用显微镜目镜观察的方式，将显微镜光学系统的成像通过摄像头和图像采集卡采集到计算机中，再输出到计算机显示屏上，从而能够更准确地观察、分析和测量被测金相组织。

3) 系统工作原理

摄像头通过专用接口与金相显微镜连接，以拍摄显微组织图像，然后依次将视频从拷贝机、计算机传送到图像监视器上，同时计算机的图像转换卡将视频信号转换为数字信号，由计算机图像分析软件 XQF-2000 对图像进行分析。该软件是目前比较常用的图像分析软件，主要功能包括：金相图像的视频调节和图像格式转换，金相图像的计算机分析计算，金相图像的保存、打印和拷贝，试验报表和图像数据管理等。由计算机图像处理软件对图像进行各种处理后，从图像监视器或打印机中输出的图像信息即可称为电子金相照片。

4) 系统的特点

传统意义上的金相测试技术包括制备样品、观察组织、拍摄金相照片、负片冲洗、底片晾干、图像潜影曝光、显影、定影、烘干、剪切等。其缺点是时间长，图像存储和传送麻烦。采用电子金相照片有以下优点：

(1) 显微组织可多人同时共同观察。利用图像监视器可数人同时观察，使研究讨论更直接、更具针对性。将计算机联网后，共享的范围将更加广泛。而早期的显微组织是用单筒目镜或双筒目镜在同一时间一人观测。

(2) 图像处理效率高，节约经费。传统金相照片的获得要经过一系列的操作过程，需要一定的时间。打印机输出的显微组织图像只需十几秒即可完成；减少冲洗所用的各种材料，可大大节省实验经费，减少工作时间，提高工作效率。

(3) 能够对图像进行量化处理。利用图像分析软件可以自动得出具体量化的数据，而原来的视场数据仅仅是目测得到的，从而使分析结果更具有科学性和客观性。该分析属于定量分析，而大部分传统金相分析为定性分析。

人工金相定量分析法可分为网格法、称重法等。它具有一定的局限性，即准确性和重现性差、效率低，在某些情况下还无法实现。

计算机金相图像分析系统在自动检测方面具有较高的测量精度。其测量速度快，重现性好，并且能连接金相显微镜、扫描电镜和数码相机等各种外部设备，有丰富的图像编辑、增强变换和切割功能，可对特征物自动完成测量。所以图像分析系统在金相定量检测方面得到了广泛的使用。

金相图像分析系统经过数十年的不断升级和发展，已形成一套设计先进、功能齐全、软件丰富、性能稳定、测量准确可靠、测量方法符合国际和国内标准的金相图像分析产品，如中国科学院北京中科科仪计算技术公司的 SISC IAS 系列图像分析系统(细节可访问网站 www.CAS-SISC.com.cn)、金属平均晶粒度测定软件包、球墨铸铁球化率评级软件包、汽车渗碳晶粒度测定软件包等。

5) 有关图像分析测量的要求

试样表面要求平整、无污点、无磨痕；试样进行腐蚀是为了反映其组织形貌，但不能过腐蚀。

6) 金相图像分析系统应用举例

(1) 合金相的定量测量。

① 半自动网格法。目测判断合金相类型，对待测合金相所占网格节点用不同的颜色以示区别。计算机自动统计出待测合金相所占网格节点的数目和网格节点总数目，两者之比即为待测合金相的含量。

② 区域识别法。将待识别的组织划分为若干闭合区域，如果闭合区域内只有一种组织(单相)，那么通过统计该区域内的像素数目就可以实现该区域内此种组织的识别和计数，并将计数送入该相计数累加器；如果闭合区域内有两种灰度(或颜色)反差较大的组织(双相)，那么通过统计该区域内不同灰度的像素数目就可以实现该区域内的双相的识别和计数，并将计数送入对应的计数累加器，实现多区域的统计识别。最后根据计数累加器的数字就可得到相应的相含量。

(2) 非金属夹杂物的定量测量。

钢中的非金属夹杂物对性能的影响很大，其影响程度主要取决于非金属夹杂物的性质、数量、大小、分布情况等。一般认为非金属夹杂物越少，且细小颗粒呈均匀分布时对钢的性能影响越小。由于以前人工测量手段的局限，包括国家标准 GB1056—1989 规定的标准等级图片法，对非金属夹杂物的数量、大小、分布情况等只能有定性的认识，定量测量很粗略。

金相图像分析系统可以对非金属夹杂物的数量、大小、分布情况做自动定量检测，步骤如下：

① 标记非金属夹杂物：对每个夹杂物依金相图像像素进行分离识别，做标记。

② 测量夹杂物特征参数：包括夹杂物体积分数的测量、夹杂物形状因子的测量、夹杂物平均面积的测量、夹杂物分布情况的测量。

③ 给出定量测量结果。金相图像分析系统可以提供非金属夹杂物粒子按截面尺寸分布条形图、按截面尺寸分布数据报表等，以方便检测人员分析结果。

(3) 脱碳层深度的定量测量。

测量依据的是脱碳层在金相图像上的灰度变换，如图 5-7 所示。

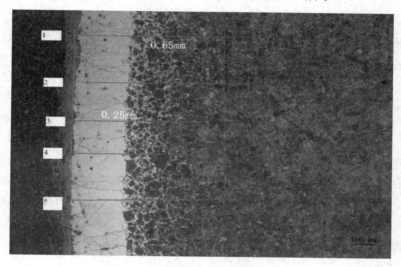

图 5-7　脱碳层在金相图像上的测量

(4) 球墨铸铁的球化率评级测量。

球墨铸铁的球化率评级测量采用图像分析软件测定球墨铸铁的形态，即测定颗粒密度（石墨颗粒的面积与石墨颗粒的外界圆面积之比）和圆整度（石墨颗粒的面积与石墨颗粒的弗雷德圆面积之比）。目前球化率计算软件一般采用圆整度参数。

2. 材料显微组织的计算机仿真

在检测了大量的材料显微组织并了解了材料组织以及其与性能之间的关系和变化规律的基础上，就可进行计算机仿真，建立材料的显微组织模型(三维模型)，然后反过来又可用该显微组织模型推测(而不是检测)材料的性能。

例如，颗粒复合材料的性能对其显微组织是特别敏感的，建立两者之间的关系已经成为颗粒复合材料显微组织设计的重要内容。由于材料是不透明的，直接从实际材料观测其三维显微组织很困难。目前可用的方法包括从材料二维截面推测其三维组织特征和参量的体视学方法以及从材料的系列金相截面进行三维重建的方法等。其中体视学方法是间接的，试样要满足一定的条件，而系列金相截面进行三维重建法工作量很大，这时可以用计算机仿真模拟具有不同颗粒和基体组织参数的颗粒增强复合材料显微组织。

1) 增强粒子的空间分布

颗粒复合材料中颗粒的组织结构参数包括粒子形状、尺寸、位置及空间分布、数量(体积分数和总颗粒分数)等，这些颗粒的几何特征参数都会影响材料的性能。通常用数据结构来表示颗粒的几何特征参数。

实际复合材料的模拟中颗粒的空间分布是要着重解决的问题，因为颗粒分布对材料的性能有重要影响。获得实际复合材料的颗粒空间分布较为困难，代价高昂，而通过计算机仿真等手段能获得可改变的、接近实际空间分布的颗粒组织模型，利于研究颗粒空间分布的表征方法及其对材料性能的影响。

颗粒仿真程序将得到的颗粒坐标和每个颗粒的其他可变参数一起存入数据库可供后续程序使用。

2) 基体的 Monte Carlo(蒙特卡罗)仿真

蒙特卡罗仿真亦称为随机模拟或随机抽样技术。所谓蒙特卡罗仿真，是指将某一问题描述为一个适当的随机过程，该随机过程的参数用随机样本计算出的统计量值来估计，最后由这个参数找出最初所述问题中包含的未知量。

该仿真的关键是抽样方法，目前较好的方法是集中算法，它将每一个原子构型用权重因子 $\exp(e/kt)$ 加权，并筛选掉不现实的构型，这个算法被广泛应用在材料热力学性质的计算中。

颗粒增强复合材料的基体组织一般是多晶聚集体，其晶粒的形状、尺寸及尺寸分布等参数对其性能有着重要的影响。多晶基体的晶粒长大过程可视为随机过程，可以利用蒙特卡罗仿真方法来进行模拟。一些材料科学工作者运用蒙特卡罗仿真方法模拟晶粒长大过程已取得了较大的进展。这类模拟组织可作为颗粒增强复合材料的基体组织的一种模型，这种仿真方法所得到的多晶基体组织与实际的近似等轴的晶粒组织非常接近。

3) 三维可视仿真结果

将上述第一步产生的不同形状、尺寸、位置及空间分布、数量(体积分数和总颗粒分数)的颗粒组织数据，与第二步(蒙特卡罗仿真方法)结合，在颗粒组织的基础上产生基体组织，得到了具有不同平均晶粒尺寸的颗粒增强复合材料的显微组织。

在仿真程序中，颗粒的形状可以选择为球状、椭球体、圆柱体、规则多面体等。颗粒的空间分布可以选择为周期分布、随机分市、层状分布、线状分布、团聚分布等。通过改变颗粒和基体组织参数，可以仿真出各种实际颗粒增强复合材料的显微组织。

在得到三维可视仿真结果后，就可以作任意的二维截面，将其用于颗粒组织和多晶聚集体的体视学研究以及颗粒空间分布的表征问题的研究；将三维仿真组织转化为数据文件后，并对组织各相输入材料性质，作为颗粒增强复合材料计算的材料模型。由此可见，计算机仿真十分有利于材料的研究。

3. 材料缺陷的计算机分析

材料缺陷(内部缺陷、外部缺陷)普遍存在于金属中，影响着金属的强度等力学性能。材料缺陷的检测、分组评定是保证产品质量的重要环节之一。深入研究固体中的缺陷对理解扩散、偏聚、中心区域产生严重畸变等许多基本物理过程的微观机制是十分有益的。长期以来，材料缺陷的检测都是用肉眼观察图像来判断的。这对于一些检测率要求比较高的电站设备、压力容器等重要部件，不仅检测工作量大、周期长，而且检测水平受检测主观因素的影响而不稳定。

随着计算机图像处理与模式识别技术的发展以及对材料缺陷特征参数的研究，计算机材料缺陷评定系统得到了广泛应用，它具有材料缺陷图像获取、缺陷检出、缺陷识别、缺陷尺寸测量和分级评定等功能，基本上实现了材料缺陷检测、分级评定的全部自动化。

材料缺陷的计算机分析主要包括以下几方面。

1) 空位

空位是一维方向上的点缺陷，影响它的因素有晶格常数、有序度等。它对金属材料的导电率、自扩散以及与位错相互作用所产生的物理、力学性能都有很大的影响。因此，利用计算机模拟点缺陷的性质成为近来人们关注的课题。

通过嵌入原子势，采用能量最小化方法来模拟纯铝晶界，进而计算完整晶体和包含晶界时铝的空位形成能的变化，可模拟空位形成的规律。

进行模拟计算的前提是确定原子间的相互作用势。较早采用的方法是对势，该方法的缺点是得出数据的准确度不高。1984 年，Daw 和 Baskes 提出了嵌入原子法(Embedded-Atom Method, EAM)，该方法的思想是：在某一给定原子附近的总电子密度是该原子加上其他所有原子的电子密度贡献(背景电子密度)。由 N 个原子组成的纯金属系统总能量可表示为

$$E = \frac{1}{2} \sum_i \sum_{j(\neq i)} \phi(r_{ij}) + \sum_i F(\overline{\rho_l}) \tag{5-5}$$

式中，$\phi(r_{ij})$ 为原子 i 与原子 j 核与核之间的静电相互作用势，r_{ij} 为原子 i 与原子 j 之间的距离，$F(\overline{\rho_l})$ 为嵌入函数，$\overline{\rho_l}$ 为背景电子密度。

模拟方法与步骤：首先，用 EAM 法建立纯金属的势函数。然后，用重位点阵(CSL)模型建立旋转轴为[001]的纯金属初始晶界，以能量最小化方法进行充分弛豫，并确定不同几何参量晶界的结构单元组成。最后，在弛豫结构的基础上，计算空位在晶内与晶界时的形成能，并计算纯金属的结合能。采用模块化方法进行程序设计时，程序可分为纯金属完整晶体建立模块、嵌入势函数建立模块、晶界结构建立模块、晶界弛豫模块和空位形成能计算模块。该程序适用于其他面心立方晶体的模拟。

2) 位错

位错是一种线性晶体缺陷，它的存在会导致其中心区域产生严重畸变，进而在其周围点阵中产生弹性应变和应力场。目前，在有关资料中只给出了刃型位错应力场的计算公式，而在计算模拟过程方面的资料则较少。采用计算机模拟分析方法来分析刃型位错各应力分量的分布情况对于深刻理解和掌握这部分内容有着重要的作用。刃型位错应力场分布一般采用弹性连续介质模型。这个模型有以下假设：① 作为研究对象的晶体完全弹性，即除去外力之后，物体能完全恢复原状，应力和应变或线形关系；② 不考虑晶体的分子和原子结构，认为它是均匀介质，在整个体积内连续分布；③ 具有晶体各向同性。根据以上假设，

运用弹性力学和数学知识可以得到在平面应变条件下刃型位错应力场的各应力分量σ_{xx}、σ_{yy}、σ_{zz}、τ_{xy}。上述应力分量虽然表示了刃型位错各应力分量的变化规律，但不能根据以上公式在直角坐标系上作图。现设σ_{xx}是一个常量，并令$\sigma_{xx}=A/m$，则σ_{xx}的表达式可改为$y=m\sin\theta\sin(2+\sin2\theta)$。显然，若$m$为常量，$\theta$取$(0,2\pi)$，则可以得到$r$随$\theta$的变化规律。根据上述方法，用Visual Basic(VB)软件编写相应的程序，画出点(x,y)即可得到相应的图形，其流程如图5-8所示。上述方法可对刃型位错应力场进行有效的计算机模拟分析，所作的图形完全能定性地反映刃型位错应力场的基本性质。此外，该方法还可以应用于刃型位错和螺型位错膨胀场的研究以及无限长刃型位错列的应力场研究。

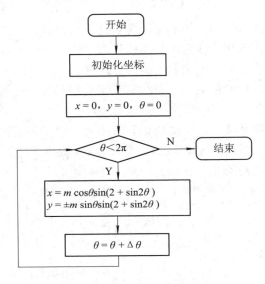

图5-8　用VB编程的流程图

(1) 计算机材料缺陷评定系统硬件配置示意图如图5-9所示。

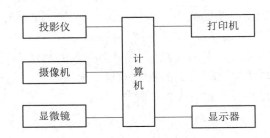

图5-9　计算机材料缺陷评定系统硬件配置示意图

① 投影仪用于观察较大尺寸的材料缺陷，放大倍数在1～20倍之间。

② 显微镜用于观察较小尺寸的材料缺陷，放大倍数在50～500倍之间。

③ 摄像机用于将来自投影机或显微镜的光学图像转变为电信号输入到计算机中。

④ 计算机是该系统的核心，用于控制其他部件，并负责图像处理、分析检测、数据存储等功能。

(2) 计算机材料缺陷评定系统软件包括以下模块：

① 图像采集及存储模块，用于实现参数定义、采集及存储图像。通过此模块中的计算机控制投影仪、显微镜、摄像机，可采集和实时显示欲分析的材料图像，并以文件形式存储该图像备案。

② 图像预处理模块，主要用于图像增强。此模块主要包括图像数字化、消噪处理、图像增强、锐化处理、二值化等计算机图像处理技术，以改善有缺陷的图像质量。

③ 特征提取模块，针对有缺陷的特征，可提取被采集部位的图像的缺陷信息；以合适的识别准则判定缺陷的类型、位置等，并列出缺陷的主要特征参数表格。

④ 分析模块，主要用于列出各种缺陷的分布情况结果，并进行数据存储及级别评定。在对缺陷完成形状识别及分类后，该模块将列出缺陷的主要特征参数表格，在其扩展功能中还可以按要求作出各种分布情况图。特征参数表格和各种分布情况图以文件形式存储备案，将有利于研究人员分析。

5.3.3　材料力学性能的检测

材料的力学性能指标是工程结构安全设计的基础，主要包括屈服强度、抗拉强度、断裂强度、冲击韧度、硬度、疲劳强度和蠕变强度，以及伸长率、断面收缩率等。随着科学技术与工业生产的发展，材料力学性能的检测范围变得越来越广，检测技术的要求也越来越高。电子技术、计算机技术的引入，使材料力学性能检测的实验设备的自动化程度几乎达到了智能化，测量精度也大大提高。

材料试验机是非常重要的精密检测仪器，主要用于材料的质量控制和新材料的力学性能研究，在科研院所、大专院校、工业企业、商检机构、航空航天和国防军工领域的材料检验方面被广泛应用。

计算机进入了材料试验机领域带来了革命性的变化，大大地提高了试验机的测量精度，使得过去很难达到的 0.5%测量精度变得轻而易举；显著降低了试验人员的工作强度，工作人员不再需要记录原始数据，然后进行大量的计算才能得出试验结果，计算机直接输出经过计算的结果和试验报告。

在试验机领域，计算机主要用于完成全部试验过程的自动测量与控制。每一台试验机都配置一台计算机，计算机可以完成试验过程的数据采集、传输、反馈、分析和显示，并直接打印完整的试验报告，还可以将试验过程存储供日后分析等。

计算机不仅能够单独完成试验过程的自动测量与控制，而且能够通过联网的方式在一个范围内实时传输实验结果，这就要求在整个网络中有大量计算机作为服务器，以及用于实时监督、检测的计算机终端。

1. 系统工作原理及主要配置

拉伸试验机测试系统的基本工作原理是：由引伸计、力传感器分别测得试验过程中的变形值、力值等模拟信号，经放大器放大后，再通过 A/D 转换板将模拟信号转换为计算机能够接收的数字信号，然后经过计算机处理，最后获得所需的试验数据，如图 5-10 所示。

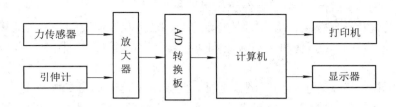

图 5-10 系统工作原理

系统主要配置包括：① 微型计算机，内插 A/D 转换板；② 打印机(LQ1600K 型)；③ 三通道放大器(目前只使用其中两个通道)；④ 力传感器(安装于油路上用于测负荷值)；⑤ 电子引伸计(用于测量试样的变形值)。

2. 主要实现功能

(1) 主要性能指标的测试。拉伸试验机能够测试屈服强度、拉伸强度、弹性模量、延伸率和断面收缩率等性能指标，能够根据不同类型的试样(棒材、板材、管材、螺纹钢等)自动计算试样的横截面积、标距，大大方便了试验，提高了工作效率。

(2) 拉伸试验过程的控制。在拉伸试验过程中，受力、变形、应力速度、应变速度等数值均显示于试样窗口，这样易于对应力速率、应变速率进行控制。试验时，计算机屏幕可显示力–变形曲线及力–时间曲线。

(3) 试验再现。选择再现试验功能后，读取需要再现的试验的对应文件，即可在计算机屏幕上模拟再现拉伸试验的过程，其中包括受力、变形、应力速率、应变速率等数值的变化，这将有助于分析试验的受力状况。

(4) 试验曲线的存储及打印。拉伸试验曲线可以以文件的形式存储下来。文件名由试验前输入的试样编号与试验日期中的年份组成，当需要某一试验曲线时，只需按照文件名读取该文件即可。另外，还可以通过打印机打印所需要的试验曲线。

(5) 试验曲线的计算。试验完成后，可以在试验曲线上以任意选定 ε 值计算 $\sigma_t \varepsilon$、$\sigma_p \varepsilon$ 等规定屈服应力。之后对以文件方式调出的任一试验曲线都可以进行该项计算，并且在试验曲线上选取任一点，即可获得该点的变形、受力等参数。

(6) 数据管理。试验机可以把试验数据输入到设计好的报表中，这样能很方便地打印出所要求的试验报告单；可以进行数据查询、统计等数据管理，还可以对拉伸、冲击、弯曲、硬度等力学性能数据进行管理；可以很容易地检索所需的数据，并根据要求对数据进行分类、排序等；可以进行统计，如绘制各种性能指标的统计直方图，以帮助分析原材料、产品的质量状况。

5.3.4 材料物理性能的检测

材料物理性能的内容相当广泛，包含了电、热、磁等多方面的性能。它们的测试方法各不相同，测试设备也分为不同种类。例如，测量导电材料的导电性用双臂电桥或电位差计；测量热膨胀用电感膨胀仪、电容膨胀仪；测量合金的铁磁性用基于冲击法的磁性测量仪等。还有一些特殊材料(如超导材料)的特殊性能，需要采用特定的测试方法。这些测试设备中动作的控制、测试参数的测量、测试数据的处理，都可以用计算机来较好地完成。

但要注意每一种具体的测试设备或测试方法所涉及的具体参数常常有其特殊性，在计算机采集系统、计算机控制系统、计算机数据处理系统的设计中要特别处理才行。

1. 磁性测量中的计算机数据处理

在磁性测量中，冲击法由于测量装置简单、灵敏度高、测量精度高，目前依然是我国直流磁性测量的主要方法，在实际应用中还很普遍。但冲击法测量不连续，测量过程麻烦，尤其是在测量磁化曲线、磁滞回线以及最大磁导率 μ_m 等参量时，需要测量很多点才能保证绘制的曲线及测得的 μ_m 值足够准确，而且在进行数据处理时需逐点计算，工作量很大，导致在实际测量中可能会减少测量点，这使得绘制出的曲线粗糙，测得的磁参量准确度不高。改用计算机作测量数据处理，既快又精确。

1) 冲击法测量磁性的基本原理

冲击法测量磁性装置有三个回路：主回路、测量回路、校正回路。

冲击测量时，样品放入样品盒，设试样的横截面积为 S，样品盒的横截面积为 S'。样品盒上绕有主回路的线圈 N_1、测量回路的线圈 N_2。调节主回路中可调电阻使 N_1 线圈中的电流为 I，则产生磁场强度 $H = N_1 I/(2\pi r)$，样品被磁化后产生磁感应强度为 B。此时主回路电源突然换向，在极短的时间内使 N_1 线圈中的电流为 $-I$，磁场强度为 $-H$，相应的磁感应强度为 $-B$，可得 $\Delta B = 2B$，则试样的磁通变化量 $\Delta\varphi = 2BS$。磁通的变化在测量回路中产生感应电动势 $e = -N_2(\mathrm{d}\varphi/\mathrm{d}t)$，从而在测量回路中产生感应电流 $i = e/R$，其中 R 为测量回路的总电阻。在 t 时间内测量回路中电流产生的总电荷量为

$$Q = \int_0^{\Delta\phi} i\mathrm{d}t = -\frac{2N_2 BS}{R} \tag{5-6}$$

可使用测量回路中的冲击检流计测出总电荷量。瞬时电荷量越大，冲击检流计的指针偏转量 α 越大，即 $Q = C_b\alpha$，其中 C_b 为冲击检流计的冲击常数，结合式(5-6)有

$$B = \frac{C_b R}{2N_2 S}\alpha \tag{5-7}$$

根据测得的冲击检流计的偏转量 α，可求出磁感应强度 B，从而获得磁化曲线、磁滞回线及其他磁参量。

2) 测量中几个问题的解决

在测量计算中要求 $C_b R$ 已知，可利用校正回路求得。注意在求 $C_b R$ 时应保证测量回路的总电阻 R 和测量磁参量时的相同。

可通过在主回路和测量回路中接入的标准互感器来实现 $C_b R$ 的求解，方法与前述测量磁参量时相同，即

$$C_b R = \frac{2M I_M}{a_M} \tag{5-8}$$

式中，α_M 为 $C_b R$ 测量时检流计的偏转量；I_M 为 $C_b R$ 测量时的磁化电流；M 为标准互感器的互感。

在实际测量中常遇到所测的磁通变化范围很大，而测量用的标尺是有限长的情况，此时需调节磁性测量装置的量程。方法是改变测量回路中的可调电阻来改变测量回路的总电阻，从而改变 $C_b R$，保证测量时冲击检流计的偏转量 α 在合适的范围内。

3) 磁参量测量数据处理程序

磁参量的数据处理程序框图如图 5-11 所示。

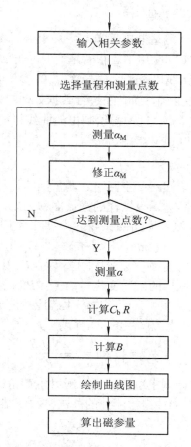

图 5-11   磁参量的数据处理程序框图

磁参量测量数据处理程序包含以下几个步骤：

(1) 输入测量装置相关参数。输入数据处理中要用到的样品盒的横截面积 S、测量回路的总电阻 R、回路的线圈 N_2 等相关参数。选择输入实际测量中选定的量程和需要逐点测量的数据。

(2) 逐点读入测量数据。逐点读入测量数据，由于冲击检流计使用直线标尺，因此测得的偏转量 α 要进行逐点非球面修正，读入校正后的 α_M 值。

(3) 数据处理和计算。依据读入的逐点测量数据和校正后的 α_M 值，计算相应的测量结果值，绘制测量结果曲线图，并计算需要的磁参量。测量参数都在测量文件中保存，随时可调出测量参数和曲线图用于分析研究。

磁参量测量数据处理程序使磁参量的测量和计算不再麻烦，且获得的测试结果准确。

2. 超导材料特性曲线的计算机测量

在超导材料性能的研究中，测试是获得试验样品各种性能参数的重要手段，测试的准确性将直接影响研究工作的进程。

在超导材料的各种性能参数中，临界电流值 I_c 是表征超导材料的最重要的参数之一，也是工程实际应用研究的重要依据参数。通过测量得到超导电压与电流特性关系曲线不仅可以确定超导材料临界电流值 I_c，还可以获得一些有关超导材料本质特征的重要信息。

超导电压与电流特性关系曲线可分为三个区域：超导态、临界态和正常态。其中临界态的电压变化情况直接与超导材料的性质、结构密切相关，该区域的超导电压与电流特性关系曲线通常被描述成以下指数式：

$$V = V_0 \left(\frac{I}{I_0} \right)^n \tag{5-9}$$

式中，I_0 是电压为 V_0 时的电流值；n 反映了超导电压与电流特性曲线形态，表明超导材料从超导状态到普通材料状态过渡段的突变情况，其值通常在 10～100 之间。

所以，临界态区域的超导电压与电流特性的关系曲线，对于了解超导材料性质具有关键性的意义。为了快速采集和处理数据，以达到临界态小区域内的精确度，可使用计算机特性曲线采集系统。

1) 特性曲线采集系统及精度问题

利用脉冲法测定超导电压与电流特性曲线在正在发展的超导材料领域中是一种有效的测试方法。

在计算机采集系统控制下，脉冲电源依次向超导材料试验样品施加强度不断增加、具有一定时间宽度的电流脉冲。与此同时，在每一个电流脉冲持续期间，计算机采集相应的样品电压值。计算机利用采集到的相应电压与电流关系数据作出超导材料电压与电流特性曲线，再对电压与电流特性曲线进行拟合处理，得到临界电流值 I_c。

为了提高测试精度，应采用较小的电流递增步长值(特别是在临界态区域)，以便采集到尽可能多的临界态曲线区域的数据点，从而更精确地描述电压与电流特性曲线，以及获得更为精确的临界电流值 I_c。但是，单一采用较小的电流递增步长值会导致在整个测试范围内的数据采集量过多，而最有价值的临界态区域数据却未能记录下来，这就出现了记录数组超出存储器容量限制或计算溢出等问题。实际上，对于超导材料电压与电流特性曲线测试而言，希望临界态区域的数据尽可能多，而其他两个区域的数据则不必过多，因为理论上超导材料电压与电流特性曲线在这两个区域内分别是一条水平直线和一条斜直线，所包含的能反映材料性质的信息量较少。

因此，在测试过程中，整个测试范围内不同的区域应采用不同的电流递增步长值，即在超导态区域和正常态区域采用较大的电流递增步长值，而在临界态区域采用较小的电流递增步长值。这样既能提高临界态区域测试结果的精度，又不会过分增加数据采集量。

2) 变电流递增步长计算机采集系统的实现

由于测试范围内不同的区域采用不同的电流递增步长值，因此在临界态区域采用较小的电流递增步长值，这需要对计算机采集系统进行相应的改进。

(1) 硬件和测试流程的改进。

为实现较小的电流递增步长值，用 12 位 D/A 接口板代替原来的 8 位 D/A 接口板。例如，选用脉冲电流发生器的 200 A 挡位，可以获得 1/4095 挡位的电流分度值，即 200 A/4095 = 48.84 mA，也就是最小的电流递增步长值可以达到 48.84 mA，提供了实现变电流递增步长的物质基础。

由于不知何时改变电流递增步长值，因此要在实际测试过程中对每一个超导材料试验样品进行多次测试，第一次采用较大的恒电流递增步长值在测试范围内进行全程粗测试，以获得临界电流值 I_c 的大致范围，然后按这个临界电流值 I_c 的大致范围输入预先设定的开始较小电流递增步长时的电流值和结束较小电流递增步长时的电流值，正式进行变电流递增步长的测试。这样可使实际测试过程简单迅速，编程大大简化。

(2) 软件流程。

软件程序分为样品测试控制和数据分析处理两大模块。

样品测试控制模块用于完成参数设定和测试过程控制工作。模块内容与硬件设备密切相关，用于管理系统 A/D 和 D/A 接口、控制接口、图形接口等。模块可完成参数设定输入、测试全过程控制以及测试数据的采集和保存。

软件为使用人员提供了一个良好的人机对话窗口，每一次采集的电流、电压、电流递增步长值都能显示出来，所采集的数据也被绘制在电压与电流特性曲线图上。这样就可以让使用人员及时了解到所采集数据的大小和所处的区域，同时使操作控制非常直观。开始变电流递增步长时的电流值和结束变电流递增步长时电流值的输入也以菜单形式在人机对话窗口上完成。采集的测试数据和电压与电流特性曲线图在测试结束前以文件形式保存。

数据分析处理模块先对采集的数据进行计算，并通过拟合处理得到电压与电流特性曲线对应的多项式表达式，拟合处理有多种拟合方式可以选择；再通过判据条件获得临界电流值 I_c，最后完成测试结果的存储等。数据分析处理模块与硬件设备的联系较少，但计算量大，程序结构复杂。

(3) 测试使用情况。

表 5-1 是对国内循环比对实验中的标准试样进行测试的数据，其中"原始数据"为原国内循环比对实验中的测试数据，代表目前得到承认、可信度比较高的正确结果，但时间较长；"8 位定步长"为 8 位 D/A 转换电压与电流特性曲线采集系统的测试数据，代表了目前试验样品的真实值；"12 位变步长"为 12 位 D/A 转换电压与电流特性曲线变电流递增步长计算机采集系统的测试数据，它采用分区域变电流递增步长测试方式，可以看到分区域变电流增步长测试中临界态区域取得的采集点更多，对于临界态曲线段的描述更为细致，得到的测试结果也更为准确。

表 5-1　初测实验数据和原始实验数据比较

项目	原始数据	12 位变步长	8 位定步长
测试电流范围/A	0～30	0～30	0～30
测试电压范围/μV	0～30	0～30	0～30
电流递增步长/A	0.5	0.5/0.1	0.5
临界电流值 I_c/A	22.06	21.27	21.60
特性指数 n	31.41	33.93	25.70

总之，上述变电流递增步长计算机采集系统实现了对超导材料试样的自动变电流递增步长测试和数据分析处理功能，使超导材料标准化、自动化测试得到了进一步的改进与完善，在我国超导材料研究工作与国际研究结果比对上又迈进了一步。

3. 金属熔点附近热物性参数的计算机测量

金属熔点附近热物性参数包括热导率、导温系数和洛伦兹数等。由于测量中待测试物质状态的维持、控制对精确度要求较高，而一般测量仪表却难以满足。

传统的测试方法是对待测试物质施加温度梯度，并在测试过程中保持这一温度梯度，通过测得单位时间、单位面积内流过待测试物质的热流量，由傅里叶定律求得热导率。该方法由于存在温度差，因而在冷凝过程中生成的凝聚相难以保持其微观结构及热、电物理性质的真实性，不可避免地引起测量误差，使测量结果不理想。

采用相界面移动速率的测试方法，可以分为固相和液相两种类型。对固相热物性参数进行测试时，可先将相变室内待测试物质熔化，并将待测试物质熔体保持在稍高于熔点的温度下一段时间，使其温度均匀；然后突然将其底部面温度降到低于熔点的某一温度，并在测试过程中保持这一温度不变，使得冷凝过程从底部面开始，进而固、液相界面随时间的推移逐渐向上移动，直至冷凝过程结束。根据相界面和底部面距离与冷凝时间的关系、相界面和底部面距离的温度差、待测试物质熔体的相变潜热，可算出固相在熔点附近的导温系数。此外，可以通过导温系数与热导率的关系($\lambda = \dfrac{\alpha}{C_{\mathrm{p}}\rho}$)计算出热导率。

(1) 计算机在线检测控制系统的组成。

计算机在线检测控制系统需检测以下参数：为保证相变室内被测物质的温度变化始终是一维轴向导热问题，应将相变室外壁温度控制在被测物质的熔点附近，故需检测相变室外壁温度(2～3 个温度点)。为检测相变过程中的轴向温度变化情况，应测量相变室内被测物质的温度(2～3 个温度点)。为监测相变室上、下底部面的温度以控制熔化和冷凝过程以及相界面的移动，应测量相变室上、下底部面的温度(2 个温度点)。为精确测量相界面的移动，应将一根极细的瓷管沿轴向插入被测物质，形成电阻探测器，探测器两端与一恒流电源相连。利用被测物质固、液相的电阻率差别较大的特点，通过测定电阻探测器两端的电压变化就可以测定电阻探测器的电阻变化，从而测定相界面的移动速率，故应检测探测器电压(1 个电压点)。

(2) 计算机在线检测控制系统的工作原理。

为了满足上述参数检测和温度控制，系统要实现 8 路检测(7 个温度点和 1 个电压点)和 2 路负载的控制。负载为分别装备在相变室上、下底部面的电阻丝加热器，对此两电阻丝加热器分别用来控制相变室上、下底部面的温度，也就是控制测试过程中被测物质的熔化和冷凝过程以及相界面的移动。其中能否进行相变室上、下底部面的温度精确的动态测量和控制，是决定本系统成败的关键。

温度传感器和电阻探测器测量的输入信号经 PCLD-779 多路模拟转换开关选择后，再经多功能数据采集卡 PCL-812PC 进行 A/D 转换并送入计算机。多功能数据采集卡 PCL-812PC 有常驻内存程序，该程序包含了利用 PCL812PC 进行 A/D、D/A 转换的库文件。

计算机根据输入的检测信号，运行专门设计的软件包，利用 PID 控制增量算式进行比较、运算而得出控制命令。软件包中的程序一方面在屏幕显示并储存控制值，另一方面输出控制命令。

输出的控制命令经多功能数据采集卡 PCL-812PC 进行 D/A 转换，再送入 ZK-1 型晶闸管电压调节器，用来调节电阻丝加热器两端的电压，从而实现相变室上、下底部面的温度控制。

(3) 计算机在线检测控制系统的用户界面。

计算机在线检测控制系统的用户界面用于实现用户与控制系统的人机对话，即选择在线检测过程或检测结果显示。

计算机在线检测控制系统软件包首先调用用户界面程序，生成用户选择菜单。该菜单包括在线检测过程、检测结果显示、退出选项。若选择在线检测过程则生成在线检测用户界面，在检测的同时将检测过程的各检测参量显示在屏幕上，以便用户了解在线检测过程的进程；若选择检测结果显示则生成显示结果用户界面，只需输入检测结果文件名，即可显示所选择的一次检测的结果，还可以观察所选择的一次检测的动态过程。

计算机在线检测控制系统在友好的用户界面的基础上，较理想地实现了检测参量的自动检测、统一存储、集中显示和温度控制，保证了检测所需的边界条件，达到了减少误差、提高检测精度的目的。这一在线检测控制系统为探索新的热物性测试方法提供了现代化的测控手段。

参 考 文 献

[1]　杨明波. 计算机在材料科学与工程中的应用[M]. 北京：化学工业出版社，2008.

[2]　张鹏. 计算机在材料科学与工程中的应用[M]. 北京：化学工业出版社，2018.

[3]　许鑫华. 计算机在材料科学中的应用[M]. 北京：机械工业出版社，2003.

[4]　北京兆迪科技有限公司. ANSYS Workbench 19.0 结构分析从入门到精通[M]. 北京：机械工业出版社，2019.

[5]　汤晖. ANSYS Workbench 结构有限元分析详解[M]. 北京：清华大学出版社，2023.

[6]　刘培奇. 新一代专家系统开发技术及应用[M]. 西安：西安电子科技大学出版社，2014.

[7]　叶卫平. 计算机在材料科学与工程中的应用实验设计与指导[M]. 北京：机械工业出版社，2014.

[8]　尹朝庆. 人工智能与专家系统[M]. 北京：中国水利水电出版社，2009.